Johann Leberecht Schmucker

Vermischte chirurgische Schriften

Dritter Band

Johann Leberecht Schmucker

Vermischte chirurgische Schriften
Dritter Band

ISBN/EAN: 9783744616669

Hergestellt in Europa, USA, Kanada, Australien, Japan

Cover: Foto ©berggeist007 / pixelio.de

Weitere Bücher finden Sie auf **www.hansebooks.com**

Vermischte Chirurgische Schriften

herausgegeben

von

Johann Leberecht Schmucker

Königlich Preußischem erstem Generalchirurgus von der Armee, Director der chirurgischen militairischen Feldhospitäler und Mitglied der Römisch-Kaiserlichen Academie der Naturforscher.

Dritter Band.

Mit Königlicher Preußischer allergnädigster Freyheit.

Berlin und Stettin
bey Friedrich Nicolai.
1782.

Vorrede.

Die gütige Aufnahme sowohl meiner schon herausgegebenen chirurgischen Wahrnehmungen, als auch der beyden letztern Bände vermischter chirurgischen Schriften und die darüber gefällten vortheilhaften Urtheile der Kenner, haben mich in meinem

Alter

Vorrede.

Alter ermuntert, auch diesen dritten Theil der Presse zu übergeben; ich wünsche, daß er ebenfalls Beyfall finden möge.

Das Feuer verliert sich im Alter, folglich kann die Schreibart nicht mehr reitzend seyn; indessen versichere ich, daß lauter richtige und praktische Erfahrungen in diesem Werke enthalten sind; ein Quentchen Erfahrung aber überwieget allemal viele Pfunde glänzende Theorie.

Ich bin eben dem Plane wieder gefolgt, welchen ich in dem ersten Theile gemacht habe; nämlich, ich erzähle die Krankengeschichten nach allen ihren Umständen ohne sie mit gelehrten Raisonnements auszuschmücken. Denn ein planer Vortrag wird eher begriffen, als eine ausgeputzte Theorie, die vor dem Krankenbette nichts hilft.

Sollte

Vorrede.

Sollte das Publikum meine Feder in meinem siebenzigjährigen Alter dieses mal schwächer, als in den vorhergehenden Theilen finden; so ersuche, mir einen Wink zu geben, und ich werde die Feder ruhig niederlegen.

Von einem großen Theil dieser Bemerkungen bin ich ein Augenzeuge gewesen, und ich kann für die Gewißheit stehen.

Die Versuche mit dem Sabadillsaamen in allen Arten von Wurmkrankheiten, haben mich an der frühern Ausgabe dieses Werks gehindert, indem ich erst mehrere Proben damit machen wollte, um es mit aller nur möglichen Gewißheit zu bestimmen, wie dieses Mittel in jedem Alter mit Nutzen zu gebrauchen sey.

Vorrede.

Die Proben, so ich damit gemacht habe, sind fast unzählig. Der Sabadillsaame ist nicht allein das zuverläßigste Wurmmittel, sondern ich habe viele Versuche damit angestellt und werde auch noch damit fortfahren, selbigen wider die fallende Sucht zu gebrauchen. Zu wünschen wäre es, daß man mehrere Versuche in dieser Krankheit machte, wenn es gleich mit dem ersten Versuche fehl schlüge, so wäre es genug, wenn unter zehn oder zwanzig nur einer davon befreyet würde. Alle die heroische Mittel, so uns bekannt sind, thun das nicht allemal, was man ihnen zuschreibt.

Mein Vorhaben war nicht, die Steinoperation a deux tems zu machen, wie die neuern Franzosen sie anrühmen. Je weniger Schmerzen man dem Patienten verursacht, je glücklicher ist der Operateur und

der

Vorrede.

der Patient. Allein die Nothwendigkeit brachte mich dazu, um nicht die zarten Theile zu sehr zu verletzen, und auf der Stelle Entzündung und Brand zu verhüten: da man mir mit Recht einen Vorwurf hätte machen können, warum ich nicht die neue Operation a deux tems vorgenommen hätte, so hätte ich den Patienten retten können.

Von der Art und Weise, wie die Krätze geheilet wird, habe ich die beste Nachrichten des Erfolgs gehabt; ich habe dieses Mittel auch meinen besten und redlichsten Freund und Collegen, dem Herrn Generalchirurgus Theden, gegeben, welcher es beständig bey dem zahlreichen Artillerie=Corps gebrauchet, und zwar mit dem Erfolg, so wie es in diesen Bemerkungen beschrieben ist.

Vorrede.

Mein Urtheil über alle übrige Bemerkungen würde zu partheyisch seyn, und ich überlasse es daher dem billig und unpartheyisch denkenden Theile des gelehrten Publikums. Berlin den 1ten Jul. 1782.

J. L. Schmucker.

Inhalt

Inhalt
des dritten Bandes.

I.
Praktische Abhandlung von dem nützlichen Gebrauche des Sabadillsaamens, von J. L. Schmucker S. 3

II.
Eine heftige Kopfverletzung, wo nach sechs Stunden der Todt erfolgte; von dem vorigen Verfasser 40

III.
Von einer Steinoperation nach der le Dranschen Methode, die ich jederzeit gemacht habe, so aber tödlich ablief. Von dem vorigen Verfasser 44

Vermischte Bemerkungen von unterschiedenen Verfassern.

Erste Bemerkung. Geschichte, Erzählung und Tageregister, betreffend eine Sectionem Caesaream, welche an einer durch den Stoß eines Ochsen

Inhalt

Ochsen verwundeten schwangern Frau, mit erwünschten Ausgang verrichtet worden, durch Friedrich August Fritze, der Arzneygelahrheit Doktor in Dillenburg   S. 59

Zweyte Bemerkung. Von einer starken Schußwunde des rechten Oberarms, von Herrn Seeliger, Regimentschirurgus des von Luckschen Regiments   81

Dritte Bemerkung. Von einer wichtigen Amputation, welche im Jahr 1779. verrichtet wurde, von dem Herrn Laube, Regimentschirurgus vom Königl. Prinz Heinrich von Preußen Regiment   96

Vierte Bemerkung. Eine vermeinte Bauchwassersucht, welche durch Ausleerung der Urinblase geheilt worden; von dem Herrn Block, Regimentschirurgus des von Bosischen Dragoner Regiments   108

Fünfte Bemerkung. Wo nach einem zugeheilten alten Schaden der Patient einen Ohrenschmerz nebst einem beständigen Ausfließen der Materie bekommen und endlich das Gehör verloren. Von dem Herrn Jaßer, Regimentschirurgus des von Lengefeldschen Regiments   113

Sechste

des dritten Bandes.

Sechste Bemerkung. Wo bey einer gehauenen Kopfwunde erst nach zwey Monathen sehr üble Folgen entstanden. Von dem vorigen Verf. S. 126

Siebente Bemerkung. Von der durch das Tropfbad bewückten Wiederherstellung eines nach Heilung alter Schäden an den Füßen, mit einer Apoplexie befallenen Patienten, welcher eine lange Zeit des Gebrauchs der Sprache und des Gehörs verlustig gewesen. Von eben dem Verfasser 138

Achte Bemerkung. Wo nach dem Abschneiden eines grossen Stücks der Leber, der Patient weiter keine besondere Zufälle gehabt, und völlig geheilt worden. Von eben dem Verfasser. 156

Neunte Bemerkung. Vom Durchschneiden des Laryngis, wo zugleich der Pharynx verletzet war und der Patient beym Leben erhalten wurde. Von eben dem Verfasser 162

Zehnte Bemerkung. Von Heilung der Krätze durch einfache Mittel, so ich an etlichen Hunderten mit dem allerbesten Nutzen gebraucht, auch noch mit dem glücklichsten Erfolg fortbrauche, und niemalen widrige Zufälle davon bemerkt habe. Von eben dem Verfasser 169

Eilfte

Inhalt

Eilfte Bemerkung. Von dem geheilten Biß eines tollen Hundes, von Herren Geiseler, Regimentschirurgus des von Zarembaschen Regim. S. 179

Zwölfte Bemerkung. Ein incarcerirter Netzbruch mit gefährlichen Zufällen, von dem Herrn Regimentschirurgus Horn, des von Rothkirchschen Regiments 180

Dreyzehnte Bemerkung. Von einem incarcerirten Darmbruch, von dem vorigen Verfasser 187

Vierzehnte Bemerkung. Von einem glücklich geheilten Netzbruch, wo das Netz ganz scirrhös war und der Testikel nach der Operation in Suppuration übergieng, und sich dadurch gänzlich consumirte. Von dem Stabschirurgus Otto, anjetzo Regimentschirurgus des von Saßeschen Infanterie Regiments 191

Funfzehnte Bemerkung. Von einem eingesperten Bruch, welcher in einen kalten Brand übergegangen. Von dem Herrn Regimentschirurgus Jung, vom Gotterschen Battaillon. 206

Sechzehnte Bemerkung. Von einer, nach einer Entzündung entstandenen Darmwunde. 210

Sieben=

Siebenzehnte Bemerkung. Von der Operation einer sacco-hydro-epiplocele, nebst der Beschreibung der vorhergegangenen Krankengeschichte. Von dem Herrn Sonderhof, Regimentschirurgus des Königl. Gens d'Armes Regiment S. 216

Achtzehnte Bemerkung. Von einem Netzbruch, der durch einen dazu gekommenen Darmbruch tödtlich wurde. Von eben dem Verfasser 229

Neunzehnte Bemerkung. Von gänzlicher Abschneidung der männlichen Geburtstheile, nebst noch zwey Wunden am Unterleibe, so glücklich geheilt wurden. Von dem Königl. Pensionairchirurgo Herrn Christopf, welcher dermalen in dem Königl. Invalidenhause die Kranken versah 231

Zwanzigste Bemerkung. Von einer nach einem hohen Fall am Kopfe, erfolgten starken Erschütterung des Gehirns, wobey aber die Patientin durch Anwendung des Trepans dennoch gerettet wurde. Von dem Hrn Doktor Hoffmann, jetzigen Leibmedicus Ihro Majestät der verwittweten Königin von Schweden 240

Ein und zwanzigste Bemerkung. Von einer Schußwunde am untern Theil des ossis frontis Von dem

Inhalt

Königlichen Stabschirurgus Herrn Collignon
S. 245

Zwey und zwanzigste Bemerkung. Von einem Stein, den ein Kirschkern in der Nase hervorbrachte. Von dem Hrn Horn, Wundarzt zu Pößerneck 252

Drey und zwanzigste Bemerkung. Von einem fast vermoderten und zerplatzten Herzen. Von dem Herrn Regimentschirurgus Feldhahn, des von Thunschen Dragoner Regiments 256

Vier und zwanzigste Bemerkung. Von einer nephritide ulcerosa, wobey der Patient sehr ausgezehrt war, und durch Hülfe des Kalkwassers mit Milch vollkommen wieder hergestellt wurde. Von dem Herrn Regimentschirurgus Ollenroth, des von Anhalt Bärenburgschen Regiments 265

Fünf und zwanzigste Bemerkung. Ueber die Verwachsung der Mutterscheide. Von Herrn Horn, Regimentschirurgus des von Rothkirchschen Regiments 272

Sechs und zwanzigste Bemerkung. Von einer Taubheit, welche durch heftige Erkältung der Füsse erregt ward, nebst andern Zufällen. Von Herrn Lange junior, Amtschirurgus hieselbst 282

Sieben

Sieben und zwanzigste Bemerkung. Ueber die Milchgeschwülste. Von Hrn Otto Justus Evers, Churhannöverscher Regimentschirurgus 286

Acht und zwanzigste Bemerkung. Von einer Wöchnerin, bey welcher man nach dem Tode eine Menge Eiter im Unterleibe fand, welcher von einer zurückgetriebenen Milch erzeuget war. Von dem Regimentschirurgus Herrn Papendick, des von Pomeiskischen Dragoner Regiments 293

Neun und zwanzigste Bemerkung. Von einer glücklich geheilten Schußwunde des Oberarms, wo der größte Theil der cavitatis glenoidalis und zwey Theile des Capitis et colli ossis Brachii zerschmettert waren. Von dem vorigen Verf. 301

Dreyßigste Bemerkung. Von einer zerschmetterten Hand, die durch Zersprengung eines Gewehrs verursacht und wieder geheilt worden. Von dem Königl. Pensionairchirurgus Herrn Harbicht 304

Ein und dreyßigste Bemerkung. Von einer meist abgehauenen Hand, nebst noch einer starken Verwundung am Armgelenke, und wo der Patient glücklich geheilt worden. Vom vorigen Verf. 309

Zwey und dreyßigste Bemerkung. Von Heilung einer falschen Pulsadergeschwulst. Von Herrn Schrö-

Inhalt des dritten Bandes.

Schröder, Regimentschirurgus des von Roht-
schen Regiments   S. 318

Drey und dreyßigste Bemerkung. Von einem
großen tumore cistico an der Zunge, der durch
die Exstirpation geheilet wurde. Von dem vorigen Verfasser   322

Vier und dreyßigste Bemerkung. Von einer besondern exulceratione faucium, die von scro-
phulöser Schärfe entstanden, fast die ganze basis
des velum palatinum durchlöchert war und glücklich geheilt worden. Von Herrn Mayer, Wund-
arzt in Curland   325

Fünf und dreyßigste Bemerkung. Von einer sehr
großen Pulsadergeschwulst in der Leistengegend,
die von der arteria crurali entstanden war. Von
eben dem Verfasser   327

Sechs und dreyßigste Bemerkung. Enthaltend
einen besondern Sectionsbericht, mit einiger Bemerkung der Krankengeschichte, so dem Herausgeber von einem Freunde zugesandt ist   330

I. Prak-

I.

Praktische Abhandlung
von dem
nützlichen Gebrauche
des Sabadillsaamens.

I.
Praktische Anmerkungen von dem nütz­lichen Gebrauche des Sabadillsaamens in allen Arten von Wurmkrankhei­ten des menschlichen Körpers.
Von J. L. Schmucker.

Die Würmer, die sich im menschlichen Kör­per erzeugen, richten öfters sehr große Zer­störungen an. Die Kinder sind meistentheils we­gen ihres zarten Baues, schwachen Magens und Gedärme, damit befallen, weil in den ersten We­gen sich viel Schleim aufhält, worinn die zugleich mit den Nahrungsmitteln genossene Wurmeyer ru­hig ausgebrütet werden können.

Viele Kinder stehen von den Würmern die heftigsten Krämpfe, Convulsionen ꝛc. aus, und wie ofte geschieht es nicht bey Jungen und auch Al­ten, daß die Würmer den Magen und die Gedär­me, worinn sie sich aufhalten, durchfressen, und Convulsionen und den Tod bewirken.

Bey erwachsenen Personen, deren Magen und Gedärme ihren gehörigen Tonum haben, wo die Galle ihre gehörige Kraft, und der Liquor gastri­cus seine gehörige Schärfe hat, erzeugen sich, so

lange

lange sie sich in diesem gesunden Zustande befinden, nur sehr selten Würmer.

Es giebt bekanntermaßen drey Sorten Würmer, die sich im menschlichen Körper erzeugen; und sowohl im Magen, als auch in denen kleinern, wie auch in den großen Därmen sich aufhalten, nämlich:

1. Die Spuhlwürmer, Lumbrici;
2. Der Bandwurm, Taenia, der sonst auch vermis solitarius heißt;
3. Die Ascarides, sind Käsemaden ähnlich, und findet man große und kleinere in Packen zusammen, so sich in den großen Gedärmen meistens aufhalten, und Kolikschmerzen und krampfigte Zusammenziehung der Gedärme verursachen.

Kein Wurm kann, wie ich schon vorher erwähnt habe, in unserm Leibe entstehen, wenn er nicht durch Insekteneyer mit Speise und Getränke, es bestehe aus dem Thier- oder Pflanzenreiche, in den Magen eingeschluckt wird. Finden die Eyer einen faulenden Schleim im Magen und den kleinen Gedärmen, so liegen sie ruhig, und werden bald ausgebrütet. Die tägliche Erfahrung lehret, daß wenn auf ein Stück frisches Fleisch sich eine Schmeißfliege setzet, den andern Tag alles voll lebendiger Maden ist, welche zusehends wachsen, so wie auch in einem frischen Käse; und geschiehet dieses besonders in den warmen Monaten, als: Julius, Augustus, und September.

Alles

Alles dieses nun zum Grunde gesetzt, so ist es kein Wunder, daß, bey den Armeen in diesen Monaten, wo alle diese Insekten in den größesten Schaaren zusammen sind, sie alles das besudeln, was die Soldaten essen und trinken müssen, besonders wenn die Lager lange stehen, und nicht allemal das beste Wasser haben; dazu kommen denn auch im August und September die kühlen Nächte, wo sich denn auch die Diarrhöen und Dysenterien häufig einstellen.

Ich habe diese Krankheit in allen Campagnen, um gedachte Jahreszeit, bemerkt, und allemal mehr, oder weniger Abgang von Würmern gefunden, nachdem die Ruhr mehr, oder weniger faulender Art war.

Wie oft kamen nicht die Soldaten, und klagten über heftige Kolikschmerzen, die Tages vorher sich wohl befanden. Gab man ihnen laxantia rhabarbarina, so ward die Krankheit, wie auch die Schmerzen heftiger; gab man ihnen aber gleich die Brechwurzel, oder den Brechweinstein, so spieen sie große Klumpen Maden mit aller Erleichterung aus; ließ ich aber darauf die Rhabarber mit dem Cremor Tartari täglich zu verschiedenenmalen nehmen, so gieng auch noch der Ueberrest dieser Maden ab, und die Kranken befanden sich besser.

Ward diese angegebene Methode nicht gleich zu Anfange befolget, so wurden die Schmerzen heftiger, und der Durchfall nebst Fieber stärker, so, daß etliche Tage darauf eine ordentliche faulende

Dysenterie erfolgte, die den Kranken in Lebens-
gefahr setzte; ja ich habe mit der größten Verwunderung in den Lazarethen gesehen, wie dergleichen
elenden Kranken die Spuhlwürmer aus dem Munde und dem Hintern herausgekrochen sind; so, wie
es denn auch bey den Faulfiebern sehr oft geschiehet, wo es allemal ein übles Zeichen ist.

In den 11 erstern Campagnen, denen ich bey-
gewohnet habe, habe ich niemalen eine so große
Quantität faulender Ruhren gesehen, als in der
letztern Campagne 1778. Alle Patienten waren
von der größesten Menge Würmer geplaget, besonders von den Spuhlwürmern; die ihnen oben
und unten herauskrochen, und welche die Krankheiten sehr verschlimmerten.

Die Böhmische Gebirgsluft ist sehr geschickt,
diese heftige Durchfälle und Ruhren zu bewirken,
weil die Tage gemeiniglich sehr heiß, die Abende
kühl, und die Nächte kalt sind.

Bey Transportirung der Blessirten habe ich
öfters meine Noth mit den Würmern gehabt, da
sich in etlichen Stunden, oder von einem Verband
zum andern, obgleich die Wunden gehörig bedecket, und mit Compressen und Bandagen bewickelt
waren, zu tausend kleinen Maden in den Wunden fanden, und den Blessirten große Schmerzen
verursachten, so aber bey wenig Ruhe und gehörigen Mitteln bald vertilget wurden.

Die Krätze stellet sich in diesem Climato, wegen
supprimirter Transpiration, wie auch wegen Un-
terlas=

terlaſſung der gehörigen Reinigkeit, bald ein: in dieſen kleinen Puſteln finden ſich denn auch bald Millionen kleiner Inſekten ein, die den armen Soldaten ſehr martern. Der Schwefel mit Schweineſett vertilget ſie aber bald, weil dieſe Inſekten davon ſterben.

Es iſt faſt ein untrüglihes Zeichen, daß, wenn bey einer ſolchen faulenden Dyſenterie alle gehörige Mittel angewandt worden, wenn gleich auch Würmer abgegangen ſind, und die Zufälle, als: Fieber, Leibſchmerzen, Uebelkeiten und Durchfall, nicht nachlaſſen, ſo ſind gewiß auch Würmer im Körper, die alles dieſes verurſachen: ich habe öfters alle die gehörige anthelmintica, als den Aethiops, den Calomel, die Aſa, die Extracta amara, den Muſc-Corall. etc. geben laſſen, wie auch die Abkochung vom Queckſilber, aber nicht allemal mit dem gehofften Nutzen.

Wie oft kommt es nicht in der Praxi vor, daß ſowohl Erwachſene, als auch Kinder, von Würmern gequälet werden, denen man dieſe gewöhnliche und beſten Wurmmittel giebt, und wo demohngeachtet keine Würmer darnach abgehen und die Zufälle fortdauern. Wie oft gehen nicht bey Kindern und erwachſenen Patienten dieſer Art, nach der Rhabarber mit dem Aethiops mineral. oder dem mercurio dulci verſetzet, die Würmer ab, oder, nach der Abkochung vom Queckſilber, öfters noch nach den gewöhnlichen Wurmſaamen: in andern Fällen aber, bey eben der Methode, geſchieht es nicht, und die Anzeigen des Daseyns der Würmer bleiben nach wie vor; dahero habe ich öfters ein Mittel gewünschet, welches diesen Insekten zuwider wäre, selbige tödtete, und worauf man sich gewiß verlassen könnte.

Als ich an dem zweyten Bande meiner vermischten chirurgischen Schriften arbeitete, wurden mir von dem besonders geschickten, und aufmerksamen Regimentschirurgus, Herrn Seeliger, einige Observationes zugesandt, worunter die eine von dem Nutzen des Sabadillsaamens wider den Bandwurm war, die ich in dem zweyten Bande S. 271. angezeiget habe.

Ich läugne nicht, dieses Mittel war mir nicht anders bekannt, als ein Läusepulver, so von Soldaten, Schiffsleuten und Capucinermönchen ꝛc. gebrauchet worden, daher es auch Capucinerpulver genannt wird, so wir häufig in den Lazarethen gebrauchten, diese Insekten damit zu tödten, durch Bestreuung der Decken und des Kopfs der Kranken; aber von dem innerlichen Gebrauche hatte ich nie etwas gelesen, oder gehöret, außer in Loeseckens materia medica S. 381. stehet der Sabadillsaamen mit unter die Würmer tödtenden Mittel, jedoch ohne weitere Anwendung.

Man muß diesen Saamen nicht mit dem semine staphysagriæ verwechseln, welcher nach seiner äußern Bildung des Saamens sehr verschieden ist: Vielleicht sind die Wirkungen von beyden gleich in Tödtung der Läuse, indessen habe ich keine ne Bemerkung von dessen innerlichen Gebrauche gemacht.

In dem letztern Feldzuge 1778 hatte ich Gelegenheit mit dem Regimentschirurgus, Herrn Seeliger, über den Gebrauch dieses Saamens viel zu sprechen, welcher mir versicherte, daß die Sache ihre Richtigkeit hätte, so wie er sie mir eingesandt hätte, und habe er nur den Versuch beym Bandwurm einmal gemacht. Ich gab mir alle Mühe, in den botanischen und von der materia medica handelnden Büchern etwas von diesem Saamen zu finden, allein ich fand immer dasselbe: daß es ein Mexicanischer Saame wäre, der die Läuse, und alle Insekten tödtete, und folglich unter die scharfen Mittel (Acria) gehöre. Was ich noch davon fand, war, daß die Indianer diesen Saamen in Wasser kochen, und den Kopf im Erbgrinde und in der Läusesucht damit waschen.

Um nun meiner Wißbegierde ein Genüge zu leisten, fieng ich an, allerhand Versuche damit zu machen, und zwar mit der allergrößesten Aufmerksamkeit, wie man mit allen scharfen Mitteln, so von der besten Wirkung sind, thun muß. In meinen jüngern Jahren würde es sich niemand haben einfallen lassen, den Sublimat in Brandtewein oder Pillen zu geben, wie nunmehro mit grossem Nutzen geschieht; ja die alten Aerzte in Deutschland hatten vor 40 bis 50 Jahren eine abscheuliche Furcht, jemanden 10 Gran China zu geben, wo man in nöthigen Fällen anjetzt täglich

etliche

etliche Unzen giebt. Wer hätte vor 30 — 40 Jahren die Schierlingscur gewagt? Es kömmt alles darauf an, daß ein solches Mittel mit größter Aufmerksamkeit gebrauchet wird.

Da ich im Jahr 1778 und 1779. die Gelegenheit hatte, dieses Mittel bey verschiedenen mit Würmern geplagten Personen zu gebrauchen, fieng ich mit großer Aufmerksamkeit an, und bemerkte keinen Schaden, sondern vielmehr die beste und geschwindeste Hülfe, wie aus den unten folgenden Wahrnehmungen erhellen wird, und ich brauche es noch bis jetzt in meiner Privatpraxi mit dem besten Nutzen, in allen Arten von Wurmkrankheiten. Nur rathe ich einem jedweden, der dieses Mittel gebrauchen will, daß er es mit der Vorsicht, welche ich weiter unten anzeigen werde, thue.

Bey meiner Rückkunft aus dem Felde nahm ich sogleich Gelegenheit, mit meinem Freunde, unserm gelehrten Hofrath und Professor der Kräuterkunde, Herrn Gleditsch, zu sprechen, und ersuchte ihn, von der Sabadillpflanze und Saamen, und dessen Nutzen in der Medicin, mir alles dasjenige zu sagen, was er wüßte, indem fast nichts weiter in den botanischen Büchern, wie auch in den materiis medicis davon erwähnet würde, als daß es eine Mexicanische Pflanze sey, deren innerlicher Gebrauch verdächtig wäre, wegen seiner Schärfe, und fressenden Eigenschaften. Dieser würdige Gelehrte hat mir aus Freundschaft eine physicalisch-medicinische Bemerkung über diesen

Saa-

Saamen gütigst zugesandt, welche in den Schriften der Berlinschen Gesellschaft naturforschender Freunde zum Vorschein gekommen ist.

Die Erfahrung ist die beste Lehrmeisterinn, worauf man sich am sichersten verlassen kann. Als dem großen Helvetius die Ruhrwurzel (Ipecacuanha) ohne Namen und Anwendung zugesandt wurde, machte er, bey der damals in Paris graßirenden Ruhr, mit dieser zu Pulver zerstoßenen, und mit aller Vorsicht gebrauchten Wurzel die größeste Proben mit allgemeinem Beyfall, so, daß sie beständig noch in dergleichen Krankheiten, als ein Brechmittel gegeben wird.

Alle heroische Mittel, zur unrechten Zeit, oder in zu großer Quantität gegeben, werden Gifte in unsern Körpern; mit Vernunft aber gegeben, thun sie Wunder, und sind heilsam.

Die Bella donna, wenn sie, wie es die Erfahrungen gelehret haben, mit gehöriger Behutsamkeit und Vorsicht gegeben wird, thut öfters Wunder; kömmt sie aber in ungeschickte Hände, so richtet sie Schaden, wie alle andre Gifte, an.

Nach meinen Erfahrungen und sehr vielen angestellten Versuchen mit dem Sabadillsaamenpulver, habe ich ihn nicht allein vorzüglich in Wurmkrankheiten gegeben, sondern auch Personen, die zu Zeiten die fallende Sucht und Convulsionen bekamen, welche durch diesen Gebrauch vollkommen hergestellt worden, ohne daß im geringsten große, oder kleinere Würmer abgegangen sind, außer daß ein

ein sehr häßlicher und häufiger stinkender dicker Schleim abgegangen ist. So lange der Schleim zum Vorschein kam, ließ ich das Pulver fortgebrauchen, sobald dieser nachließ, hörete ich mit dem Gebrauche auf, und die Patienten waren von ihrer Krankheit befreyet. Ich habe dieses Mittel sehr abgemergelten Kranken gegeben, wo von der lange gehabten Ruhr die innerliche Häute des Magens und der Gedärme sehr empfindlich seyn mußten, welche während des Gebrauchs nicht die allermindeste Zufälle erlitten, im Gegentheil alle Tage munterer und besser wurden, wie ich durch zuverläßige Bemerkungen darthun werde.

Obgleich van der Beeck und einige andre sagen, man hätte dieses sehr scharfe Mittel noch zu nichts anders, als Läuse damit zu tödten, gebraucht, so behaupte ich dagegen, daß sich keiner getrauet hat, dieses Mittel gehörig anzuwenden. Zarte Kinder haben es mit dem besten Erfolg bekommen, und von vielen Hunderten, bey denen ich es gebrauchet habe, ist keiner ohne Hülfe geblieben, und noch viel weniger davon toll geworden, wie der berühmte Plenck sagt, daß jemand, so es genommen hatte, toll geworden wäre; vielleicht ist die Dosis, die dieser Unglückliche genommen hat, sehr groß gewesen.

Nach den vielen gemachten Versuchen in allen Arten von Wurmkrankheiten verdient dieses neue Mittel eben ein so großes Lob, als das sogenannte berühmte Nouffertsche, so aus dem Farrenkraut-
mån-

mänchen, Filix mas, bestehet: dieses ist nicht neu, sondern schon vom Galen angerathen, und von dem seel. Leibmedicus Vogel mit Erfolg gebrauchet worden.

Ich habe in den ähnlichen Krankheiten beyde Mittel, zu gleicher Zeit, an zwo Personen gebrauchet; mit dem Sabadillsaamen trieb ich einen Bandwurm ab, und nach dem andern gieng nichts ab, obgleich vor einigen Jahren etliche Ellen abgegangen waren, und die Patientin ward von der starken Purganz sehr erhitzt und etwas entkräftet; zween Monate hernach gab ich ihr das Sabadillpulver, wonach ein Bandwurm von neun Ellen abgieng, und die Patientin völlig hergestellet ward.

Bey dem Gebrauche des Sabadillpulvers hat man auch nicht nöthig, solche heftige Purgiermittel zu nehmen, wie bey dem Nouffertschen, denn 10 Gran Panacea mercurial. eben soviel Resina Scammonii und 5 Gran Gummi gutt. ist eine ansehnliche und drastische Purganz, welche bey sensiblen Gedärmen leicht Inflammationen und Brand verursachen kann.

Die Art und Weise, wie ich das Sabadillsaamenpulver wider die Würmer verordne, ist folgende:

1. Ich lasse die gelbe länglichte Beutel, worinn dieser Saamen, welcher schwärzlich aussieht, sammt den Fächern, worinn dieser

spitzige

spitzige Saamen enthalten ist, nehmen, und alles zu einem sehr feinen Pulver stoßen.

2. Ich nehme 5 Gran von dem Sabadillsaamenpulver, und lasse mit soviel Honig, als nöthig, eine große Pille daraus machen, und zwar so, damit man gewiß bestimmen kann, wieviel der Patient von dem Pulver bekömmt; wenn man sich aber eine Quantität in Vorrath machet, zum Exempel, etliche Loth von dem Sabadillpulver mit einer gehörigen Quantität Honig, und wollte nach der Eintheilung solche Pillen daraus machen, so wäre die Quantität von dem Pulver ungewiß. Wenn die Pillen verfertiget sind, muß man sie mit dem Bärlapppulver (Sem. Lycopodii) bestreuen, damit sie nicht zusammen kleben. Diese Pillen nun nenne ich Wurmpillen.

Die Patienten lasse ich allemal zuförderst mit der Rhabarber und dem Glaubersalze laxiren, und zwar in verhältnißmäßiger Quantität nach ihrem Alter und Constitution, darauf gebe ich den folgenden Morgen bey einem Erwachsenen, und besonders, wenn er sehr über Uebelkeiten klagt, eine halbe Drachme Sabadillenpulver, und eben soviel Fenchelzucker zusammengerieben, und lasse sofort ein bis zwo Tassen Chamillen- oder Fliederblumenthee nachtrinken. Dieses Pulver verursachet meistens ein Erbrechen, und wenn Würmer im Magen sind, so kommen selbige gleich mit heraus, wie hiernächst meine Bemerkungen besagen: Eine
Stun=

vom nützlichen Gebrauche des Sabadills. 15

Stunde nachher kann etwas dünne Habergrütze getrunken werden. Finden sich Würmer im Magen, so werden sie von diesem Pulver gereizet, daß sie in die schrecklichsten Bewegungen gesetzet werden, welche die Uebelkeiten und Erbrechen vermehren, und damit herausgeworffen werden: ich habe frische Regenwürmer, auch, wenn ich sie habe bekommen können, lebende Spuhlwürmer in ein Glas gethan, und von dem Sabadillpulver übergeschüttet, wornach sie die heftigste Convulsionen bekamen, und sehr bald starben.

Den andern Morgen bekömmt der Patient eine gleiche Portion von diesem Mittel, worauf wieder ein Erbrechen erfolget. Kommt kein Wurm mehr zum Vorschein, so lasse ich den 3ten Morgen nur die Hälfte dieses Pulvers nehmen, und die andere Hälfte des Abends, und eben so den 4ten Tag. Den 5ten Morgen lasse ich ein Laxans aus einer halben Drachme Rhabarber, und 8 Gran Resina ppt. nehmen, wonach die noch lebendigen, oder todten Würmer abgeführet werden: sind diese nicht mehr vorhanden, so wird gewiß vieler Wurmschleim fortgebracht, worauf man acht geben muß. Den 6ten Morgen werden 3 Stück von den großen Wurmpillen gegeben, und beym Schlafengehen wieder: allemal wird etwas von dem benannten Thee nachgetrunken, das Laxans wird um den 5ten Tag genommen, gehet denn noch starker Wurmschleim ab, so werden Tages darauf, Morgens und Abends, 3 von diesen Wurmpillen

genom-

genommen, bis kein Wurmschleim mehr kömmt, die feces natürlich werden, und der Patiente keine Empfindung im Unterleibe mehr hat, wie er vorher verspüret.

Ich habe diese Cur an 20 Tage brauchen lassen, bevor der Wurmschleim gänzlich ausgerottet wurde; während der Cur muß fast kein Fleisch genossen werden, hingegen viele Vegetabilien und Milchspeisen.

Dieses ist die Cur für erwachsene Personen von 20 Jahren und drüber. Kindern von 2 bis 4 Jahren kann man des Morgends zwey Gran von dem Sabadillpulver in einem Theelöffel Rhabarbersyrop vermischt geben, und etwas Fliederblumenthee mit Milch nachtrinken lassen. Des Abends bekommen sie eine gleiche Portion und um den 5ten Tag kann man 10 bis 12 Gran Rhabarber zum lariren geben, und damit so lange fortfahren, bis die Würmer, oder der Wurmschleim sich nicht mehr zeigen. Für Kinder von 4 bis 8 Jahren kann man eine Pille in Stücken schneiden, kleinere Pillen daraus machen, und sie des Morgends mit Pflaumenmuß herunter schlucken lassen, zum lariren aber 12 bis 16 Gran Rhabarber mit 2 bis 3 Gran Resina ppt. versetzet geben; Kindern von 8 bis 12 Jahren giebt man des Morgends zwey Pillen, auf vorige Art zu rechte gemacht. Das Larans, so um den 5ten Tag von diesen Kindern genommen wird, bestehet aus einem Scrupel

Rhabarber 4 Gran Resina ppt. und 1 bis 2 Gran mercur. dulc.

Patienten von 12 bis gegen 20 Jahren nehmen des Morgens, nach Proportion der Jahre und der Stärke des Körpers, zwey und eine halbe, auch drey Stück von diesen Pillen, auf vorbemeldete Art, und um den 5ten Morgen ein Laxans aus einem Scrupel Rhabarber 5 bis 6 Gran Resina ppt. und 2 bis 3 Gran mercur. dulc.

Von 20 Jahren bis zum höhern Alter werden alle Morgen 6 Stück Wurmpillen gegeben, und das Laxans, so um den 5ten Morgen genommen wird, bestehet aus einer halben Drachme Rhabarber, 8 Gran Resina ppt. und eben soviel mercur. dulc.

Bey den mehresten habe ich die Cur über 12 bis 16 Tage zu gebrauchen nicht nöthig gehabt: die Würmer, welcher Art sie waren, sind ausgeführet worden, und alle Zufälle verschwanden.

Die Ascarides, oder Madenwürmer, die sich öfters in dem intestino recto, auch im Colo aufhalten, habe ich am geschwindesten durch Klystiere, aus einem Decoct von diesem Saamen, mit süßer Milch, zu gleichen Theilen, herausgeschaffet, wornach sie todt mit den Excrementen zum Vorschein kamen. Ich lasse allemal ein halb Loth von dem Sabadillsaamen, mit 10 Unzen Wasser, bis auf 7 Unzen Colatur einkochen, und mit eben soviel süßer Milch vermischen und so einspritzen:

dabey aber werden die Wurmpillen nach des Patienten Alter gebraucht, wie ich angezeiget habe.

Nach dieser Cur lasse ich allemal den Patienten ein Elixirium amarum 8 Tage lang gebrauchen, um die ersten Wege wieder zu stärken.

Verschiedene Bemerkungen von dem Gebrauche des Sabadillsaamens in allen Arten von Wurmkrankheiten, wie auch in epileptischen Zufällen.

Erste Bemerkung.

Ein Mousquetier, von dem Regiment, von Kleist, wurde zu Troppau, in dem Winterquartiere, von einem bösartigen Faulfieber befallen, welches mit starken epileptischen Zufällen begleitet war. Er wurde den 15 April nach Neisse in das Hauptlazareth gebracht. Sein Puls war sehr klein und irregulair, Patient war ohne Sinnen, und bekam öfters epileptische Anfälle: dabey waren die untere Extremitäten paralytisch. Es wurden dem Patienten spanische Fliegen gelegt, er bekam den Brechweinstein in einer Auflösung, löffelweise zu nehmen, reizende Klystiere und dergleichen, wurden angewandt: aber er blieb, wie vorhero, ohne Sinnen und Vernunft; ohnerachtet er einigemal brach, und offenen Leib bekam, so spürete man doch, daß der Unterleib sehr auflief, und die epileptische Zufälle

fälle sich öfters einstelleten: dieses veranlaßte mich, zu glauben, daß Patient Würmer haben müsse; ich ließ ihm dieserwegen eine halbe Drachme Sabadillsaamenpulver, mit Honig, in einen Bolum gebracht, des Morgens, als den 17. April, eingeben. 3 Stunden nach dem genommenen Bolus brach Patient 3 Spuhlwürmer, (lumbricos,) mit vielem Wurmschleim weg, und eben dem Tag hatte er 3 Stuhlgänge, mit besondern weißen Schleim vermischet.

Hierauf bemerkte man schon eine mehrere Lebhaftigkeit bey dem Patienten, besonders im Pulse, welcher voller und freyer wurde. Dieselbe Nacht hatte Patient wieder viermal Stuhlgang, wobey eine große Menge Madenwürmer (ascarides) abgiengen. Den 18ten des Morgens fand ich den Kranken munter, und vollkommen bey Sinnen, er konnte die gelähmte Unterextremität bewegen, und die epileptischen Zufälle waren verschwunden: ich ließ den Patienten alle Morgen einen solchen Bolus nehmen, und den 5ten Morgen ein Laxans aus 2 Scrupel Rhabarber, wornach er viel Wurmschleim von sich gab. Tages darauf setzte er den Bolus fort. Der tägliche Stuhlgang war allemal schleimig und stinkend. Mit dieser Methode wurde fortgefahren, bis der Stuhlgang natürlich wurde; es kam auch kein Wurm mehr zum Vorschein, und Patient wurde frisch und gesund.

Zwote Bemerkung.

Eine Krankenwärterin im Hauptlazareth, zu Neisse, verfiel in der Mitte des Märzes 1779 in ein anhaltend Fieber, nebst heftigen Kopfschmerzen, Zerschlagenheit der Glieder, und starken Uebelkeiten. Sie wurde gleich Anfangs durch den Brechweinstein evacuiret, und des andern Tages bekam sie noch eine Auflösung vom Glauberischen Salze, mit etwas Brechweinstein, so auch die gehörige Wirkung that. Weil die Kopfschmerzen nicht nachlassen wollten, wurde ihr eine Spanische Fliege in Nacken gelegt; ohnerachtet der vielen Ausleerungen aber blieben die Uebelkeiten nach wie vor, und das Fieber dauerte fort: der Unterleib war auch aufgetrieben, ohnerachtet sie täglich Oeffnung hatte; dieses brachte mich auf die Gedanken, daß Patientin von Würmern geplagt würde: ich ordnete ihr den 25ten März eine halbe Drachme von dem Sabadillsaamenpulver mit eben soviel Fenchelzucker des Morgens zu nehmen, und Chamillenthee nachzutrinken. Kaum eine halbe Stunde nach dem genommenen Pulver brach Patientin zween große und lange Spuhlwürmer, (lumbricos,) aus, nebst sehr vielem Schleim; diesen Tag erfolgten auch noch 2 Stuhlgänge, aber ohne Schleim, denselben Abend ließ ich der Patientin noch eine solche Dosis von dem Pulver, wieder ihren Willen, auf ähnliche Art nehmen, sie behielt es nur eine halbe Stunde bey sich, und brach ebenfalls 3 große, sie, aber todte, Spuhlwürmer aus. Des andern Morgens war die Patientin sehr erleichtert; ich ließ ihr dieses Pulver, in einen Bolus verwandelt, nehmen, wonach sie nicht mehr brach, aber vielen Wurmschleim durch den Stuhlgang von sich gab. Den 4ten Tag mußte sie mit der Rhabarber laxiren: sie brauchte die Bolos überhaupt 12 Tage, wozwischen sie um den 5ten Tag laxirte, und sie ward völlig hergestellt. Nach der Cur ließ ich ihr eine Auflösung aus bittern Extracten nehmen.

Dritte Bemerkung.

Ein Mousquetier, vom Kleistschen Regimente, Namens: Rano, wurde den 10ten April 1779. ins Hauptlazareth geschickt, und zwar als Patient an einem anhaltenden Fieber. Die Zunge war unrein, er beklagte sich über starke Uebelkeiten, einen süßen Geschmack, und heftige Kopfschmerzen. Man gab ihm sowohl Brech= als auch laxirmittel, die Fieberbewegungen verminderten sich hierauf, aber die Uebelkeiten und der süße Geschmack dauerten fort, ohnerachtet er 3 Tage eine Auflösung von Brechweinstein, mit Glauber Salz, genommen hatte. Dieser Umstand brachte mich auf die Vermuthung, daß Würmer die Krankheit verursachten: ich ließ Patienten des Morgens eine halbe Drachme von dem Sabadillsaamenpulver, mit eben soviel Fenchelzucker, nehmen, weil das Pulver, auf diese Art genommen, allemal Brechen verursachet, besonders wenn Würmer im Magen sich aufhalten, indem das Pulver die Würmer ungemein reizet: der Patient trank Chamillenthee nach, bekam starkes Aufstoßen, und nach einer Stunde brach er 3 große und 2 kleine lebendige Spuhlwürmer nebst vielen Schleime aus, welches ein beträchtliches Convolut ausmachte, worauf Patient mit Freuden eine große Erleichterung äußerte.

Diesen Tag erfolgte nur ein Stuhlgang ohne Schleim; denselben Abend ließ ich Patienten noch eine solche Dose von dem Pulver, wie des Morgens nehmen, hierauf brach er sich nicht, sondern hatte die Nacht 3 Stuhlgänge, mit Abgang zweyer kleiner Spuhlwürmer und vielen Wurmschleims. Da Patient dieses Pulver sehr gut nahm, so bekam er Morgens und Abends von jedem einen Scrupel, die ersten 4 Tage gieng vieler Schleim ab. Den 5ten Tag laxirte er mit 2 Scrupel Rhabarber, wonach er 4 Stuhlgänge, mit wenigem Schleim vermischet, hatte. Patient mußte noch 4 Tage dieses Mittel gebrauchen, und den 5ten laxiren, wo kein Schleim mehr erfolgte. Da Patient munter war, guten Appetit hatte, so ließ ich ihm das Elixier aus den bittern Extracten nehmen, und er verließ bald das Lazareth.

Vierte Bemerkung.

Ein Mousquetier, vom Schliebenschen Regiment, etliche und zwanzig Jahr alt, kam den

25ten März ins Hauptlazareth zu Neiſſe, klagte über große Mattigkeit, und gänzlichen Mangel der Eßluſt, welche Zufälle, ſeiner Ausſage nach, ſich nach einem regulären dreytägigen Fieber eingefunden hatten: ſein Puls war ſchwach, doch ohne Fieber; es wurden ihm die gehörigen Mittel dawider gereichet, jedoch ohne Nutzen. Am 4ten April klagte Patient über Uebelkeiten und Zuſammenlauffen des Speichels im Munde, und Schmerzen in dem epigaſtrio, welches auch einige Spannung und Auftreibung zeigte: bey weiterer Nachfrage ſagte er, er habe Würmer, weil ihm ſchon zu Zeiten welche abgegangen waren.

Den andern Morgen, als den 6ten April, bekam Patient ein Pulver aus einer halben Drachme Sabadillſaamen mit eben ſoviel Fenchelzucker, wonach er einen großen Spuhlwurm mit vielem Schleim ausbrach; der Gebrauch wurde täglich fortgeſetzet, und giengen den 7, 8, 9 und 10ten April täglich einige Spuhlwürmer ab, den 11ten mußte Patient ein laxans aus der Rhabarber und Glaubers Salz nehmen, welches ihm 4 ſtarke Stuhlgänge bewirkte, wobey nicht allein häufiger Wurmſchleim, ſondern auch viele kleine Madenwürmer (aſcarides) abgiengen. Das Wurmpulver ward noch 8 Tage gebraucht, zwiſchen und nach der Zeit mußte der Patient noch laxiren, der Schleim zeigte ſich nicht mehr: er bekam die Auflöſung aus den bittern Extracten, und verließ geſund das Lazareth.

Fünfte Bemerkung.

Ein Mousquetier, vom Prinz Friedrichschen Regiment, wurde den 6ten April 1779 an einer Febre continua, in das Neisser Hauptlazareth gebracht. Patient beklagte sich besonders über einen Schmerz in der Nabelgegend, nebst Uebelkeiten und Neigung zum Erbrechen: dabey war ihm der Leib sehr aufgetrieben; es wurden ihm eine Dose Brechweinstein gegeben, wonach er nebst vielem Schleim und galligter Flüssigkeit, 3 lebendige lange Spuhlwürmer ausbrach; da aber die Schmerzen in der Nabelgegend, wie auch die Uebelkeiten anhielten, so konnte man mit Gewißheit noch auf vorhandene Würmer schließen. — Am 7ten April bekam er Morgens und Abends jedesmal einen Scrupel vom Sabadillpulver mit eben soviel Fenchelzucker; nach dem ersten Pulver brach Patiente einmal, vielen Schleim, aber keinen Wurm weg, allein nach 2 Stuhlgängen, so er den Tag über hatte, giengen 2 todte große Spuhlwürmer ab: nach der zweyten genommenen Dosis, folgten wieder 2 Stuhlgänge mit Abgang eines großen todten Wurms. Der Gebrauch dieses Pulvers wurde täglich fortgesetzt, wonach kein Brechen, aber sehr schleimige und stinkende Stuhlgänge erfolgten, jedoch ohne Würmer, indessen verlohren sich die Schmerzen und die Auftreibung des Unterleibes.

vom nützlichen Gebrauche des Sabadills. 25

Den 9ten bekam Patient ein Laxans aus 2 Scrupel Rhabarber, wonach 3 starke schleimige Stuhlgänge erfolgten, Patient mußte den 10ten wieder das Pulver nehmen, und den 5ten Tag das vorige Laxans, und die Stuhlgänge wurden natürlich. Patient befand sich sehr munter, so, daß er von dem bittern Elirier noch etliche Tage nahm, und gesund das Lazareth verließ.

Sechste Bemerkung.

Ein gefreiter Corporal, vom Mülbenschen Regimente, zu Neisse, seines Alters 18 Jahr, hatte seit 6 Jahren öfters epileptische Zufälle, so ihn überraschend antraten: es war vieles dafür, jedoch ohne Hülfe, gebrauchet: dieser Patient ward den 16ten April 1779 zu mir gesandt, daß ich ihn von seinem Uebel befreyen möchte. Nachdem ich nach allen Umständen mich erkundigt hatte, konnte ich den Grund seines Zufalls nicht entdecken. Ich fragte die Eltern, ob dem Patienten in der Jugend etwa Würmer abgegangen wären, welches mit Nein beantwortet wurde. Da ich Würmer, oder deren Schleim vermuthete, so entschloß ich mich dem Patienten das Sabadillenpulver zu geben, und es wurde den 16ten April 1779. der Anfang damit gemacht. Ich ließ ihm diesen Morgen eine halbe Drachme von diesem Pulver, mit eben soviel Fenchelzucker, nehmen, und Chamillenthee nachtrinken, wonach Patient nicht allein vielen Schleim

mit wirklicher Wurmbrut ausbrach, so dem Frosch=
leich ähnlich war, sondern er hatte diesen Tag auch
3 starke Stuhlgänge von ähnlichem Schleime.
Das Pulver wurde auf gleiche Art alle Morgen ge=
nommen, nach dessen Gebrauch Patient täglich 3
bis 4 sehr schleimige und stinkende Stuhlgänge
hatte, und sich nach dem Gebrauch dieses Mittels
nicht wieder brach. Nachdem Patient 4 Tage von
diesem Mittel genommen hatte, bekam er einen
Fieberanfall, gegen Abend, mit Frost und Hitze,
auch Kopfschmerzen; dieser Krankheit wurde mit
den gehörigen Mitteln begegnet, so daß Patient
den 4ten Tag wieder davon befreyet ward, denn
die Krankheit endigte sich durch einen starken
Schweiß. Den 22ten April ordnete ich das Sa=
badillenpulver wieder zu nehmen, und zwar des
Morgens und Abends einen Bolus von 15 Gran,
von diesem Pulver, wonach wieder vieler Wurm=
schleim, durch den Stuhlgang, abgeführet wurde,
und den 5ten Tag wurde allemal ein Laxans aus
der Rhabarber genommen: die täglichen Stuhl=
gänge waren noch beständig mit sehr vielem Schleim
vermischet, und dieses dauerte bis zum 30ten April.
Den 1ten May wurde ihm ein Laxans aus der
Rhabarber mit 5 Gran Resina ppt. gegeben, wo=
nach sich die Stuhlgänge natürlich und gebunden
zeigten. Bey so bewandten Umständen ließ ich
den Patienten 10 Tage von dem bittern Elixier
nehmen, und er befand sich munter und wohl.

L Dieser

Dieser Patiente hat niemalen wieder einen Anfall gehabt, und fieng nach der Zeit ziemlich an zu wachsen, denn er war für seine Jahre, nur klein.

Siebente Bemerkung.

Ein Cuirassier, von Pannewitzschen Regiment, wurde den 28ten März 1779. in das Hauptlazareth zu Neisse, eines stark geschwollenen Fußes wegen, gebracht. Einige Tage nachher verfiel selbiger in ein hitziges Faulfieber, wovon er durch die gehörigen Mittel, in Zeit von 17 Tagen, fast völlig wieder hergestellt ward, und seine starke Geschwulst am Fuße war auch gänzlich zertheilet. Der Patient aber klagte beständig über abwechselnde Uebelkeiten, nebst brennenden Schmerzen und Grimmen im Unterleibe, nebst neuen Fieberbewegungen, welche vermuthen ließen, daß diese Zufälle von Würmern herrühreten, dahero denn das Sabadillenpulver mit Fenchelzucker Morgens und Abends, von jedem 20 Gran, gegeben wurden. Nachdem er 4 Dosen in zween Tagen genommen hatte, fand sich ein starkes Erbrechen ein, wodurch, nebst einer Menge Schleim, auch ein großer Spuhlwurm mit vieler Erleichterung abgieng, und die noch übrige Fieberbewegungen ließen gleich nach. Es wurde also noch 2 Tage mit diesem Pulver Morgens und Abends fortgefahren, worauf sich, besonders des Morgens, ein 4 bis 5 maliges Erbrechen einstellete, wodurch viel zäher Schleim, wie

Froschleich aussehend, und noch 5 große Spuhl=
würmer weggeschaffet wurden. Den 5ten Tag be=
kam Patient ein Laxans aus Rhabarber mit dem
Cremor Tartari versetzet, so 8 bis 9 Stühle wirk=
te, wonach Patient sich vollkommen wohl befand.
Es wurde ihm hiernächst das bittere Elixier täg=
lich etlichemal gereichet, und er verließ am 29ten
April das Lazareth frisch und gesund.

Achte Bemerkung.

Zwey Mousquetiers, so an 6 Wochen lang, an
einer faulen Ruhr, im Hauptlazareth gelegen hat=
ten, waren äußerst entkräftet, und ohnerachtet das
starke Grimmen des Unterleibes nebst dem hefti=
gen Fieber und ähnlichem Durchfall, nach den ge=
hörig gegebenen Mitteln nachgelassen hatte, so
war doch ein lentescirend Fieber nebst schleimigen
und öftern Stuhlgang zugegen, und sobald sie das
geringste genossen, gieng der Stuhlgang fast ganz
wider Willen fort, und klagten beständig noch über
einen faulen Geschmack und Neigung zum Erbre=
chen: ohnerachtet sie sowohl die Brechwurzel, als
auch den Brechweinstein, sehr öfters und fast an=
haltend genommen hatten. Diese Leute waren
ganz abgezehret, die Haut trocken, und konnten
kaum von ihrem Lager aufstehen. Ich sahe diese
beyde Kranken, so mir als schlecht angezeiget wur=
den; ich erkundigte mich nach allen Umständen,
und fragte besonders, ob ihnen während ihrer

Krank=

Krankheit Würmer abgegangen wären, welches mit Ja mir versichert wurde; der eine sagte, daß ihm nach dem genommenen Brechmittel einige abgegangen, auch einmal einer aus dem Munde von selbst gekommen wäre. Dieses alles machte mich glaubend, daß noch mehrere zurückgeblieben seyn müßten, ich machte also mit einem nur erst den Anfang, welcher eine halbe Drachme Sabadillenpulver mit eben soviel Fenchelzucker nehmen mußte, und Chamillenthee nachtrank. 2 Stunden nachher bekam Patient ein starkes Erbrechen, wo nicht allein vieler Schleim, sondern auch ein großer Spuhlwurm abgieng. Diese Erschütterung hatte den Patienten etwas abgemattet, und er versicherte, daß er dieses Mittel nicht wieder nehmen wollte. Indessen so bekam er öfters offenen Leib, womit vieler Schleim, auch 3 todte große Würmer abgiengen, wonach Patient Erleichterung fand; den andern Morgen bequemte sich Patiente doch das Pulver wieder zu nehmen, er erbrach sich darnach wieder etlichemal, nur kam weniger Schleim, wie das erstemal, mit einem todten Wurme; hernach befand er sich erleichtert. Sein fauler Geschmack im Munde, und das Grimmen im Unterleibe verlohren sich, er hatte diesen Tag etliche Stuhlgänge mit Schleim und noch einen todten Wurm von sich gegeben. Die Eßlust zeigte sich, und der Schlaf war die Nacht viel besser, wie vorhero. Den 3ten Morgen ließ ich Patienten das Pulver geben, wonach er nicht weiter

brach,

brach), sondern etliche schleimige Stuhlgänge, jedoch ohne Abgang von Würmern, hatte; und so wurde den 4ten Tag auch fortgefahren mit wenigern Abgang des Schleims. Den 5ten bekam der Patient eine halbe Drachme Rhabarber, wonach er etlichemal zu Stuhle gieng, aber weniger Schleim sich zeigte: Patient fieng auch an, aufzustehen, und nahm die ihm dienliche Speisen mit gutem Appetit zu sich. 4 Tage wurde noch mit voriger Methode fortgefahren, alsdenn waren die Excremente natürlich. Hierauf verordnete ich dem Patienten ein Infus. Chin., so er noch 10 Tage lang gebrauchte, wonach er völlig hergestellet ward.

Mit seinem Cameraden ließ ich die nämliche Procedur vornehmen; dieser brach auch den 1sten Tag lebende, den andern Tag todte Würmer aus, gab auch durch den Stuhlgang verschiedene todte von sich, und wurde eben, wie der vorige, in Zeit von 3 Wochen völlig hergestellet, und wieder zum Regimente zu gehen, geschickt gemacht.

Neunte Bemerkung.

Den 8ten Januar 1780. wurde ich zu einem jungen Menschen von 13 Jahren gerufen, welcher an einem starken und anhaltenden Catarrhalfieber danieder lag, einen heftigen Husten ohne Auswurf, und des Nachts Irrereden nebst heftigen Beängstigungen hatte, so bis den 14ten fort dauerten, ohnerachtet der genommenen dienlichen

Mit-

Mittel, wie auch der täglich gegebenen Klystiere aus der Asa foetida. Den 15ten hatte zwar Patient gut geschlafen, indessen war zu Zeiten die Angst im Unterleibe so heftig, daß Patient öfters des Tages convulsivische Bewegungen bekam, welche sich mit einem Erbrechen endigten, indessen gieng der Auswurf gut von statten. Der 17te war ein schrecklicher Tag für den Patienten, und gerade um die Zeit, da ich zugegen war, weil Patient nicht allein die heftigste Convulsionen hatte, sondern auch abscheulich schrie, und über Schmerzen in der Nabelgegend klagte, welches mich glaubend machte, daß er von Würmern geplaget würde; ohngeachtet die Eltern versicherten, daß ihm niemalen welche abgegangen wären, und er niemalen darüber geklaget hätte. Ich ließ den Patienten sogleich 15 Gran Sabadillsaamenpulver mit eben soviel Fenchelzucker nehmen, und den Thee nachtrinken: Patient brach sich nicht, und die Nacht schlief er so ruhig, wie er in langer Zeit nicht gethan hatte.

Den 20ten hatte er starken offenen Leib mit Abgang vielen stinkenden Schleims. Den 21ten gab ich ihm ein Laxans aus einer halben Drachme Rhabarber mit 4 Gran Resina ppt. wonach er ungemein viel dicken, stinkenden Schleim, welcher wie Froschlaich aussahe, von sich gab, und des Nachmittags um 3 Uhr gieng auch mit dem Stuhlgang ein großer langer todter Spuhlwurm ab, wornach alle vorerwähnte Zufälle nebst Husten

nach-

nachließen, und Patient sich sehr munter befand. Ich ließ noch 4 Tage nach einander das erwähnte Pulver den Kranken nehmen, welches die 3 erstern Tage noch vielen Wurmschleim abführete, den 4ten aber nachließ, und den 5ten, da der Patient das vorerwähnte Laxans wieder bekam, waren die feces natürlich und gehörig gefärbet. Hiernächst bekam der Patient das bittere Elixier, und er wurde von Tage zu Tage munterer, so daß er den 1sten Februar wieder in das Gymnasium gieng, und seit der Zeit sich recht wohl befindet. Ein Knabe von 8 Jahren gab alle Zeichen von sich, daß er Würmer hätte. Ich ließ ihm die gehörige Wurmmittel gebrauchen, um zu sehen, ob diese solche Wirksamkeit zeigten, als der Sabadillsaamen. Ich ließ Patienten mit der Rhabarber mit 2 Gran versüßten Quecksilber versetzt, laxiren, er hatte davon viele Stuhlgänge, ohne weitern Abgang. 2 Tage nachher gab ich demselben 6 Gran von dem versüßten Quecksilber mit einem Scrupel Fenchelzucker, wornach er etlichemal wieder purgierte, aber keine Würmer zum Vorschein kamen. Ferner mußte er das mit Quecksilber abgekochte Wasser trinken, alle Abend einige Pillen aus der Asa mit etlichen Granen Aethiops mineral. nehmen, nebst einem Klystier aus Milch mit der Asa, allein ohne alle Wirkung. Nach einer 14tägigen Zwischenzeit ließ ich den Kranken Morgens und Abends eine Wurmpille nehmen, wonach er den 5ten Tag einen sehr großen Spuhlwurm von sich

sich gab, und gleich vollkommen gesund war, weil alle vorhergegangene Zufälle und Wurmzeichen verschwanden.

Zehnte Bemerkung.

Eine Handwerksfrau kam im vorigen Jahre zu mir, und zeigte mir ihren Sohn, welcher ein Bursche von 9 Jahren war. Dieser hatte einen dicken aufgetriebenen Leib, klagte besonders des Morgens beym Erwachen über heftige Uebelkeiten und Zusammenlauffung des Wassers im Munde, nebst Schmerzen im Bauche; der Bursche konnte kaum gesättiget werden, und versicherte, wenn er nur immer was zu essen hätte, so empfände er keine Schmerzen im Leibe; übrigens war sein ganzer Körper sehr mager.

Da diese Umstände wohl von nichts anders, als Würmern, herrühren konnten, so gab ich der Frau 16 Stück von den Wurmpillen mit, davon sollte sie dem Burschen alle Morgen und Abend eine nehmen lassen, und um den 5ten Tag einen Scrupel Rhabarber mit 5 Gran Resina ppt. zum Laxiren geben, und wenn alles verbraucht wäre, mit dem Burschen wieder zu mir kommen. Den 11ten Tag geschahe dieses, und sie brachten einen Bandwurm von 9 Ellen, welcher Tages vorher durch das Laxiren abgegangen war, und der Bursche versicherte, daß er sich viel besser befände. Ich gab ihm noch auf 8 Tage Pillen mit; nach dem ersten 4tägigen Gebrauch kam kein Wurm= schleim mehr zum Vorschein, und die übrige Zeit war sein Stuhlgang natürlich.

Dieser Bursche aß und trank gehörig, und der Hunger hatte sich verlohren: ich habe den Bur= schen nach 3 Monaten wieder gesehen, sein Leib war natürlich, und seine abgemagerten Extremi= täten hatten gehörig wieder zugenommen, und er befand sich frisch und munter.

Eilfte Bemerkung.

Eine unverheirathete Frauensperson von 40 Jahren, die durch Nähen ihren Unterhalt hatte, kam zu mir, und klagte mir ihre Noth, daß sie so oft Schmerzen im Unterleibe hätte, nebst Ue= belkeiten und widernatürlichen Hunger. Der Leib war ihr öfters aufgetrieben, und so schmerzhaft, daß ihr das Wasser aus dem Munde lief: sie hat= te dafür allerhand Mittel gebrauchet, es hatte ihr aber nichts helfen wollen: ich fragte sie, ob ihr niemalen Würmer abgegangen wären, welches sie aber mit Nein beantwortete.

Ich konnte aus dieser Erzählung leicht schlie= ßen, daß sie Würmer bey sich haben müßte, da= hero ordnete ich ihr des andern Morgens einen Laxirtrank aus Manna, Rhabarber und Seidli= zer Salz, und gab ihr eine Quantität Wurmpil= len mit, wovon sie des Morgens 3, und beym Schlafengehen 3 Stück nehmen sollte, und des Abends

Abends blos ein wenig Habergrützsuppe essen, und allemal um den 5ten Morgen eine halbe Drachme Rhabarber, mit 10 Gran ReSina ppt. versetzet, zum Laxiren nehmen, und Tages darauf wieder, so, wie vorher, anfangen sollte.

Am 7ten Tage kam diese Person voller Freude, und brachte mir einen abgegangenen Bandwurm von 11 Ellen, der ihr diesen Morgen abgegangen wäre. Sie mußte noch die übrige Pillen gebrauchen, welche auf 12 Tage eingerichtet waren, und dann wieder zu mir kommen, und sollte ja täglich Acht geben, ob noch vieler Schleim abgienge. Nach Verlauf der bestimmten Zeit stellete sie sich ein, und versicherte, daß seit 3 Tagen kein Schleim mehr zum Vorschein gekommen wäre, und der Abgang natürlich aussähe, sie sich auch frisch und wohl befände, und mir tausend Dank schuldig bliebe.

Zwölfte Bemerkung.

Der sehr fleißige und geschickte Regimentschirurgus, Herr Seeliger, vom Golzischen Infanterieregimente, hat mir folgende Bemerkung zugesandt. Er meldete mir zuförderst, daß der Patient, wovon im zweyten Theile meiner vermischten chirurgischen Schriften S. 271. die Rede ist, ganz frisch und gesund sey, und niemals über vorher gehabte Zufälle wieder geklagt habe Ferner saget er: er habe in dem 1781sten Jahre, 2 Recruten

cruten bekommen, welche täglich epileptische Zufälle gehabt hätten, so, daß man diese Leute nicht hätte brauchen können. Er habe ihnen aber den Sabadillsaamen in Substanz täglich zu einer halben Drachme gebrauchen lassen, und sie seyn durch diese Cur völlig hergestellet, ohne daß ihnen Würmer abgegangen sind.

Dreyzehnte Bemerkung.

Ein Mousquetier, von dem von Bornstädtschen Regiment, 49 Jahr alt, wurde den 11 Junii 1780. wegen epileptischer Anfälle sowohl, als wegen eines übelartigen alten Geschwürs am Fuße, in die Charite' gebracht. Nach Aussage des Kranken, hatte er den allerersten Anfall der Epilepsie schon vor ohngefähr 20 Jahren gehabt, nach welcher Zeit er alle Monate zwey, auch dreymal, davon befallen wurde, so, daß die Anfälle keine bestimmte Zeit gehalten. Beym Antritt eines jeden Paroxismus empfände er Schmerzen im Unterleibe, besonders um die Nabelgegend, endlich erfolgte Betäubung, eine starke Hitze und Durst, übrigens konnte sich der Kranke an keine Gelegenheit gebende Ursache, von irgend einer vorhergegangenen Krankheit, oder heftiger Gemüthsbewegung erinnern, wohl aber, daß sowohl in seiner Jugend, viele, und noch vor einigen Jahren etliche Spuhlwürmer mit dem Stuhlgange von ihm gegangen, und daß er noch bis jetzt öftere Uebelkeiten

ten und zusammenlauffendes Wasser im Munde verspüre. Was den alten Schaden am Fuße anbeträfe, so habe er hieran schon seit 16 Jahren laboriret; das Geschwür wäre ohne einer äußern gelegentlichen Ursache von selbst aufgebrochen; es wäre zum öftern geheilet, aber allemal wieder aufgebrochen: man hätte selbst das Schienbein angebohret, worauf sich auch ein großer Knochensplitter abgesondert.

Bey der Untersuchung fand man das Geschwür am Fuße sehr unrein, es hatte in der Peripherie eines Achtgroschenstücks groß, um sich gefressen, und dessen Ränder waren hart und schwielicht, nächst diesem hatte der Kranke einen sehr fieberhaften, harten und vollen Puls, weswegen ihm sogleich den folgenden Morgen, als den 12ten Junii, zur Ader gelassen wurde. Das Blut war ohne Fehler; innerlich wurden temperantia gereicht: das Geschwür verband man zuerst mit reinigenden Mitteln. Die folgende Nacht hatte Patient ruhiger, als die vorhergehenden Nächte geschlafen, auch war der Puls weicher, und nicht so voll und fieberhaft, als vor dem Aderlaß.

Es wurde dem Kranken ein Laxans antiphlogisticum aus der Pulpa Tamarindorum, und dem Sale Sedlicensi gegeben, wornach 4 sehr schleimige Stuhlgänge erfolgten. Nunmehr wurden die Indicationes auf die Verbesserung seiner Säfte gerichtet, und zu dem Ende ihm Antiscorbutica, sowohl in Tränken, als Elixiriis, gegeben. Nach diesem,

diesem, nebst dem äußerlichen Gebrauch des Unguenti mundificantis, wurde das Geschwür rein, und ließ sich zur Heilung an; übrigens hatte sich der Kranke über nichts, als über Mangel des Schlafs zu beklagen. Den 22. Junii, des Abends, wurde Patient von dem ersten Paroxysmo epileptico befallen, welcher 2 Minuten dauerte, nach welcher Zeit er sich seiner wieder bewust war; nach dem Paroxysmo nahm er einige Temperantia. Nach der Aussage des Kranken und den abermaligen Schmerzen um die Gegend des Nabels in diesem letzten Paroxysmo, schloß man auf vorhandene Würmer, als Gelegenheitsursache der Epilepsie, daher wurde bey ihm die Curmethode mit dem Sabadillsaamenpulver vorgenommen. In dieser Absicht gab man ihm den 24. Junii 2 Scrupel Rhabarber, welche 3 schleimigte Stuhlgänge bewirkten. Hierauf bekam er den 25ten von dem Sabadillsaamenpulver des Morgens und Abends, jedesmal einen Scrupel mit Honig, in Form eines Bolus. Dieser Gebrauch wurde 4 Tage wiederholet; und hierauf ihm den 5ten Tag abermals 2 Scrupel Rhabarber gereicht. Diese Dose bewirkte 4 besonders weißbreyichte Stuhlgänge. Schon diesen Abend, nach der genommenen zwoten Dosis Rhabarber, als den 29ten Junii, hatte Patient wieder geringe Anwandelung von Krämpfen, blieb sich aber bewust, und klagte über Uebelkeiten. Da man dieses noch der Wirkung der Rhabarber zuschrieb, so wurden ihm diesen Abend temperantia gege-

gegeben, den 30ten Junii aber wieder der Gebrauch des Sabadillpulvers, zu einen Scrupel, mit Honig, angefangen, und wiederum 4 Tage fortgesetzt, und den 5ten Tag zwey Scrupel Rhabarber gegeben. Die hiernach erfolgten Stuhlgänge waren schon mehr von der Galle gefärbt, jedoch noch mit vielem Schleim vermischt. Patient verspürte immer mehr Heiterkeit der Sinne, bekam einen erquickenden Schlaf, der Puls wurde natürlich, demohnerachtet setzte man noch das Sabadillpulver 4 Tage fort, gab hierauf den 5ten Tag wieder 2 Scrupel Rhabarber, welche nur noch sehr wenig Schleim, und übrigens natürlich gelb gefärbte Excremente abführten. Patient hatte einen guten Appetit, alle actiones und functiones naturales erfolgten in gehöriger Ordnung, so, daß alles eine erwünschte Cur des epileptischen Zufalls anzeigte; dieserwegen richtete man nunmehro noch die Indication auf eine vollkommene Verbesserung seiner Säfte, und die Heilung des faulen Schadens, zu welchem Entzweck man dem Kranken, sowohl decocta, als auch mundificantia interna anhaltend gebrauchen ließ. Da sich aber das Geschwür am Fuße, auch bey den besten Mitteln, nicht zur vollkommenen Heilung bequemen wollte, so wurde den 10ten August an selbigem Fuß, zur Seite der Kniebeuge, eine Fontanelle mit dem besten Erfolg angebracht, worauf auch nebst dem fortgesetzten innerlichen Gebrauch der antiscorbutischen, und äußerlich der reinigenden und endlich consolidirenden Mittel eine vollkommene Heilung bewirkt wurde, so, daß der Kranke, nach einigen Gebrauch von stärkenden Mitteln, den 30ten October gesund und munter das Charitelazareth verließ.

Anmerkung des Herausgebers.

Die beyde letztere Bemerkungen können einen practischen Arzt aufmerksam machen, weitere Versuche mit diesem Mittel, in der Krankheit der Epilepsie, anzustellen, und wenn nur von zehen einem geholfen wird, so ist es schon vieles werth. Wie viele Elende mögen sich nicht finden, denen auf solche Art kann geholfen werden!

Es ist leider die allererbärmlichste Krankheit, wofür die Natur erschrickt, wenn man Menschen so plötzlich daran niederfallen, mit den fürchterlichsten Gebärden, Verdrehung der Glieder, nebst heftigem Geschreye und öfterer Verletzung der Theile ihres Körpers siehet.

Mit den meisten dieser Kranken mögen wohl niemalen Versuche angestellet seyn, um sie davon zu befreyen, weil es immer heißt: für diese Krankheit ist noch kein Mittel erfunden. Ich vor meinen Theil werde noch mit dem Sabadillenpulver, in allen Arten der Epilepsie, Proben machen, und ermuntere alle diejenigen, welche Gelegenheit haben, es ebenfalls zu thun.

Von Rechtswegen müßten solche Personen, die mit dem schweren Gebrechen beladen sind, nicht

nicht öffentlich auf den Straßen erscheinen, weil empfindsame Personen, die unvermuthet dergleichen zu Gesichte bekommen, vor Schreck auch davon befallen werden können. Solche Leute, sage ich, besonders wenn sie arm sind, müßten auf Kosten des Staats, in einer besondern Wohnung unterhalten werden, denn mit diesen muß man Erbarmen haben; für diejenigen bösen Menschen hingegen, die sich zu dieser Krankheit verstellen, um Mitleiden zu erregen, oder, wenn sie Soldaten sind, davon los zu kommen, für diese, sage ich, kann keine Strafe und kein Zuchthaus zu hart seyn, denn die Proben sind leicht damit gemacht, ob sie eine wirkliche, oder verstellte Epilepsie haben.

II.
Eine heftige Kopfverletzung, wo nach sechs Stunden der Tod erfolgte.

Vom vorigen Verfasser.

Ein 18jährige einzige Tochter eines hiesigen Königl. Direktors, eine Zierde ihres Geschlechts, welche mit ihrer Frau Mutter und zwoen ihrer Gespielinnen in einem offenen Wagen spatzieren gefahren, wurde des Abends beym nach Hause fahren, ohnweit Berlin, da der Kutscher unvorsichtiger Weise an eine Anhöhe fährt, umgeworffen. Die beyden Demoiselles nahmen keinen Schaden:

die

die Mutter bekam von diesem Falle eine sehr starke Contusion am Auge, und die Tochter stürzte mit dem linken Schlafe und Schulter vermuthlich auf einen harten Körper, so, daß sie die linke claviculam in corpore fracturirte. Das Blut lief ihr zur Nase, Mund, und linken Ohr heraus, und sie wurde ganz betäubt. Die Mutter war über den heftigen Fall ihrer geliebten Tochter auf das innigste gerühret, so, daß sie an ihre Schmerzen, die sie empfand, nicht dachte, und von ihrer Tochter auf das zärtlichste getröstet wurde, so, daß diese Scene sehr rührend gewesen seyn muß. Der Vater, welcher von diesem Vorfall nichts wuste, und in einem andern Wagen fuhr, konnte nicht begreifen, daß die Seinigen einen andern Weg gefahren wären, weil es gegen Mitternacht war.

Bey der zu Hausekunft wurde nach ihrem gewöhnlichen Hausmedico und nach mir geschickt, es wurde der Patientin sogleich zur Ader gelassen. Wir untersuchten alles, und konnten keine äußerliche Verletzung entdecken; weder Quetschung, noch sonst eine äußerliche Beschädigung, so, daß man glauben mußte, daß es nur eine heftige commotio cerebri sey. Die Patientin war bey Sinnen, und tröstete nur ihre Frau Mutter; es wurde ihr ein Lavement geordnet, und wir versprachen, des Morgens frühe wieder zu kommen: allein wir wurden bald wieder geholet, und Patientin verschied in unserer Gegenwart, welches 6 Stunden nach dem Fall war.

Der geschwinde Tod muſte eine heftige Urſache zum Grunde haben, dieſerhalb, um die Eltern, auch uns, zu beruhigen, bat ich mir die Leichenöffnung zumachen, aus, welches auch bewilliget wurde.

Bey der Unterſuchung des Kopfs fand man an den Integumenten deſſelben nichts widernatürliches. Bey der Entblößung des muſculi temporalis ſiniſtri erſchien ſelbiger widernatürlich roth unter ſeiner aponevroſi. Nachdem ſie nebſt dem Muskel abgelöſet war, fand man auf dem linken parte ſquamoſa oſſis temporum, und unter dem linken Schlafmuskel, etliche Quentchen extravaſirtes Blut; nachdem dieſes weggenommen und abgewaſchen war, zeigten ſich 2 Fiſſuren, die in der ſutura ſquamoſa oſſis Temporum ihren Anfang nahmen, nach unten in Form eines V zuſammenſtießen, und ein ziemlich bewegliches Fragment, wie ein Zweygroſchenſtück groß, zwiſchen ſich ließen. Bey Wegnehmung des Cranii fand man an dem leidenden Ort die duram matrem loſe, und über 3 Unzen Extravaſat, theils unter dem parte ſquamoſa, theils in baſi Cranii.

Die oben erwähnte Fiſſur continuirte von oben nach unten, von hinten nach vorne durch die alam magnam ſiniſtram bis in die Mitte des corporis oſſis ſphenoidei, und gieng von der ſella equina wieder nach vorwärts, durch die Laminam horizontalem oſſis ethmoidei, bis an die criſtam galli.

Ihr

Ihr Cranium war ganz außerordentlich dünne, ganz durchsichtig, wie Perlmutter, und ohne diploetische Substanz, und da, wo es am dicksten war, kaum eine Linie dick.

III.
Von einer Steinoperation nach der le Dranschen Methode, die ich jederzeit gemacht habe: so aber tödtlich ablief.

Von dem vorigen Verfasser.

Ein alter Cavalier, von etlichen und 70 Jahren, welcher seit einigen Jahren viele und heftige Schmerzen beym Urinlassen hatte, und selbige nicht mehr ausstehen konnte, consulirte mich im Monat Februar dieses 1782sten Jahres.

Ich sondirte den Patienten, und fand einen ziemlich dicken und länglichen Stein in der Blase. Patient klagte besonders, daß ihm immer zu Muthe wäre, als wenn der Stein zum Hintern herausfallen wollte; so schwer läge er auf dem Mastdarm: er ersuchte mich, die Operation an ihm zu machen, weil er die Schmerzen, so er Tag und Nacht ausstünde, nicht mehr ertragen könnte. Sonst war der Patient für sein Alter noch ziemlich munter und stark; er hatte jederzeit sehr ordentlich gelebt, und seinen Körper sehr gut genährt,

sein

sein gutes Glas Wein, aber kein Waſſer getrunken.

Das Alter des Patienten und seine geführte Lebensart waren mir bedenklich, weil in den Jahren kein ſtarkes Fieber erfordert wird, um zu tödten, und zweytens, wenn man nach einer ſolchen Operation die erſtere Tage beſonders eine ſehr genaue Diät halten, und anſtatt Wein (den er ſonſt überaus gern trank,) Waſſer trinken müßte, ſo konnte ſich bald eine ſolche Entkräftung einſtellen, die nicht wieder zu heben wäre. Mir war beſonders daran gelegen, weil ich noch keinen von allen, an denen ich dieſe Operation gemacht, verlohren hatte, ſondern zu meiner Beruhigung alle bey dem beſten Wohlſeyn ſich befanden: ich muß aber hauptſächlich dieſes ſagen, daß mein älteſter, den ich am Steine operiret habe, nur erſt 65 Jahr alt war.

Ich konnte nicht umhin, denen nächſten Anverwandten des Herrn Patienten dieſes zu melden, und ihm deutete ich es auch an; indeſſen war der Patient mit allen dieſen zufrieden, und drang darauf, daß ich die Operation, je eher, je lieber, es möchte auch erfolgen, was da wollte, vornehmen ſollte.

Alle Vorbereitungen zur Operation wurden gemacht, ſo, daß der 15. May zur Operation angeſetzt ward, welche denn in Beyſeyn verſchiedener Freunde und Kunſtverſtändigen, von einem 70jährigen Operateur, der aber noch eine feſte Hand,

Hand, und ein gutes Gesicht hat, vorgenommen wurde.

Die Operation machte ich nach der le Dranschen Methode, wie ich selbige in dem zweyten Theile meiner Chirurgischen Wahrnehmungen beschrieben habe. Ich kam sehr geschwind in die Blase, fassete den Stein, welcher ziemlich groß, aber von weicher Art war, und ohnerachtet ich ihm in der Tenette fast zum Herausziehen hielte, so druckte selbige in die kalkartige Masse des Steins ein, und ich hatte beym Herausziehen die ganze Tenette voll Steinmasse, die wie ein weicher Gyps aussahe. Ich mußte öfters mit aller Behutsamkeit bald eine gerade, bald eine krumme Tenette einführen: zuweilen verbarg sich der Stein durch krampfigte Zusammenziehungen der Blase, die aber bald wieder nachließen, und der Stein kam wieder zum Vorschein. Ich fassete selbigen denn auch sehr gut, beym Herausziehen aber gab er wieder nach, und die Branchen waren voller gypsartiger Steinmaterie; ohnerachtet ich die Branchen der Tenette nicht zu hart zugedruckt hatte. 12 bis 14mal versuchte ich auf diese Art die Ausziehung zu bewirken, so aber nicht möglich war, und ich brachte an 4 Loth von dieser Steinmaterie mit den Tenetten heraus.

Um den Patienten vor diesesmal nicht mehr zu quälen, und ihn in eine schleunige Gefahr zu stürzen, wollte ich die Ausziehung auf einandermal versuchen, und sehen, ob die Operation a
deux

deux temps, welche von dem Herrn Maret angepriesen, und von dem Herrn Louis sehr gerühmet wird, von Nutzen sey.

Ich brachte den Patienten ins Bette, legte einen trockenen Verband an, ließ den Unterleib mit erweichenden Oelen warm einreiben, und mit Flanell eine warme und erweichende Bähung alle 2 Stunden darüber legen. Des Patienten Lage war, wie dieselbe nach einer Steinoperation seyn muß, nämlich die Knie etwas an sich gezogen, welches durch eine runde Wulst so erhalten wurde; Brust und Kopf waren auch erhöhet.

Eine halbe Stunde nach der Operation ließ Patienten eine kleine Potion aus der aqua flor. Naph. ʒjj mit 16 Tropfen Laudan. liquid. Sydenh. und zwar alle Stunden einen Eßlöffel voll nehmen, und eine Tasse dünner Kalbsbrühe nachtrinken.

Drey Stunden nach der Operation fand sich ein kleiner Frost mit vollem Pulse ein, und der Patient brach etwas zähen Schleim aus; es folgte einige Hitze, und nach dem Genuß einer dünnen Bouillon brach er sie wieder aus. Der Patient empfand nachher stärkere Schmerzen in der Wunde, der Antrieb zum Urinlassen zeigte sich, denn das untergelegte Lacken war sehr mit Blut und Urin benetzet, und mußte öfters durchgezogen werden; sehr oft zeigten sich starke ructus, wovon Patient in gesunden Tagen geplaget wurde.

Am Abend verband ich den Patienten mit dem Balsam. Arcaei, wo zu 3 Theilen 1 Theil frisches

süßes

süßes Mandelöl gethan wurde. Hiemit wurden die Bourdonets und Plumaceaux bestrichen. Die Ränder der Wunde waren weder gespannt, noch entzündet, es war keine Auftreibung des perinaei, auch nicht des Unterleibes, und das Fieber war mäßig. Zu mehrerer Beruhigung des Patienten, und Erschlaffung der angespannten gelittenen Theile, ließ ich ihn folgenden Linctus nehmen.

℞. ol. Amygdal. dulc. rec. sin. ign. expr. ʒiſs.
  Laudan. liquid. Sydenh. gt. XVI. Syr. Papav. alb. ʒſs.

m. d. s. alle 2 Stunden einen Eßlöffel voll.

Sein Getränk bestand aus Limonade, und aus dünner Habergrütze.

Ohnerachtet das Fieber diese Nacht nicht stark war, so konnte doch Patient wegen Schmerzen nicht schlafen: das Lacken war beständig von Urin befeuchtet, so in der Wunde die Schmerzen verursachte.

Den 16ten, des Morgens, da die Wunde verbunden wurde, war weder Entzündung noch Geschwulst zu sehen, außer daß vieler Gries und kleine steinigte Stückgen mit dem Urin aus der Blase gekommen waren, so an dem abgenommenen Verbande und an dem Lacken zu sehen waren.

Da aber der Patient einen stärkern und vollern Puls hatte, als Tages zuvor, und über Schmerzen unter der symphysi ossium pubis klagte, so ordnete ich, 12 Unzen Blut abzulassen, welches eine Entzündungshaut hatte.

Zur

Zur Erquickung ließ ich Patienten von Hirsch=
horn, auch, zur Abwechselung, von Himbeergelee
öfters nehmen, wie auch ein Decoct von gebacke=
nen Kirschen. Der Patient war hiernach ruhig,
und schlief bey Tage etliche Stunden. Am Abend,
da ich den Patienten verband, hatte die Wunde
gleiche Beschaffenheit, wie am Morgen, und aus
der Urethra war etwas weißer Schleim zum Vor=
schein gekommen.

Der Schlaf würde in dieser Nacht sehr anhal=
tend gewesen seyn, wenn nicht heftige, aber bald
vorübergehende, Schmerzen in der Blase ihn öf=
ters gestöret hätten; gewöhnlich waren bey diesen
krampfhaften Schmerzen, Beängstigung, Sin=
gultus, und nachhero giengen starke Blähungen
mit Erleichterung ab. Diesen zuvor zu kommen,
ordnete ich Lavements von einem Chamillendecocte
mit Provenceröl, welches Blähungen und harte
Excremente abführete.

Den 17ten, des Morgens, zeigte sich, an den
Rändern der Wunde, eine gutartige Materie, und
der Verband geschähe wie am vorigen Tage. Der
Unterleib war nicht aufgetrieben, und im perinaeo
sahe alles sehr gut aus. Der Puls schlug in ei=
ner Minute 85mal. Patient schlief nach diesem
Verbande etliche Stunden ganz geruhig, des
Nachmittags aber, gegen 3 Uhr, stellte sich ein neuer
Fieberparoxismus ein, mit Frost und Hitze, und

Schmuck. verm. chir. Schr. III. B.   D   endig=

endigte sich in einen fünfstündigen mäßigen Schweiß; während des Fiebers that der Puls 92 Schläge in einer Minute. Die krampfhaften Schmerzen, die vom Antriebe des Steins gegen die frische Wunde kamen, waren abwechselnd sehr heftig.

Nach dem Abendverband, wo keine Veränderung war, schlief Patient einige Stunden; aber um 2 Uhr, nach Mitternacht, kam ein neuer Fieberanfall mit Frost und Hitze, wie auch Schmerzen, vornehmlich in der Urethra, worauf eine gelinde Ausdünstung erfolgte, und Patient gegen Morgen einen freywilligen offenen Leib hatte, und der Urin war häufig durch die Wunde ausgeflossen.

Den 18ten des Morgens war das Fieber sehr mäßig, und nur 75 Pulsschläge in einer Minute. Der Unterleib und das perinaeum waren ganz weich; die Schaamgegend war nicht mehr empfindlich. Beym Verbande sahe man vielen Grieß und ein Stück Stein eines Dreiers groß, so mit ausgeflossen war. Die Wunde hatte ein sehr gutes Ansehen, so war es auch noch beym Abendverbande: in der Nacht aber wurden die Schmerzen und das Fieber wieder stärker; gegen Morgen fand sich Ruhe und Schlaf. Nun setzte ich den Linctum anodynum aus, und ließ anstatt dessen eine Potion von Glaubersalze, mit dem Nitro, und dem Elaeosacch. Foenicul. nehmen.

Den

Den 19ten fand sich eine gleiche Beschaffenheit der Wunde, der Urin floß häufig, es giengen sehr viele Blähungen ab, der gewöhnliche Schmerz aber blieb.

Den 20ten wurde, zu mehrerer Ausspülung des noch in der Blase vorhandenen Grieses, ein Theekopf voll laulicht Wasser eingespritzet; der Verband geschah, wie am vorigen Tage. Neben der temperirenden Potion ordnete ich noch eine aus Gum. arabico, alle 4 Stunden einen Theekopf voll zu nehmen, welche sehr linderte, wornach sich der Patient, einige Schmerzen und die Mattigkeit ausgenommen, sehr gut befand.

Den 21ten brachte ich in die Blase einen Frauencatheter, der eine Rinne hat, und befestigte denselben, weil ich des andern Morgens die Herausziehung des Steins vornehmen wollte, zumal die Wunde gut eiterte, kein Theil geschwollen war, und die Fieberanfälle nachließen. Vermöge des Catheters konnte der Urin in ein untergesetztes Glas aufgefangen werden, so einen starken Bodensatz machte, und Abends beym Verbande ließ ich dem Patienten ein Klystier geben, wonach viele Blähungen und harte Excremente abgiengen; zugleich wurde mit allen äußerlichen und innerlichen Mitteln fortgefahren.

Den 22ten des Morgens, wo kein Fieber, keine Aufspannung des Unterleibes und des perinaei, sondern ein gutes Befinden war, auch Patient wohl geschlafen hatte, wurde von mir an den Patienten der Vorschlag gemacht, um ihn von den bisherigen Schmerzen zu befreyen, den Stein heraus zu nehmen; er willigte ein, und ich ließ ihn, weil der Tisch zur Operation noch da stand, auf denselben in die gehörige Lage bringen: ich führete auf der Rinne des weiblichen Catheters meine Sonde a bec in die Blase, auf der das Gorgeret und denn die gerade Zange. Den Stein fassete ich gleich, allein ich mußte ändern, und eine krumme Zange nehmen, womit ich selbigen wohl fassete, und herausbrachte; worüber Patient sehr vergnügt war.

Die Folgen haben es mir gezeiget, daß das große Vergnügen nicht allemal zum besten und heilsamsten ist. Wären weniger Visiten diesen Tag über zu ihm gelassen worden, so wäre es vielleicht besser gewesen.

Der Patient wurde in sein Bette, mit einem trockenen Verbande, gebracht, weil er doch wieder viel Blut verlohren hatte, ohngeachtet ich die Tenette vermöge des Gorgerets sehr leicht in die Blase brachte, und beym Verbinden fast alle Morgen mit dem Finger in die Blase kommen konnte; dennoch war der Umfang des Steins zu groß, als daß dieses nicht hätte von neuem Zerreissungen der Gefäße verursachen sollen.

Der

Der Stein wog 6 Loth, und an 4 Loth war durch die erste Operation wohl abgebrochen; es schien, als wenn der Stein nach der ersten Operation, da ihn doch die Luft hätte berühren können, und der Abfluß von Urin beständig gewesen, härter geworden wäre; man konnte die tiefe Eindrücke, welche ich mit der Zange gemacht hatte, deutlich sehen, so allemal wie ein weicher Gyps nachgelassen, und die Lamellen des Steins abgebrochen hatte. Seine Form war wie ein großes oval gedrucktes hartes Ey von englischen Hühnern. Seine Farbe war weißgräulicht, wie ich beständig vorher gesagt hatte, weil der Bodensatz im Urin beständig weiß aussahe, und diese Steine zerbrechlich sind.

Eine Stunde nach der Ausziehung des Steins fand sich ein starker Fieberfrost bey dem Patienten ein, welcher eine Stunde dauerte, worauf Hitze erfolgte: ich ließ diesen Tag dem Patienten das anodynische Tränkgen, so wie den ersten Tag der Operation, wieder nehmen: der Patient schlief eine Stunde ruhig, und empfand keine Schmerzen.

Der Urin, welcher beständig ausfloß, war noch mit etwas Blut vermischt, auch floß aus der Urethra ein wenig Blut. Die Salbungen des Unterleibes, nebst den Bähungen wurden alle 2 Stunden fortgesetzet. Am Abend beym Verbinden

binden sahe die Wunde gut aus. Vor Mitternacht schlief der Patient 3 Stunden, nach Mitternacht wurde der Schlaf durch einige Schmerzen unterbrochen. Der Patient hatte Hitze und Durst, der Puls war etwas gespannt, und that 85 Schläge in der Minute. Der schmerzstillende Linctus, und die Potion aus dem Glaubersalze, mit dem Nitro, wurden abwechselnd, nebst häufigem Zitronenwasser, gegeben.

Den 23ten sahe die Wunde beym Verbande sehr gut aus, es war weder Geschwulst, noch Entzündung daran; ich ließ eine fausse Tente in dem etwas warm gemachten Bals. Arcaei, womit ich immer die Wunde verbunden, eintauchen, und ich brachte selbige durch die Wunde bis nach der prostata hin. Nach diesem Verband schlief der Patient etliche Stunden sehr ruhig, beym Erwachen genoß er eine Suppe mit Sago und einen Zwieback. Um 1 Uhr Nachmittags bekam er ein heftiges Fieber, mit kleinem und geschwindem Pulse, nebst einer außerordentlichen Entkräftung. Des Patienten gewöhnlicher Medicus, der Herr Geheimerath Mutzel, war eben zu dieser Zeit dahin gekommen, und verschrieb ihm eine Potion aus dem Sale Plantar: cum succ. citri gehörig saturirt, nebst diapnoischem Wasser, etwas Nitrum und Mohnsyrup, wovon er alle Stunden nehmen sollte.

Die

Die Wunde hatte am Abend ein gutes Ansehen, indessen fand ich den Patienten sehr entkräftet; der Puls war klein und geschwind, dabey öftere abwechselnde Singultus, nebst einem matten kalten Schweiße. Um Mitternacht bekam er Beängstigungen auf der Brust, nebst kurzem Athem, und hatte noch 2 starke Stuhlgänge.

Den 24ten sahe die Wunde auch sehr gut aus, aber alle Zufälle verschlimmerten sich, daß keine Hoffnung übrig blieb. Der Puls wurde immer kleiner und geschwinder, es erfolgte noch ein Stuhlgang, das Athemholen wurde ängstlicher, der Unterleib lief etwas auf, und Patient verschied, 2 Stunden nach dem Verband, um 11 Uhr, Vormittags.

Diese Operation à deux tems, wovon die Franzosen viel Wesens machen, würde ich nicht gemacht haben, wenn mir die Noth nicht dazu gerathen hätte, weil ich den Patienten nicht länger den ersten Tag martern wollte. Ich bin gewiß, daß, wenn ich den Stein den ersten Tag der Operation heraus bekommen hätte, der Patient am Leben geblieben wäre, weil alle Umstände in kurzem sich so gut anließen. Es ist leicht zu begreifen, daß die schon sehr zarte Theile durch die ersten Versuche sehr gelitten hatten, und durch die zweyten wieder leiden mußten, und daher noch mehr Empfindlichkeit und Zufälle, als Entzündung und deren Folgen verursachen mußten. Folglich halte ich diese Operation à deux tems allemal für höchst gefährlich, obgleich etwas neues sehr bald und leicht auf Papier gebracht werden kann, welches aber in der Folge, weil es in der Praxi nicht bewährt gefunden wird, alles sein Ansehen wieder verliert, und so geschwinde wieder vergessen wird, als es anfänglich Aufmerksamkeit erregt und Beyfall gewonnen hatte.

Vermischte
Bemerkungen
von
unterschiedenen Verfassern.

D 3

Die erste Bemerkung.

Geschichte, Erzählung und Tageregister, betreffend eine Sectionem Caesaream, welche an einer durch den Stoß eines Ochsen verwundeten schwangeren Frau, mit erwünschtem Ausgang, verrichtet worden durch Friedrich August Fritze, der Arzneygelahrheit Doctor, in Dillenburg.

Daniel Schülers Ehefrau, von Offdillen, im Oranien-Nassauischen Fürstenthum Dillenburg, eine Frau von zärtlicher magerer Leibesbeschaffenheit, die übrigens gesund schien, auch schon mehrere Kinder gebohren hatte, dermalen aber im sechsten Monat schwanger war, wurde am 20ten October 1779. Nachmittags um 2 Uhr, von einem Ochsen in den Unterleib gestoßen, so, daß der Stoß in der Regione hypogastrica, rechter Seits, in einer Entfernung von drey Zoll von der Linea alba, die allgemeinen und eigenthümlichen Decken des Unterleibes, und den Körper der Mutter selbst durchdrungen hatte. Wie sie nun in dieser Stellung, und mit der Hand sich an dem andern Horn des Ochsen haltend, von dem Ochsen

Ochsen einige Minuten getragen wurde, so glaubte der zur Hülfe herbey eilende Ehemann, daß die Frau nur mit ihren Kleidern in den Hörnern des Ochsen verwickelt wäre. Indem er sie nun mit aller Gewalt davon los zu machen sich bemühete, riß er ihr mit dem im Unterleibe steckenden Horn, eine zween Zolle lange neue Wunde, welche mit der gestoßenen zusammen hieng, und ihre Richtung gerade nach der Linea alba nahm, und mit einem Verlust der Substanz der verwundeten Theile verbunden war. Es erfolgte ein starker Blutverlust, und hierauf fand man, daß der rechte Arm des Kindes bis an den Ellenbogen außerhalb der Wunde hervorgedrungen war. Der herbeygerufene Chirurgus, der in diesem Fall nichts für sich zu unternehmen wagete, erstattete hiervon Bericht an die Behörde nach Dillenburg, worauf ich nach der Verwundeten gesendet wurde, und zehn Stunden nach der geschehenen Verwundung bey ihr ankam.

Nach sorgfältiger Untersuchung, bemerkte ich folgende Umstände: die anfänglich starke Blutergießung hatte beynahe völlig nachgelassen, der Puls war noch ziemlich voll, die Kräfte waren noch nicht zu sehr erschöpft, sie redete noch munter, und ihr Athemholen war nicht widernatürlich. Der aus der Wunde hervorhängende Kindesarm hatte durch die heftige Zusammenziehungen des Uteri ein bleyfarbenes Ansehen, und dieselben Zusammenziehungen erlaubten dem forschenden Finger keinen Zugang zu der Höhle der Mutter. In Betrach=

Die erste Bemerkung.

Betrachtung, daß die Geburt durch den natürlichen Weg unmöglich war, da alle zu der Geburt mitwirkende Theile nicht darzu vorbereitet waren, und in der gegenwärtigen Lage der Sachen für die Mutter allerhand gefährliche, und mit unglücklichem Ausgang vergesellschaftete Umstände voraus zu sehen waren, fand ich hier die vollkommensten Anzeigen zu Verrichtung der unter dem Namen des Kayserschnittes bekannten Operation, als dem einzigen Mittel zur Erhaltung des Lebens dieser unglücklichen Frau.

Nachdem ich mich nun zu Unternehmung dieser Operation entschlossen hatte, suchte ich die Frau durch Vorstellung der triftigsten Gründe dahin zu bewegen, daß sie sich gefallen lassen möchte, sich dieser Operation des Kayserschnittes zu unterwerfen, welche Gründe auch soviel vermochten, daß sie, da sie kein ander Mittel zur Erhaltung ihres Lebens sahe, sich hierzu herzhaft entschloß.

Weil kein höchstdringender Zufall vorhanden war, so hielt ich es für besser, diese ohnehin mit manchen Schwürigkeiten verbundene Operation, lieber bis zum Anbruch des Tages zu verschieben, als durch Unternehmung derselben bey nächtlicher Lampe die Frau einem Ohngefähr auszustellen, und beschäftigte mich den übrigen Theil der Nacht hindurch, die Luft in dem Zimmer in gemäßigte Kühlung zu versetzen, der Kranken von Zeit zu Zeit Salpeter und kühlende Sachen zu reichen, ihren Leib und Gemüth in vollkommener Ruhe zu erhalten, und allen Zugang der Luft von der Verwundung abzuhalten.

Es wurde diese Nacht unter vieler Unruhe zugebracht, und es fanden sich endlich die Schmerzen im Unterleibe so häufig ein, daß die Frau selbst um Beschleunigung der Operation bat.

Am zweyten Tage der Krankheit, des Morgens um 7 Uhr, ließ die Frau ohne große Beschwerde den Urin, weil sie aber in 24 Stunden keine Oeffnung gehabt hatte, so wurde ihr ein Klystier aus Wasser und Milch mit etwas Küchensalz beygebracht; da keine Oeffnung hierauf erfolgte, würde man ihr ein zweytes Klystier haben beybringen lassen, wenn die Frau nicht auf die baldige Unternehmung der Operation gedrungen hätte.

Nunmehro suchte man die Frau in eine schickliche Lage zu bringen, welche also eingerichtet wurde, daß die Frau mit der Brust und der Gegend des heiligen Beines höher, mit der Gegend der Lendenwirbelbeine aber tiefer liegen mußte, und denen zur Beyhülfe bestellten vier Personen wurde aufgegeben, die Arme und Beine derselben in einer festen Lage zu erhalten.

Um mit der rechten Hand freyeren Gebrauch zu haben, stellete ich mich auf die linke Seite der Frau, und den Chirurgum gegen mir über, auf die rechte Seite.

Nun führete ich zuerst den linken Zeigefinger in den Theil der Wunde, wo das Horn des Ochsen in die Höhle des Unterleibes gedrungen war,

und

Die erste Bemerkung.

und welches, wie ich oben gemeldet, 3 Zoll weit von der Linea alba und eben soweit von dem Annulo abdominali entfernt war.

Nachdem ich hierauf mit einem in der Spitze convexen Scalpelle die Wunde, nach obenzu, etwas erweitert hatte, brachte ich auch den mittelsten Finger in die Wunde, und durchschnitt über beyden Fingern den Musculum rectum abdominis dextrum und das Peritonaeum, so daß diese neue Wunde in einer senkrechten Linie, 3 Zoll hoch, nach dem Nabel zu, in die Höhe stieg.

Hierauf griff ich das Scalpell mit der linken Hand, und durchschnitt unter gleicher Vorsicht, in der Länge von einem Zoll, die gemeldeten nach dem annulo abdominis heruntersteigende Theile des Unterleibes.

Nachdem also der Unterleib zu Herausbringung des Foetus genugsam eröffnet war, nahm ich den Uterum selbst vor, und erweiterte zuerst die an dem Körper desselben befindliche, und um den Arm des Kindes stark zusammengezogene Wunde, mit der größten Aufmerksamkeit, und aller nöthigen Vorsicht, soweit, daß ich den rechten Zeigefinger in den Uterum bringen, und dadurch mich von der Lage des Kindes, und dem Orte der Anhängung des Mutterkuchens vergewissern konnte. Bey genauer Untersuchung bemerkte ich, daß der Kopf des Kindes sich nach der linken Seite der Mutter neigete, daß der Bauch desselben, nach dem Bauch der Mutter zugekehret war,

und

und daß also der linke Arm des Kindes nach dem Cervice uteri, der rechte aber nach dem Fundo uteri seine Lage hatte, dahero hieng der Mutterkuchen nicht im Fundo, sondern mehr an der rechten Seite des Uteri an.

Weil ich mich nun hiervon zulänglich überführt hatte, so sahe ich, daß ich von der Durchschneidung des Fundi uteri nichts zu befürchten hatte; ich brachte dahero meinen Zeige= und Mittelfinger zwischen den Uterum und den Körper des Kindes, und schnitt den Körper und den Fundum des Uteri, in der Länge von vier Zoll, ohne Bedenken durch.

Hierauf wurde mühsam, und nicht ohne Beschwerde der Kranken, das Kind, um welches sich der Uterus fest zusammengezogen hatte, herausgezogen, und der fest anhängende Mutterkuchen ebenfalls abgelöset und herausgeholet. Alsdenn wurde die Hand wiederum in den Uterum geführet, die darinnen befindliche Klumpen geronnenen Bluts herausgenommen; und hierauf alles mit Oxycrat wohl ausgespühlet.

Sobald des Kindes Kopf außerhalb den äusseren Lippen der Wunde gekommen war, fiel das Intestinum colon mit einem Geräusch heraus. Es wurde dasselbe, so lange ich mich noch mit dem Utero zu beschäftigen hatte, von den Gehülfen mit der Hand zurückgehalten, und demnächst, nach den gehörigen Regeln, von mir zurückgebracht.

Die erste Bemerkung.

Nachdem dieses alles gehörig geschehen war, wurden die Integumenta communia et propria abdominis, durch die sogenannte Suture entrecoupée vereiniget, und, nachdem über der Wunde Scharpie und erforderliche Kompressen aufgeleget worden, mit Anlegung einer 3 Zoll breiten und 18 Ellen langen Fascia inuita, diese Operation geendiget.

Die ganze Operation mit dem Verband währete nicht über eine Viertelstunde. Nur zweymal während derselben klagte die Patientin über Schmerzen, wie nämlich der Kopf des Kindes aus dem Utero gewunden, und die sich anhängende Placenta abgelöset werden mußte. Der Blutverlust, während der Operation, war nicht über sieben Unzen.

Nach geendigter Operation und angelegtem Verband, wurde sie mit aller Vorsicht ins Bette gebracht, und man bemühete sich, ihr dieselbe Lage zu geben, die sie während der Operation gehabt hatte. Die geschwächten Kräfte wurden mit etwas wenigem Wein und dem Genuß von Hühnerbrühen unterstützet, und die Ruhe des Leibes und Gemüths bestens unterhalten.

Mittags um 12 Uhr war der Verband von dem durchschwitzenden Blute gefärbt; doch ohne Anzeigen einer gefährlichen Verblutung. Zu eben der Zeit fiengen zu meiner Freude die Lochia an zu fließen, und das einzige, worüber sie klagte, waren Leibschmerzen, welche ihren Grund in den von ihrer vorherigen Lebensordnung, angehäuften Unreinigkeiten in den ersten Wegen hatten. Man brachte daher ein Klystier aus erweichenden Kräutern, wiewohl ohne Wirkung, bey. Der Verband wurde mit Oxycrat mit Weingeist vermischt angefeuchtet, und zur Löschung des Durstes, Wasser, mit Essig, Himbeer= und Kirschsyrup vermischt, gegeben, und von Zeit zu Zeit ein temperirendes Salpeterpulver gereicht.

Als Nachmittags, um 2 Uhr, die Leibschmerzen sich noch nicht gemildert hatten, und sich Eckel und Aufstoßen der Blähungen einfanden, wurde abermals ein Klystier gegeben, welches ohne Wirkung abgieng. Um 5 Uhr aber klagte sie über Schmerzen in der Brust, der Eckel nahm zu, und gegen 7 Uhr bekam sie ein Erbrechen von gallichter Materie; worauf sie sich erleichtert fand, gelinde auszudünsten anfieng, und die Nacht größtentheils ruhig schlief.

Um am dritten Tage keine neue Verblutung zu veranlassen, wurde der Verband so gelassen, und der Gebrauch obiger Mittel fortgesetzet.

Um 11 Uhr klagte sie wiederum über Schmerzen im Leibe, und daß nach ihrer Empfindung der Unterleib aufgetrieben wäre; indessen entdeckte man durchs Gefühl keine Geschwulst und keine Härte an demselben. Es fand sich öfters ein saures Aufstoßen, und der Puls zeigte von der Gegenwart fieberhafter Bewegungen. Bis jetzt hatte sie noch keine Leibesöffnung, daher wurde ihr ein Klystier beygebracht aus zween Theilen Wasser, einem
Theil

Theil Weineſſig und einem Loth Küchenſalz, mit
etwas Leinöl. Ob nun gleich dieſes bald darauf wenig abführete, ſo brachte es ihr doch viel Erleichterung, ſo, daß eine reichliche Ausdünſtung hierauf erfolgte, und ſie unter einem natürlichen und
freyen Athemholen, den Tag über ruhig ſchlafen
konnte.

Nachmittags um 5 Uhr fanden ſich das Reißen
im Leibe und das Aufſtoßen wieder ein; ſie trank
mit vieler Erleichterung den Aufguß von Kamillenblumen. Man ließ ihr abermals ein Klyſtier
von Waſſer und Eſſig beybringen, worauf ſtarke
Entledigung von Blähungen und Unreinigkeiten
erfolgte, und ſie nach großer Erleichterung ſehr
ruhig ſchlief.

In der folgenden Zeit bekam ſie von der Anhäufung von Unreinigkeiten und Blähungen, in
den erſten Wegen, öfters noch Reißen im Leibe,
ſaures Aufſtoßen, Eckel und Erbrechen, aber alle
dieſe Zufälle verſchwanden ſogleich auf die Bey-
bringung gemeldeter Klyſtiere aus Waſſer und
Eſſig, und den darauf erfolgten Abgang. Wie
denn überhaupt dieſe Art von Klyſtieren bey Leib-
reißen ſich ſo wirkſam erzeigten, daß die Kranke
ſogleich an ſich ſelbſt ſpühren konnte, wenn ein ander Klyſtier beygebracht wurde, unter der Ver-
ſicherung, daß keines, ſo wie die Eſſigklyſtiere,
die Leibſchmerzen linderte.

Am vierten Tage der Krankheit, des Morgens um 8 Uhr, nach ruhig zurückgelegter Nacht,

fand man, daß das Fieber wenig zugenommen hatte, und man fuhr mit der Bähung und denen innerlichen Mitteln fort.

Hierauf nahm man zum erstenmale den Verband ab. Von der geschnittenen Wunde waren die Lippen wenig entzündet, und lagen in aller Ordnung an einander. Die Lippen der gerissenen Wunde hingegen waren Zoll weit von einander gewichen und merklich entzündet.

In die Höhle des Unterleibes wurde ein Decoct von Myrrhen in Gerstenwasser, mit etwas Rosenhonig vermengt, mit aller Vorsicht eingespritzet. Ueber die Lippen der geschnittenen Wunde legte man Plumaçeaux mit einem Liniment aus Rosenhonig, mit aqua Sclopetaria spirituosa vermischt, befeuchtet, auf die andere Wunde aber den Balsam des Arcaei mit Beaume de Commandeur vermengt.

Die zwischen beyden Wunden befindliche Oeffnung wurde zum Einspritzen in die Bauchhöhle und Ausfluß der widernatürlichen Feuchtigkeiten aus derselben durch ein mit obigem Liniment befeuchtetes Bourdonet offen gehalten.

Die Lippen beyder Wunden wurden durch Streifen von Heftpflastern näher an einander gebracht und erhalten, der ganze übrige Verband ward, wie in den vorigen Tagen wieder angelegt, und die Anfeuchtungen mit Oxycrat und Weingeist fortgesetzt.

Von

Die erste Bemerkung.

Von der Gegenwart des stärkern Fiebers zeigte der Puls, Durst, und andere Zufälle. Man reichte ihr obgemeldete temperirende Mittel, und fügte das Decoct der Fieberrinde, mit etlichen Tropfen von Hofmanns Liquore anodyno, abwechselnd bey. Man ließ ihr Wasser mit säuerlichen Säften und Kamillenthee fleißig trinken.

Am fünften Tage der Krankheit, wo die Nacht ruhig, und in sanftem Schlaf zurückgeleget war, fand sich die Patientin sehr gestärket. Die Härte und Schnelligkeit des Pulses hatte sich sehr gemildert, die Auftreibung des Unterleibes hatte abgenommen, und er wurde durchs Gefühl weich befunden, der Stuhlgang und Abgang des Urins waren von selbst erfolgt, und sie lag in einer gelinden Ausdünstung.

Der Verband wurde wie Tages vorher eingerichtet, nur daß man der Einspritzung in die Bauchhöhle etwas Chinadecoct beymischte, und vor dem Verband, den Unterleib mit einer Mixtur aus abgekochtem Kamillenöl und Weinessig gelind frottirte.

Uebrigens sorgte man äußerst für die Reinlichkeit und bequeme Lage der Patientin, um das Wundliegen (Durchliegen) zu verhüten, und es genoß dieselbe den übrigen Theil des Tages einer angenehmen Ruhe des Leibes und Gemüthes.

Am sechsten Tage der Krankheit hatte die Patientin dreymal Leibesöffnung. Der Puls war stärker und fieberhaft. Beym Verband lief durch die

die zu den Einspritzungen offen gehaltene Oeffnung der Wunde, eine übelriechende Jauche aus, welche man durch wiederhohlte Einspritzungen auszuspühlen sich bemühete.

Die Nacht vor dem siebenten Tage der Krankheit war unruhig zugebracht, und ein heftiger Husten, der eine Folge von einer Verkältung war, beschwerte die Patientin, und bey jedem Husten klagte sie über einen stechenden Schmerz in der Wunde.

Nach abgenommenem Verband fand man, daß die Hefte der geschnittenen Wunde so eingeschnitten hatten, daß die Lippen der Wunde in der äusseren Haut von einander standen; im Grunde der Wunde aber waren sie schon vereiniget.

Da man keinen Nutzen von den Heften mehr sahe, wurden sie durchschnitten und herausgezogen, und die Lippen der Wunde vermittelst des, durch gehörigen Verband unterstützten Emplastri adhaesivi, soviel möglich in Vereinigung erhalten; der ganze übrige Verband aber wie an dem vorigen Tage eingerichtet. Die Bähung, der Gebrauch der temperirenden Mittel und des Chinadecocts, nebst dem Kamillenthee, wurden fortgesetzt. Zur Stärkung der Patientin ließ man ihr von Zeit zu Zeit Hühnerbrühe, mit Reiß und Zitronensaft angenehm gemacht, oder Gerstenschleim, in mäßiger Quantität reichen. Das sich bisweilen einfindende Leibreissen, und der Mangel der Leibesöffnung wurden allezeit durch obige Essigklystiere gehoben.

Am

Die erste Bemerkung.

Am achten Tage der Krankheit, hatte die Patientin sanft geschlafen, sie hatte zweymal Stuhlgang gehabt, der Husten beschwerte sie nur noch zuweilen, welchen man mit einem Thee von Süßholz, Salbey, Ehrenpreiß, Körbel und Fenchelsaamen milderte, bey dem Verband befand sich aber alles gut, und die Wunde gab guten Eiter.

Am neunten Tage der Krankheit war der Schlaf gut gewesen, und der Gebrauch der bisherigen innerlichen Mittel wurde fortgesetzt, und da sie vor allen Getränken einen Widerwillen hatte, trank sie nichts als Kamillenthee für den Durst.

Der Verband wurde, wie an den vorigen Tagen, nebst den Einspritzungen in die Bauchhöhle fortgesetzt; doch spühlten diese nichts mehr von widernatürlichen, oder eitrigten Feuchtigkeiten aus. Die äußerlichen Fomentationen ließ man aber weg, um die Wirkung der Heftpflaster nicht zu vereiteln.

Am funfzehnten Tage der Krankheit hatte Patientin zweymal von selbst Oeffnung gehabt. Wie sie aber sehr über die Heftigkeit des Hustens klagte, so verordnete man ihr außer obigem Kräuterthee, einen Lecksaft von Syrupo Diacodis und Althäsaft mit etlichen Tropfen Landanum liquidum sydenhami vermischt, welchen sie, sobald sich der Husten heftig einfand, nicht ohne Nutzen gebrauchte.

Die erste Bemerkung.

Die Lippen der Wunde wurden beym Verbande roth und schön befunden, sie gaben einen häufigen und guten Eiter. Uebrigens befand sie sich wohl, hatte ruhigen Schlaf, war ohne alle fieberhafte Bewegungen, der Stuhlgang und Urin giengen in natürlicher Ordnung ab, und die Lust zum Essen nahm merklich zu.

Am siebenzehnten Tage der Krankheit, da von dem häufigen Eiter die benachbarte Theile wund gemacht wurden, suchte man diesen Umstand durch Waschen mit einer fomentatione vinosa und Bestreuung mit dem Semine Lycopodii zu heben, und ließ in die unterste Wunde ein Pulver aus Mastix, Myrrhen, Olibanum und Sarcocolla streuen. Weil aber durch die zur Injection in die Bauchhöhle offen gehaltene Wunde, kein Ausfluß von eitrigen und widernatürlichen Feuchtigkeiten weiter bemerket wurde; so überließ man diese Oeffnung der natürlichen Heilung, und da alle Umstände eine glückliche Heilung versprochen, so konnte ich die Patientin nunmehro dem dortigen Chirurgo zur ferneren Versorgung übergeben.

Die Patientin wurde am zwanzigsten Tage der Krankheit indessen öfters von Leibesverstopfung und Stuhlzwang beschweret; man gab ihr die bisherigen Lavements, und ließ theelöffelweise von einer Lattwerge aus pulpa Tamarindorum, Cassiae, Electuario lenitivo ad ℥j Pulvis Rhabarb. Ӡüj. Cremor. ♃r. ℥j syrup. de Marina q. S.

bis

Die erste Bemerkung.

bis zur erfolgten Oeffnung nehmen, worauf auch diese Zufälle verschwanden.

Am vier und zwanzigsten Tage der Krankheit befand man, bey abgenommenem Verband, daß derselbe ungewöhnlich mit Eiter angefeuchtet war. Bey näherer Untersuchung fand sich, daß zwischen den Integumentis abdominis und dem Musculo recto sich Eiter angehäufet hatte. Es wurde der Sack durch Einsprizungen gereiniget, und zur Verhütung fernerer Ansammlung des Eiters in demselben, eine gelinde Compression angebracht, und solchergestalt nahm die völlige Heilung der untersten Wunde von Tage zu Tage ihren merklichen Fortgang.

Am dreyßigsten Tage der Krankheit gieng alles erwünscht, außer daß die Leibesöffnung nicht gehörig erfolgte, und daß man um den andern Tag ihr durch ein Klystier aus Wasser und Essig zu Hülfe kommen mußte.

Nachdem am vier und dreyßigsten Tage die Wunde bis auf eine ganz kleine Stelle vollkommen benarbet war, hielt man für nöthig, auf eine Unterstützung des Unterleibes zu denken, und die auf dergleichen Fälle nicht ungewöhnlich folgende herniam ventralem zu verhüten. Man ließ ihr daher ein Gebäude von doppelten leichten Barchent machen, welches nach dem Leibe geschnitten, vorne mit Knöpfen versehen, und hinten geschnüret werden konnte, um es dem Leibe jederzeit anpassend machen zu können. Nach dieser Anlegung stand sie zum erstenmal auf, und gieng in den Zimmern herum.

Am vier und vierzigsten Tage der Krankheit befand die Frau sich noch immer mit Leibesverstopfung und Blähungen beschwert, so, daß sie sich allezeit durch die Essigklystiere und obige die Oeffnung befördernde Lattwerge, Erleichterung verschaffen mußte. Man hielt dafür, daß diese Zufälle in einer Schwäche der Gedärme ihren Grund hätten, und daß man daher alle fernere Hülfe von der Stärkung der Gedärme und der zur Leibesöffnung mitwirkenden Theile, werde zu erwarten haben. In dieser Absicht empfahl man ihr den innerlichen Gebrauch des kalten Wassers, und täglich viermal eine kalte Fomentation, von Wasser und Essig, auf den Unterleib zu legen. Der Erfolg war dem Versuche gemäß. Die Leibesverstopfung und Blähungsbeschwerden hörten hiernach auf, und am 21ten December war sie im Stande ihre häußlichen Geschäfte zu verrichten.

Am Ende des Februars dieses Jahres konnte sie die beschwerliche Reise von zwo Meilen, über Berg und Thal, zu Fuß, auf Dillenburg antreten, und sich der fürstlichen Landesregierung persöhnlich darstellen.

Ferne=

Die erste Bemerkung.

Fernerer Beytrag zu der Geschichte, der im Jahr 1779. Sectione Caesarea operirten Ehefrau des Johann Daniel Schülers, von Offdillen.

Vom vorigen Verfasser.

Im Frühjahr 1780 befand sich die Schülerin wieder im vollkommensten Wohlseyn, auch verrichtete sie alle, ja die schweresten Landarbeiten, ohne die geringste Beschwerde davon zu verspühren, doch trug sie, Vorsichtigkeitshalber, beständig eine den ganzen Unterleib gehörig einschließende und festhaltende Binde von doppeltem Barchent, die sie, mittelst eines Schnürriemens, nach Gefallen erweitern und verengern konnte. Im Anfang des Augustmonats 1780. wurde sie wieder schwanger. Bis zu der Hälfte ihrer Schwangerschaft äußerten sich keine andere, als die diese Umstände mehrentheils begleitende Beschwerden. Nach diesem aber fieng die Narbe, der durch das Horn des Ochsen gerissenen Wunde des Unterleibes an, sich vor allen übrigen Theilen besonders auszudehnen, auch wollte die bisher getragene Binde nicht mehr halten, sondern zog sich immer in die Höhe. Als ich sie im Februar dieses Jahres besuchte, fand ich gedachte Narbe äußerst ausgedehnet und dünne, der Leib hieng erstaunend vor, und nach der rechten Seite.

Die erste Bemerkung.

Bey der inneren Untersuchung erreichte der fühlende Finger den Kopf des Kindes nicht, wohl aber ließ er sich mit ziemlicher Deutlichkeit, bey der äußern Untersuchung, rechterseits auf dem Schaambeine aufsitzend, bemerken. Das fernere Ausdehnen dieser Narbe suchte ich durch mehrere Befestigung dieser Binde zu verhindern; zu dem Ende ließ ich selbige nach unten wie eine Hose einrichten, und oberwärts befestigte ich sie durch über die Schultern laufende breite Bänder. Den auf dem Schaambeine feststehenden Kopf des Kindes aber suchte ich durch noch eine zweyte und über erstere herlaufende breite zweyköpfige Binde, die gerade über selbigem ihren Anfang nahm, sich sodann auf den Rücken kreuzte, und endlich über die Schultern wieder nach vorne geführet wurde, von da ab, und in die Axe des Backens zu pressen. Der Erfolg hievon entsprach völlig meinen Wünschen, denn von nun an konnte die Schülerin wieder mit wenigerer Beschwerde gehen, und kleine Hausarbeiten verrichten, und am 28ten April gebahr sie eine todte Tochter, fast ohne alle Wehen und Beschwerden. Man ließ die Nachgeburt ohnangerührt bey ihr, und brachte sie gleich, ohne jedoch (welches, wie ich glaube, hier höchstnöthig gewesen wäre,) ihren jetzt um vieles kleiner gewordenen Leib von neuem, durch ein breites Band, gehörig zu unterstützen, ins Bette. Auch ließ man mir gleich von ihrer sonst glücklichen Entbindung Nachricht geben. Sechs Stunden nach ihrer Entbindung traf

Die erste Bemerkung.

traf ich bey ihr ein. Die Nachgeburt war noch bey ihr, Wehen verspürte sie fast gar nicht, die Lochia flossen sehr sparsam, und ihre Hauptklage war Durst, dabey aber war sie so schwach, daß sie sich gar nicht rühren, noch regen durfte, und daß sie aus einer Ohnmacht in die andere sank. Ich befahl ihr, sich so ruhig, als möglich, zu halten, gab ihr ein Temperirpulver, und ließ ihr nach Durst Kamillenthee trinken. Da sich aber die Ohnmachten verdoppelten, und ich zu ihrer Stärkung nichts anders bekommen konnte, so ließ ich ihr einen halben Eßlöffel voll Brandtwein nehmen, und während der Ohnmacht an Salmiakspiritus riechen. Kaum war ich eine halbe Stunde so bey ihr gewesen, so stellete sich plötzlich ein Brechen bey ihr ein, wodurch sie nicht wenig von dem am nämlichen Morgen genossenen starken Frühstück von sich gab, und dieses endigte sich dann mit einer Ohnmacht, in der sie, aller angewendeten Mühe ohnerachtet, ihren Geist aufgab. Bey der am 3ten Tage vorgenommenen Section des Cadaveris defunctae fand man folgendes.

1) Ihr Leib war ziemlich stark aufgetrieben.
2) Die nach der Sectione Caesarea zurückgebliebene Narbe der geschnittenen Wunde wurde im besten Zustand, und nicht im geringsten von einander gewichen, angetroffen. Dahergegen.
3) Die zweyte querlaufende Narbe der durch das Horn des Ochsen gestoßenen Wunde, auß-

serordentlich stark ausgedehnet, und äußerst dünne war.

4) Von außen ließ sich übrigens nichts widernatürliches am Unterleib bemerken.

5) Bey seiner Eröffnung aber fand man wenigstens drey Maaß (12 Pfund) theils geronnenen, theils noch flüßigen Blutes, in die Höhle desselben ausgetreten.

6) Das Peritonaeum war sowohl unter der geschnittenen, als gestoßenen Wunde wiederum so miteinander verwachsen, daß sich kaum eine Spuhr seiner Wiedervereinigung entdecken ließ.

7) Doch war das Omentum majus hin und wieder an diesen Stellen mit ihm verwachsen.

8) Auch fand man ferner rechterseits und vorwärts eine Portion des Intestini Coeci, mit dem den Uterum überziehenden Peritonaeo ziemlich fest verwachsen.

9) Die Venen des Uteri, und besonders des Ovarii dextri, waren varicös ausgedehnt und machten das letztere fast unkenntbar.

10) Ein Coagulum Sanguinis, welches sich zwischen das, das Ovarium dextrum und eine portionem lateralem dextram fundi et corporis uteri umgebende Peritonaeum, und die Substanz beyder Körper ergossen hatte, dehnte an diesen Stellen das Peritonaeum in Gestalt eines Sackes aus, und hatte sich in selbigem zu einem Kuchen gebildet.

11)

Die erste Bemerkung. 79

11) Nach unterwärts fand man an dieser Ausdehnung des Peritonaei eine Oeffnung, durch die das Blut ins Cavum abdominis ausgetreten war.

12) Nachdem man diesen Sack von dem in ihm geronnenen Blute gehörig gereiniget hatte, so fand man, daß sich verschiedene in die Substanz des Uteri hineinlaufende und sehr erweiterte Blutgefäße in selbigem öffneten.

13) Die Stelle, wo ehemals der Uterus bey der Sectione Caesarea durch den Schnitt getrennt worden war, hatte sich so schöne vernarbt, daß es sehr schwer hielt, sie mit Gewißheit zu entdecken.

14) Und auch jene Stelle, wo sich eben damals die durch das Ochsenhorn verursachte und cum deperditione substantiae verbunden gewesene Wunde befand, würde schwerlich haben bemerkt werden können, wenn der Uterus hier nicht auszeichnend dünne gewesen wäre.

15) Die bey der Frau noch vorgefundene Placenta Uteri, war fast in ihrem ganzen Umfang so fest mit dem Utero verwachsen, daß es auch bey der größten Behutsamkeit fast unmöglich war, sie, ohne die Substanz des Uteri zu verletzen, von selbigem loszuschälen.

16) Nachdem man so größtentheils die Nachgeburt losgeschälet hatte, ließ ich den Uterum schwebend in der Luft halten, und füllte selbigen mit Wasser, wobey zum Zeichen,

daß

daß sich auch nicht der geringste Riß an ihm befinde, nicht ein Tropfen verlohren gieng.

17) Alle übrige in Cavitate abdominis befindliche Eingeweide fand man ganz natürlich beschaffen. Da man nun aber hier schon hinlänglich die causam mortis entdeckt zu haben glaubte, und theils die Kürze der Zeit, theils nothwendige Schonung der Verwandten (denn hier verabscheuet der gemeine Mann nichts mehr, als seiner Verwandten einen nach dem Tode geöffnet zu wissen,) eine weitläuftigere und genauere Dissectionem Cadaveris defunctae verboten, so begnügte man sich hiermit, und ließ die übrigen Cavitäten unberührt.

Das Kind, ein wohlgestaltetes und ausgetragenes Mädgen, hatte sonst nicht das mindeste widernatürliche an sich, als daß sich auf seinem rechten Osse parietali eine mehr als halben Zoll tiefe Impression befand, die von dem Widerstand, den dieses Bein bey seinem Wachsthum von dem Osse pubis dextro erlitten hat, wahrscheinlicherweise entstanden ist.

Daß eine Haemorrhagia interna, sanguinem in cavum abdominale effundens, hier die Causa proxima mortis gewesen, ist wohl nicht zu läugnen; ob aber die im Jahr 1779. an ihr verrichtete Sectio Caesarea eine Causam antecedentem praedisponentem abgegeben habe? und welches die eigentliche Causa Occasionalis gewesen? Dieses über-

überlasse ich Männern von höheren Einsichten zu entscheiden.

Die zweyte Bemerkung.

Von einer starken Schußwunde des rechten Oberarms. Von Herrn Seeliger, Regimentschirurgus des von Luckschen Regiments.

Gegenwärtige chirurgische Beobachtung scheint mir von so erheblichem und allgemeinem Nutzen zu seyn, und fordert den Arzt, der sie angestellt hat, gleichsam auf, sie dem Publico durch den Druck mitzutheilen, als solche, die von dem Wundarzt in der Absicht veranstaltet worden, um zu sehen, wie weit der Mechanismus des Körpers und die davon abhangende Kräfte die Heilungen der schweresten Verletzungen bewirken mögen, und die durch eine geringe aber den Umständen angemessene Beyhülfe der Kunst mit glücklichem Erfolg beendiget worden, und die eben dadurch das allgemeine eingewurzelte Vorurtheil widerlegen, daß die Wundärzte durchgängig grausame Operationen voreilig unternehmen, um der Mühe überhoben zu seyn, durch Fleiß und Aufmerksamkeit die natürlichen Kräfte und die dadurch hervorgebrachte einzige Mittel zur Heilung schwerer Verletzungen zu begünstigen, ein Vorurtheil, welches sich noch von jenem rohen Zeitalter herschreibt, in welchem die

Wundarzneykunst nur von Leuten ausgeübet wurde, die weder Gelegenheit, noch Beruf hatten, die natürliche Beschaffenheit des menschlichen Körpers kennen zu lernen, denen es genug war, zu wissen, wie das Messer und der Meißel gehalten werden müsse, wann von ihnen verlangt wurde, einen Einschnitt in fleischigte Theile zu machen, oder, ein Glied des Körpers abzunehmen, und die es als den höchsten Grad ihrer Kunst betrachteten, wann sie nach irgend einer Vorschrift eine Salbe, oder Pflaster kochen, auch wohl gar ein geistiges Wundwasser bereiten konnten, denen, ihrer Meynung nach, ganz allein die Heilung einer Wunde zuzuschreiben war. Ein solches falsches Vertrauen, in Dingen, welche weit öfter das Geschäffte der Natur bey Heilung der Verletzungen behindern, als begünstigen, wurde zugleich die stärkste Hinderniß, daß die Wundärzte jener Zeiten sich nie unterstanden, mit einig aufmerksamen Beobachtungsgeist vorsichtige Versuche anzustellen, bis auf welchen Grad und unter welchen Umständen die Erhaltung starker verletzter Theile und Gliedmaßen von den lebenden Kräften des menschlichen Körpers zu erwarten stehe.

Sie übten ihre Kunst nach angenommenen allgemeinen Lehrsätzen, ohne Beurtheilung und Scharfsinn bey Anwendung derselben, ganz blind aus. Ein dergleichen Lehrsatz war, daß, wenn die Knochen mit äußerlicher Wunde zersplittert sind, ein solches Glied über den Knochenspalt gänz-

gänzlich abzunehmen sey, weil sonst der Sphacelus dieses Gliedes und mithin der Tod erfolgte.

Wie grausam und mangelhaft dieser Lehrsatz der alten Wundarzneykunst durch die handwerksmäßige Wundärzte befolget wurde, haben diejenige öftere Gelegenheit zu sehen, die sich in solchen Provinzen aufhalten, wo die menschliche Vernunft und Erkenntnisse durch die Wissenschaften noch nicht erweitert worden, und werden sie sich davon sowohl, wie ich, mit Schaudern und Abscheu überzeugt haben. In wieferne man aber berechtiget sey, jenen so angepriesenen Lehrsatz zu verwerfen, und sich mit der Absetzung solcher Gliedmassen nicht zu übereilen, wenn gleich organisirte Theile, und selbst der Knochen des Gliedes verlohren gegangen, wird hoffentlich durch die Mittheilung der nachstehenden Beobachtung practisch erwiesen werden. Ich setze bey dieser Erzählung voraus, daß diejenigen Wundärzte, so ihre Aufmerksamkeit mit Durchlesung dieser Beobachtung beschäfftigen, bereits alle diejenigen vortrefflichen Abhandlungen der heutigen gelehrten Wundärzte, besonders der ersten Männer der Preußischen Armee, gehörig studirt, weil durch den Scharfsinn, Gelehrsamkeit, und Fleiß, dieser wahrhaftig großen Menschenfreunde, solche deutliche Lehrsätze von dem Heilungsgeschäffte der organisirten Körper festgesetzet worden, daß, seitdem ihre Schriften im Druck erschienen, die Mängel und die Unwissenheit der ehemaligen Wundarzneykunst gehoben,

und

und ein jeder, der ihre Unterweisung genossen, selbst zu denken, und in seiner Kunst zu beobachten geschickt gemacht worden; und in sofern ein Theil meiner Leser die nachstehende Krankheitsgeschichte bezweifeln sollte, muß ich selbige auf jene vortreffliche Schriften verweisen, indem meine erworbene Einsichten bey weitem nicht zureichen, dasjenige, was ich als ein Beobachter erzähle, so zu erklären und zum deutlichen Unterricht und Anwendung in ähnlichen Fällen zu erheben, als es durch die weltbekannten Schriften jener verehrungswehrten Gelehrten hinlänglich geschehen ist.

Der Vorfall, welcher nachstehende Krankheitsgeschichte veranlasset, ereignete sich am 9ten Junii 1777. da zwey Knaben, deren einer im 8ten Jahre, der verunglückte im 11ten Jahre seines Alters, mit einem stark geladenen Gewehr spielend, die gewöhnliche Kriegesübungen nachmachten. Das mit 4 kleinen und einer einlöthigen Kugel geladene Gewehr war durch die Nachläßigkeit eines Unteroffiziers, der am Abend zuvor vom Rekrutentransport zurück gekommen war, in einer Stube zurückgelassen worden, die ungefähr nur 7 Schritt in der Breite, wie in der Länge haben mochte, so, daß daraus am besten einzusehen ist, in welcher Nähe der unglückliche Schuß den Verwundeten getroffen hat. Wie die Stellung des Knaben, der das Gewehr abgefeuert, und die Lage desjenigen, der dadurch verwundet worden, beschaffen gewesen, konnte nicht in Erfahrung

fahrung gebracht werden. Man sahe, daß der Schuß den ganzen Oberarm der rechten Seite betroffen, und da die Kugeln, nebst der ganzen Ladung, sich der Nähe wegen nicht verbreiten können; so war dieses Ursache, daß von dem Osse humeri, zwey Zoll unter dessen Articulation mit dem Schulterblatt, nicht nur von diesem Knochen 5 Zoll, sondern mit demselben zugleich alle Integumenta und darunter liegende Musculi herausgerissen, und mit dem Schuß an die Wand geworfen worden. Ich war ohne Zeitverlust zugegen, und fand bey einer vorsichtigen Untersuchung, die durch kein Bluten behindert wurde, daß der Arm noch auf der einen Seite durch fleischigte Theile mit der Schulter zusammenhieng. Dieser fleischigte Streif der 1½ Zoll dick und 1 Zoll breit war, schien aus dem Musculo bicipite und den Gemellis zu bestehen; er enthielt zugleich die großen Blutgefäße, deren Schlagen, durch das Zusammendrücken, zwischen den Fingern ganz deutlich zu bemerken war; und da ich, nach anatomischer Kenntniß, urtheilen durfte, daß die großen Blutgefäße des Arms in dieser Gegend den Nervum brachialem noch ungetheilt zur Seite haben; so brachte mich dieses auf den Endschluß, diesen geringen Zusammenhang des Vorderarms mit dem kleinen Ueberrest vom obern Theil des Oberarms durch den Schnitt keinesweges völlig aufzuheben, vielmehr richtete ich meine Absicht und Bestreben dahin, diesen übrig gebliebenen durch die Zusam-

F 3   men-

menziehung verkürzten und verdrückten Streifen Fleisch in seine natürliche Lage zurück zu bringen, und so behutsam auszudehnen, daß der Untertheil des Oberarms soweit heruntergebracht wurde, als wenn die 5 Zoll des Ossis humeri nicht verlohren gegangen wären. Der nunmehr entstandene grosse Raum wurde, nachdem die vom Pulver ganz schwarz gewordenen und zusammengezogenen fleischigten Theile mit frischem Mandelöl bestrichenen Welgern bedeckt, allenthalben mit weicher ungemachter Scharpie sehr behutsam angefüllet; alsdenn bemühete ich mich von zwey Seiten, sowohl die vordere, als äußere, durch hölzerne weich ausgefütterte Schienen, die gemachte Ausdehnung zu erhalten. Eine umständlichere Beschreibung würde dem, der kein geübter Wundarzt ist, dennoch keine hinlängliche Deutlichkeit geben, und diesem ist die Anmerkung hinlänglich, daß sie in ihrer Breite den schmalen Streif des übrig gebliebenen Fleisches, an der innern Seite des Arms, ganz frey und unbedeckt ließen; ja meine ganze Sorgfalt gieng dahin, die Kompressen unter und längst der Schiene so zu verdoppeln und zu erhöhen, daß die Umwickelung der Zirkulärbinde, so sanft und behutsam sie auch angelegt wurde, diesen Theil nicht im geringsten berühren mußte. Der Vorderarm, den ich, bey der Ausdehnung um dem Verband, bereits in seine erforderliche Beugung gesetzt hatte, wurde durch die gewöhnliche Schiene versichert, und endlich der ganze Verband durch die

Scharp=

Die zweyte Bemerkung.

Scharpbinde in Ordnung erhalten. Selbst in der Bettstelle wurde er so gelegt und befestiget, daß er auf keine Art den verwundeten Arm fassen noch berühren könnte.

Während dieser ganzen Behandlung, die mich einige Stunden beschäftigte, blieb der Verwundete munter, und äußerte wenig Schmerz. Ich ließ ihm daher nur einige Tropfen vom Liquore minerali Hoffmanni, und von zwey zu zwey Stunden eine Tasse Haberschleim reichen. Von diesem Tage an bestellte ich 2 Feldscheerer zur Aufsicht, die sich täglich ablösen mußten, theils das schädliche Unternehmen des Pöbels, den das Mitleiden und die Neubegierde herzubrachte, abzuhalten, theils die Umschläge gehörig zu veranstalten, die Tag und Nacht in gehörigem Grad der Wärme erhalten wurden, um sowohl die Losweichung der Brandrinde zu befördern, als auch den Umlauf des Blutes in der Hand und Vorderarm zu erleichtern. Es bestanden dieselben in einem Decoct aus HB. aromat. amar. et Foment. Vin. Gallic. ptl. Aqv. Fontan. pt. VI. Am 2ten wie am 3ten Tage fand ich den Vorderarm, der ununterbrochen fortgesetzten warmen Umschläge ungeachtet, ganz kalt.

Am 4ten Tage waren die Finger, wie der ganze Vorderarm, ganz bleich, aufgedunsen und kalt; es zeigten sich hier und da schwarze Flecke, von denen die Epidermis durch leichtes berühren abgieng, und welches die deutlichste Anzeige des entstehenden kalten Brandes war. Ich nahm daher den ganzen äußern Verband hinweg, untersuchte den fleischigten Streif, und da ich denselben natürlich warm und ohne Geschwust befand, ließ ich die Scharpie in der Aushöhlung liegen, weil sie noch keinen Eiterungsgeruch von sich gab, und verordnete die Umschläge noch emsiger fortzusetzen, und änderte sie dahin ab, daß die Tücher, mit denen die Finger, wie der Vorderarm, in einem siedend heißen Infuso Chinat. Vinos. eingetaucht, und wenn sie ausgepreßt, dämpfend umgelegt werden sollten, wurden sie mit einem Acet. ⚕to Myrrhat. besprengt. Innerlich ließ außer der gewöhnlichen Potion. temper. keine Medicamente nehmen, weil die motus febriles sehr mäßig waren, der Bursche über nichts, auch nicht einmal über Durst klagte, und stets nach Essen verlangte, zu dessen Befriedigung ein wenig Graupenschleim und andere Grütze erlaubte.

Am 15ten Junii, als den 7ten Tag, fand ich bey Untersuchung des Verbandes, daß die sämmtlichen Integumenta verfault abfielen. Ich machte Scarificationes bis auf die Muskeln, da ich aber selbige in ihren eigenen Umkleidungen frisch und unversehrt, und in ihrer natürlichen Farbe erblickte; so führte ich meine Einschnitte dergestalt, daß dadurch die unter dem sphacelirten Integument liegende Theile von aller Spannung befreyete, ohne die Muskeln zu verletzen. Zu jedem Maaß des Infusi Chin. Vinos. setzte 2 Quentlein vom sale amm. p. hinzu, die Einschnitte damit warm

auszu-

Die zweyte Bemerkung.

auszuwaschen und zu verbinden, alles aber durch die warmen Umschläge Tag und Nacht gut zu versorgen. Der Puls war bey dem Kranken hestiger, ich ließ ihm die Potion. febrifug. ex acidis mineralib. in öftern Dosen nehmen, und durch das häufige Trinken der Limonade in ihrer Wirkung unterstützen.

Am 16ten Junii fiengen die häutigen Bekleidungen der Finger an, stückweise wegzufallen, auch hie und da am Vorderarm; nur allenthalben mit der unerwarteten Erscheinung, daß die darunter liegende Muskeln und Flechsen in ihrer natürlichen Gestalt und Wärme waren. Das fleissige Umschlagen, die Sorgfalt der Luft, wie die Lappen des Verbandes beständig abzuändern, und das Räuchern mit Weinessig verursachten, daß man den Gestank wenig bemerken konnte, jetzt aber zeigte sich eine aussiekernde Feuchtigkeit an der Scharpie, welche die große Brandhöhle ausfüllete. Sobald also der Vorderarm gehörig gereiniget, und in seine Lage gebracht worden, ließ ich, um die Ausdehnung nicht zu verlieren, die vordere Schiene mit den Händen der Gehülfen fest halten; nach Aufhebung der andern fiel die Scharpie von selbst heraus, und man wurde zur Verwunderung aller Umstehenden eine gute Eiterung gewahr, so die Brandrinde in dem ganzen Umfang der Wunde abzunehmen erlaubte, aber auch zugleich unten wie oben die vielen Splitter des ossis humeri deutlich machte. Bey dem neuen sehr geschwind veranstalteten Verband mit weicher Scharpie, umfütterte die ich Splitter sorgfältig, damit sie keinen gefährlichen Reiz und Schmerz verursachen könnten, und benetzte die äußern Plumaceaux mit einer warmen Solution.

Balsam. vit. extern. ℥ß.
Infus. chinat. aquos. ℥II.
Mell. rosar. ℥II. m.

Hiermit wurden die Kompressen unter den Schienen ebenfalls angefeuchtet, und nachdem die 2te Schiene abgeändert gereiniget; so wurde der ganze Verband mit den vorgeschriebenen Umschlägen alle 2 Stunden besorget.

Am 17ten bis 19ten Junii sonderten sich die sphacelirten Integumenta nebst der Cellulosa in großen Stücken am ganzen Vorderarm bis über dem Olecrano ab. Da auch hier die Bänder und Muskeln, so wie an den Fingern, von ganz natürlichem Ansehen und gesund waren; so ließ ich feine Lappen in jener Solution anfeuchten, und den Vorderarm, wie die Finger, jeden besonders, einhüllen. Da ich seit vielen Jahren die vorstehende Solution in Gebrauch gehabt, wo tendinöse Theile entblößt waren, und ich jederzeit gesehen, daß bey dem Gebrauch dieses sehr einfachen Mittels die Natur das Heilungsgeschäffte am leichtesten vollendet, wie denn noch im Jahr 1779. während der Gefangenschaft in Böhmen, Achtzig durch Schußwunden schwer Blessirte zu besorgen hatte, die bey diesem einzigen Mittel, bis auf 4 Mann,

binnen

Die zweyte Bemerkung.

binnen 7 Wochen wieder hergestellet worden. Denn da, wo sich die Wunde schließen will, wird das Mel rosarum weggelassen, da es denn mit dem gehörig angebrachten stärkeren Druck alle Escharotica und Cicatrisantia unnöthig macht; so habe ich es vor dienlich gehalten, sie hier ganz umständlich zu beschreiben, um so mehr, da sie auch bey dieser schweren Verwundung beybehalten worden. Ueber diese Befestigung des sphacelirten Theils ließ ein feines Wachstuch legen, und solchergestalt wurde der Verband jeden Tag zweymal veranstaltet.

Am 19ten und 20ten veränderte sich der Zustand des Arms in nichts, nur die Suppuration nahm dermaßen stark zu, daß ich den vorbeschriebenen Verband des Vorderarms, täglich dreymal veranstalten mußte. Der Kranke aß von denen ihm zugelassenen Speisen sehr viel, demohnerachtet nahm er zusehens an Fleische, wie an Kräften, ab. Ich schrieb solches lediglich der noch immer anhaltenden häufigen Eiterung zu, ließ in dieser Rücksicht die Wachsleinwand weg, und an ihrer Statt die mit der Solution angefeuchtete Lappen blos durch eine lose angelegte breite Binde in ihrer Lage erhalten. Da auch der kleine schnelle Pulsschlag den üblen innern Zustand verrieth, wenn gleich der Kranke noch herumgieng, und die natürlichen Verrichtungen noch in ihrer Ordnung waren; so ließ ich ihn ein Infus. Chinat. mit Hühnerbrühe täglich viermal innerlich nehmen.

Die zweyte Bemerkung.

Den 25ten bis 27ten Junii erhohlte sich der Kranke zusehens, der fleischerne Strich, so aus dem Musculo pectorali und brachiali externo zum Theil bestand, blieb diese ganze Zeit über mit seinen Integumenten, so, wie der obere Theil des Oberarms, bedeckt, ohne alle Entzündung. Die Höhle fieng an von allen Seiten mit einem zarten Fleisch erfüllet zu werden, auch konnte ich bereits bey jedem Verbande die großen Splitter des Armröhrknochens herausnehmen. Seit 9 Tagen war der innerliche Gebrauch der Chin. in Infus. mit so gutem Nutzen ununterbrochen fortgesetzt, daß ich damit den 2ten August aufhörte. Bey dem äußerlichen zweymaligen Verbande wurde nichts abgeändert, als daß die Binden, wie die zwischen den Fingern gelegten Kompressen, stets mit dem Spirit. resolvent. angefeuchtet wurden, damit durch die Ausdünstung des Weingeistes die Suppuration etwas zurückgehalten, aber auch die Spannkraft und Wärme in den äußeren Extremitäten unterhalten würde.

Bey dieser Behandlung, wo dem Kranken innerlich nichts an Arzney gereicht, wohl aber erlaubt wurde, seinen starken Hunger mit denen ihm gewöhnlichen groben Speisen zu befriedigen, brachte der Kranke 14 Tage mit so gutem Fortgange des Zustandes seiner schweren Verwundung zu, daß es das Ansehen hatte, als wäre die beschriebene Behandlung die einzige, welche man zur Begünstigung des Heilungsgeschäfftes vorschla-

gen

Die zweyte Bemerkung.

gen könne. Die große Höhle war bereits mit zartem Fleisch angefüllt, es sonderten sich täglich kleine Knochensplitter ab, ja man bemerkte sogar an dem Rande der ausgefüllten Höhle alle Merkmale einer baldigen Vernarbung; allein am Vorderarm waren jetzt die Flechsen, wie die Muskeln, mit einem rothen zarten Fleisch so gleichmäßig überzogen, als wenn ein Scharlachtuch übergebreitet worden; der Eiter war stets von guter Eigenschaft ohne übelen Geruch, so daß ich keine Ursache hatte, die äußeren Mittel mit einander zu verwechseln.

Am 17ten August hatte der Kranke fieberhafte Zufälle. Ich verordnete eine Potion. laxat. mannat. und während den 4 Tagen, daß die vermehrte Geschwindigkeit des Pulses, die Niedergeschlagenheit, das bleiche Ansehen der obern Fleischwunde, und die Wässerigkeit des Eiters am Vorderarm zu erkennen gaben, daß die Natur mit dem Auswurf einer schädlichen Materie beschäfftiget sey, so rieth ich eine strenge Diät an, ließ die Potion. antiphlogisticam c. pulv. resolv. simpl. nehmen.

Am 7ten Tage, als am 23ten August, war der Puls ruhig, der Kranke bekam nochmals eine Potion. laxat. und am folgenden Tage verordnete ich den Gebrauch der Chinarinde und die Diät eines Reconvalescenten. Nunmehr ließ sich bey und während dem Verbande am Oberarm eine Art des festen Zusammenhanges bemerken, daß sogar der

Kran-

Kranke selbst verlangte, man möchte ihm zu einiger Erleichterung die Schienen, wenigstens während dem Verbande, abnehmen, ich gestattete dieses aber nicht, sondern sie wurden stets aufs sorgfältigste gewechselt und gereiniget. Die Wunde schloß sich indessen von allen Seiten so zusehens, daß die Fläche, welche noch nicht mit Haut bedecket war, kaum die Größe eines Thalers betrug.

Zwischen den 1sten und 4ten September konnte man am Vorderarm, auch zwischen den Fingern, die, wie schon gesagt, vermittelst feiner Lappen aufs sorgfältigste von einander gehalten wurden, hier und da Stellen gewahr werden, wo sich die Eiterung verlohr und eine breite Vernarbung einfand, wodurch am deutlichsten die Meynung derjenigen theoretischen Aerzte widerlegt wurde, als wenn die Vernarbung einer Wunde blos durch Zusammenziehung der Muskelzäsern und Nachgeben der angränzenden Haut statt fände. Ich ließ den Spirit. resolv. womit die Kompressen und Binden des Verbandes angefeuchtet wurden, mit dem Aqua Goulard. zur Hälfte versetzen, und da die Vernarbung sowohl, als auch die Munterkeit und Gesundheit des Knaben täglich und zusehends zunahm; so glaubte ich mich berechtiget, den bisher fortgesetzten täglichen Gebrauch der China, da ich schon bereits 3 Wochen lang täglich 2 Quentgen in Pulver nehmen lassen, zu untersagen, allein die sich bald darauf eingefundene Schwachheit, die Unterbrechung des Heilungslungsgeschäfftes, das bleiche Ansehen des noch unbenarbten Fleisches, nöthigten mich, nach dem Verlauf von 8 Tagen, die nämlichen Dosen der Chinarinde zu verordnen. Während diesen Tagen war die große Höhle der Schußwunde völlig angefüllt und verheilet, und in den ersten Tagen des Octobers waren auch die verlohren gegangenen Integumenta des Oberarms, der Finger und die Nägel völlig wieder hergestellt. Ich ließ die Schienen weg, außer einer, die längst den Oberarm über dem Olecrano hervorragte, und sich auf der Scharpe, in der ich den Vorderarm noch beständig tragen ließ, ruhete; um den 3ten Tag wurde der Arm mit einer Abkochung der Eingeweide von geschlachteten Thieren: der Hunde, Schaafe ꝛc. vorsichtig gebähet und nach jeder Bähung mit einem Linimento nervino de axungia et pedibus bovinis geschmieret. Da sich aber hiernach binnen 4 Wochen keine merkliche Besserung verspühren ließ; so wurde er entlassen, und zu den Seinigen geschickt, nachdem er innerlich binnen 3 Monaten 2 ℔ Chinarinde, in Substanz, bekommen und äußerlich mit denen in der hier mitgetheilten Krankengeschichte angezeigten nützlichen Mitteln, ohne Abwechselung von Salben, Pflastern, oder Arzneymitteln, behandelt und geheilet worden.

Es sind jetzt, da ich diesen Aufsatz schreibe, um ihn den Druck zu überlassen, ohngefähr zwey Jahr, da der Bursche von hier weggeschickt ist, ich habe ihn herkommen lassen, und mit nicht geringer

ringer Bewunderung gesehen, daß er einen freyen Gebrauch seines Arms und der Finger, die er damals kaum rühren konnte, wieder bekommen, so daß es stets dem, der ihn jetzt untersucht, unglaublich scheinen wird, daß ein so großer Theil des Humeri und der daran befestigten Muskeln jemals gänzlich abgerissen worden.

Es ist indessen dieser Mensch ein unleugbarer Beweiß, was man von einer vorsichtigen und fleißigen Behandlung, auch der erforderlichen Einsicht in Abwartung und Unstützung der thierischen Oekonomie, sich bey Heilung schwerer Wunden zu versprechen habe, und wie zuverläßig der nunmehro in der Wundarzney aufgenommene Lehrsatz sey: daß, wo Nerven, Aeste und Blutgefäße eines organisirten Theils nicht vernichtet worden, man sich, der Größe der Verletzung wegen, nie mit Abnehmung des Theils zu übereilen habe.

Die dritte Bemerkung.

Von einer wichtigen Amputation, welche im Jahr 1779. verrichtet wurde. Von Herrn Laube, Regimentschirurgus vom Königl. Prinz Heinrich von Preußen Regiment.

Ich wurde den 27ten April 1779. als das Regiment Seiner Königl. Hoheit, Prinz Heinrich von Preußen, zu Grimma, in Sachsen, im Winterquartier

Die zweyte Bemerkung.

tier stand, auf das ein und eine halbe Meile davon gelegene Dorf Nachwitz zu einem Patienten gerufen, welcher männlichen Geschlechts und 13 Jahr alt war; die Eltern waren Ackerleute und lebten in sehr dürftigen Umständen. Der Bothe, welcher zu Pferde kam, nennete sich einen Chirurgum aus dem nahe dabey gelegenen Städtchen, Mutschen, und erzählte, als ich genaue Erkundigung von dem Krankheitszustande einziehen wollte, daß derselbe einen Schaden am linken Oberschenkel habe, welcher vor 6 Wochen, nachdem er die Masern gehabt, entstanden, man hätte ihn und einen Apotheker zu Rathe gezogen, und sie beyde hätten nach ihrem besten Wissen alles mögliche gethan, nichts aber wäre ausgerichtet, sondern der Patient an gedachtem Theile, gleich den zweyten Tag der Krankheit, mit dem kalten Brand befallen worden.

Dieses letztere ließ sich nun wohl nicht geradehin glauben, obgleich der Chirurgus, da ich vieles dawider einwandte, fest bey seiner Erzählung beharrete. Denn es ist eine ausgemachte Wahrheit, daß allemal eine Inflammation vorhergehen muß, ehe dergleichen gänzliche Zerstörungen an körperlichen Theilen geschehen können. Dieser Satz wird auch durch die folgenden Umstände dieser Geschichte bestätiget werden, weil sich die Sache wirklich anders verhielt, und der einfältige Chirurgus wohl nur zu seiner Sicherheit vorgab, daß der Brand in so kurzer Zeit entstanden sey.

Die dritte Bemerkung.

Indessen schauderte mir die Haut, wenn ich mir im Geiste vorstellte, wie elend dieser arme Mensch, nach diesem schönen Bericht, aussehen muste. Ich machte mich demnach zur Amputation gefaßt, und nahm alles hierzu nöthige, nebst einem Feldscheer, mit. Bey meiner Ankunft erschrack ich nicht wenig, als ich mir den Schaden zeigen ließ. Der ganze Fuß bis eine Hand breit über die Mitte des corporis ossis femoris sahe so schwarz aus, als wenn man ihn ein Jahr lang geräuchert hätte, alles war ohne Empfindung, und die Musculi femoris waren völlig weggefressen, dermaßen, daß auch nicht die geringste Spur, ob irgend ein fleischigter, oder nervichter Theil, oder ein Blutgefäße da gewesen wäre, sondern der Knochen lag ganz blos da, auch sogar das periostium war völlig hinweg, überhaupt roch alles dermaßen übel, daß es beynahe nicht in dem Zimmer auszuhalten war. Der Oberband, so auf dieser sehr übeln Verletzung lag, bestand aus trockner Scharpie, und diese bedeckte ein großes braunes klebendes Pflaster, so der Wundarzt Defensivum nannte. Hier gab ich mir nun alle Mühe, die wahre Ursache dieses Uebels zu erfahren, konnte aber weiter nichts herausbringen, als daß alles von gehabten Masern entstanden sey, doch daß der Fuß nicht gleich (wie der Chirurgus zum Anfange erzählete,) den zweyten Tag, sondern den eilften angefangen habe schwarz zu werden. Man urtheile nun, wie viel von dieser faulen Gauche beynahe ganzer vier Wochen

Die dritte Bemerkung.

chen hindurch in diesem jungen Körper (welcher wegen seiner mehrern Larität zur Resorption geschickter, als ein schon bejahrter ist,) eingesogen seyn müsse. Nach der Eltern eigenen Aussage hatte sich zuerst ein rother Fleck über die Mitte des musculi tricipitis und vasti interni sehen lassen, dieser wäre in einigen Tagen braun geworden, und wiederum in einigen Tagen ganz schwarz. Hieraus folgerte ich, daß dieses Uebel a metastasi entstanden. Hätte der Chirurgus sein Metier verstanden, und die Materie, welche ohne allen Zweifel muß zu fühlen gewesen seyn, herausgelassen; so hätte dieser Kranke seinen Fuß gewiß jetzt nicht verlieren dürfen, wenn es auch mit der Heilung vielleicht etwas langweilig zugegangen wäre.

Es war Nachmittags, um 6 Uhr, als ich bey dem Patienten ankam, und überdem ein sehr dunkler Tag, folglich nicht recht viel Zeit zum Besinnen, wegen Verrichtung der Operation übrig. Ich machte also in möglichster Geschwindigkeit meinen noch fehlenden apparatum deligationis fertig, denn den apparatum instrumentalem hatte ich, wie schon oben gedacht, sogleich mitgenommen. Ich arrangirte meine beyde Gehülfen gehörig, nämlich den Feldscheer vom Regimente, und den schon öfters erwähnten Stadtchirurgum aus Mutschen, und schritt zur Amputation. Zwar handelte ich hier wider die Meynung verschiedener Wundärzte, welche behaupten, man müsse das femur nie so hoch amputiren, und ich leugne nicht, daß es viel Mühe erforderte, nicht nur das Tourniquet anzubringen, um die große arteriam cruralem hinlänglich zu komprimiren, sondern auch unter dem Tourniquet den Schnitt zu machen, denn im frischen Fleische muste doch die Abnehmung geschehen. Ein Band war, wie sonst gewöhnlich ist, um den Zirkelschnitt egal zu machen, gar nicht anzubringen, weil, wie ich schon erinnert habe, der Knochen von der Mitte des corporis ossis femoris, bis etwa ein und einen halben Zoll unter dem trochantere majori, gänzlich blos lag; vielleicht hätte ein anderer nur den Knochen allein, so weit herauf zu kommen gewesen wäre, abgesetzt, dieses würde aber weiter nichts geholfen haben, als daß dieselbe Absetzung in der Folge noch einmal vorgenommen werden müssen. Wer da weiß, wie sehr sich die Muskeln nach einer Amputation über den Knochen zurückziehen, dem wird dieser Gedanke sehr begreiflich seyn. Wäre dieses Uebel sehr hoch am Arm gewesen, so würde ich den Schulterknochen aus dem Gelenke zu nehmen vorgezogen haben, aber hier war es wohl vornehmlich, theils wegen der großen arteriae cruralis, theils auch wegen des ligamenti teretis, womit der Kopf des ossis femoris im acetabulo befestiget ist, unmöglich; meines Wissens hat auch noch niemand diese äußerst gefährliche Operation anzustellen gewagt, weil sie doch immer gewiß tödlich ablaufen würde. Jedoch hätte ich mich, wofern es auf keine andere Art möglich gewesen wäre, den

Kran-

Die dritte Bemerkung.

Kranken beym Leben zu erhalten, auch hievor nicht gefürchtet, denn es bleibt doch noch weniges Hoffnung übrig, Rettung zu verschaffen, und so lange muß, meiner Einsicht nach, die Kunst immer arbeiten, sonst kann man sie nicht ganz ausgeübt nennen. Der Ausspruch des Celsus, daß desperaten Krankheiten auch desperate Mittel gewählt werden müssen, wenn die gelinderen nicht helfen wollen, behält allemal seine Richtigkeit.

Um wieder auf die Operation zu kommen; so muste ich dicht unter dem Tourniquet in einigen noch übrig gebliebenen Theilen vom musculo tricipite und vasto interno, imgleichen an der äusseren Seite vom vasto externo, und auf der Mitte des femoris vom crure u. s. w. welche alle sehr unrein und speckigt aussahen, meinen Schnitt anbringen. Ich sägete den Knochen so hoch, als nur möglich war, ab. Ich fand in der Höhle desselben, welche wenigstens noch einmal so groß, als natürlich war, sowohl die medullam, als auch das periostium internum völlig ausgetrocknet, und der ganze Raum sahe, besonders an den Seitentheilen, verschimmelt aus, als wenn etwas an einem feuchten Ort gelegen hat, was man stocken nennet. Die arteria cruralis blutete bey Loslassung des Tourniquets stark, (welches sonst eben nicht bey dergleichen Fällen, wie der gegenwärtige, zu geschehen pflegt, denn wenn alle fleischigte, nervöse, und membranöse Theile, wie hier, abgefaulet sind, so muß eben dieses auch bey den Arterien geschehen, alsdann

dann ziehen sie sich gemeinhin hoch zurück, und ihr sonstiges orificium rotundum wird gleichsam von den übrig gebliebenen zerfressenen Fasern, durch ihre eigene Haut zugeschlossen, die noch übrige Theile der Muskeln, worunter sie sich verkriechen, verrichten ihre Action, so viel es ihnen, nach ihrer übrig gebliebenen Größe, noch möglich ist, und drücken sie an den Knochen fest, dahero die Verblutung cessiret,) sie zu unterbinden, hielte ich nicht für rathsam, denn hätte ich die Arterienzange anbringen wollen, so hätte ich, weil durch die große Fäulniß, wodurch die andern erwehnten Theile gänzlich zerstöret sind, auch die Arterienhäute mürbe seyn könnten, ein Stück davon leicht abreißen können; ich tamponirte sie also mit Feuerschwamm, drückte solche gut an das noch übrige Knochenstück, und als ich bey einiger Nachlassung des Tourniquets fand, daß das Blut gut stand, verband ich alles nach der Kunst, ließ einen Gehülfen bey dem Patienten, um auf das Tourniquet gut Acht zu haben, und äußerlich mit großen Tüchern kaltes aqu. veget. mineral. Goulardi überschlagen, innerlich aber verordnete ich eine Mixtur aus destillirten Wässern, mit dem syrup. papaver. rhoead. und dem laud. liquid. Sydenham. und zwar letzteres pro dosi so stark darunter, daß der Kranke alle zwey Stunden fünf Tropfen bekam; und weil er ein heftiges schleichendes Fieber nebst Husten und faulen Auswurf hatte, vermischte ich noch diese Komposition mit
einer

Die dritte Bemerkung.

einer gehörigen Menge des oxymellis scilliciti, zum ordinären Getränke aber gab man ihm ein konzentrirtes Gerstendecoct mit Honig und spirit. vitriol. acid. zu trinken; den andern Tag ließ ich ein infus. laxans aus manna, pulp. tamarindor. und cremor. Tri nehmen, um den Körper nur einigermaßen von der Materie zu reinigen.

In dieser Nacht hatte der Kranke viele faule Materie ausgehustet, übrigens abwechselnd geschlafen, und die Schmerzen waren leidlich, obgleich etwas Blut durch den Verband gedrungen war. Nach gemeldetem Laxiermittel erfolgten den 28ten verschiedene Stuhlgänge, und ich verordnete vom 29ten an, ein infus. chinol. aquos. da ich bey jedesmaligem Einnehmen einige Tropfen Moseler Wein (welchen ein Staabsofficier unsers Prinz Heinrichschen Regiments dazu schenkte,) in zwey Löffel voll Infusum tröpfeln ließ. Der Kranke war äußerst schwach, und das schleichende Fieber stark; ich verboth daher alles Fleisch und Fleischbrühen, ließ aber dagegen die Brühen von abgekochtem Obst, worinnen etwas Weinessig geträufelt und mit Zucker hinlänglich versüßet wurde, wie auch eine Suppe mit weniger Semmel genießen. (Ich hätte lieber zur Nahrung dieses Menschen Milch gewählt, aber er konnte sie durchaus nicht vertragen.)

Bis den 30ten veränderte ich weiter nichts; als mir aber gemeldet wurde, daß die Wunde sehr übel röche und viele blutige Gauche durchgedrungen wäre, verfügte ich mich zu dem Kranken, und verband die Wunde zum erstenmale. Es sahe alles, bis auf den Knochen, besser aus, als ich vermuthete, die Menge des faulen Auswurfes hatte sich ein wenig gemindert, auch der Puls war nicht mehr so kriechend, sondern etwas lebhafter. Ich sondirte die Knochenhöhle, und fand zu meiner Verwunderung das ganze collum ossis femoris, bis dicht am capite, wie einen andern längern Knochen, hohl. Nach geschehener Injection eines stark konzentrirten Chin. infus. c. mell. rosar. floß aus der Knochenhöhle eine ziemliche Menge ichoröse Feuchtigkeit, welche völlig cadaverös roch, in den Knochen selbst steckte ich ein mit liqu. anod. min. Hoffm. befeuchtetes Bourdonet von proportionirter Länge, die Wunde selbst aber verband ich mit eben gedachtem Infuso, und die Ränder bedeckte ich mit großen Plumaçeaur, worauf balsam. arcaei gestrichen war, um sowohl der großen Fäulniß Einhalt zu thun, als auch die exfoliation des Knochenstücks selbst zu bewirken.

Den 1sten May ließ ich, weil ich nöthige Regimentsgeschäffte hatte, durch einen Feldscheer verbinden; dieses geschahe auch den zweyten. An diesem Tage erhielte ich Nachricht, daß die Wunde sich zwar reinige, der Knochen aber seinen vorigen Geruch behielt, daß jedoch der Kranke mehr und mehr munter würde, gute Ruhe hätte, und daß alle Se- und Excretiones natürlich wären. Dieses sahe ich auch den 3ten selbst, denn die

Wun-

Wunde fieng sich an immer mehr und mehr zu reinigen, der Eiter wurde balsamischer, und das schleichende Fieber schwächer. In dem äußerlichen Verfahren wurde nichts geändert, innerlich aber ließ ich ihn den 4ten oben gedachtes infus. lax. noch einmal nehmen, und verordnete nun eine Milchdiät, die er jetzt sehr gut vertragen konnte.

Den 5ten ließ ich verbinden, wurde aber von dem Feldscheer benachrichtiget, das Fieber hätte sich heute vermehrt, Patient wenig gehustet, und was er ausgeworfen, sehe nicht mehr purulent aus, sondern es wäre bloßer weißer Schleim, Patient habe Nachmittag starken Frost gehabt, doch sehe die Wunde gut aus. Ich schloß hieraus, daß sich das Eiterungsfieber eingefunden, und mein Urtheil war richtig. Denn als ich ihn den 6ten selbst verband, separirte sich alles faule Fleisch, so, daß ich es von dem gesunden, wie eine Decke, herunter nehmen konnte. Der Eiter war gut, und auch das Knochenstück roch nicht mehr so übel, veränderte aber seine Farbe, und fieng an gelblich auszusehen. Obgleich das Fieber stark war, ließ ich doch ohne Bedenken das infusum chinatum fort gebrauchen, weil ich der eingesogenen Fäulniß kein kräftigeres Mittel entgegen zu setzen wuste. Mit dieser Verordnung fuhr man äußerlich und innerlich fort, bis den 14ten, da alles Fieber nachgelassen, auch weder Auswurf noch Husten sich nahe bemerken ließ. Die Wunde sahe sehr gut aus, das Knochenstück roch nur noch wenig, blieb bey gelblicher Farbe, ließ aber nicht im geringsten von seiner Festigkeit, womit es im acetabulo eingeheftet ist, nach. Von heute an ließ ich das zum innerlichen Gebrauch bestimmte infusum chinae mit saurem Vitriolspiritus vermischen. Ich würde dieses gleich beym Anfange gethan haben, wenn ich nicht hätte befürchten müssen, den Husten, welchen der Patient hatte, dadurch noch mehr zu reizen, ich wählete daher damals lieber das gedachte Gerstendecoct mit Honig, wo ich den spirit. vitriol. besser einwickeln, und also doch dem Kranken Nutzen schaffen konnte.

Den 16ten ließ ich wieder das anfänglich verordnete infus. laxans nehmen, und den 17ten marschirte das Regiment nach unserer gewöhnlichen Garnison, Spandow, ich muste also meinen Kranken verlassen. Ich that dieses um desto weniger gerne, weil alles so gut gieng, und ich gewisse Hoffnung hatte, ihn durchzubringen. Da ich indessen nicht zurückbleiben konnte, sondern dem Regiment folgen muste, ordnete ich, so viel möglich, alles aufs beste, und befahl vornehmlich, alle drey bis vier Wochen, das mehrerwähnte infus. laxans zu nehmen, mit dem infuso chin. aber innerlich fortzufahren, und den äußern Verband, nach Beschaffenheit der Umstände, abzuändern; dem Chirurgo aber, welcher ihn verband, trug ich auf, mir von Zeit zu Zeit von dem Befinden des Kranken Nachricht zu ertheilen, welches denn auch geschehen ist. In einem Schreiben vom 9ten Au-

gust

gust 1779. wurde mir unter andern gemeldet: der Kranke befände sich wohl, und gienge schon seit der siebenten Woche, nach der Operation, im Hause, an Krücken herum, das Knochenstück bliebe noch immer bey gelblicher Farbe, wäre aber etwas lockerer im acetabulo geworden. In der zehnten Woche, als er an einem Tage im Garten gewesen, und wieder in die Stube gehen will, glitschet die Krücke an der amputirten Seite von der Stubenthürschwelle ab, Patient fällt mit der Spitze des abgesetzten Knochens zur Erde, und bleibt ohne Bewußtseyn liegen, bis jemand darzu kommt. Man bringt ihn aufs Bette, und er erhohlt sich in kurzer Zeit wieder; die Wunde blutet stark, man holet den Chirurgum, dieser verbindet aufs neue, und findet das Knochenstück so locker, daß er solches, ohne weitere Umstände, ganz und gar aus dem Acetabulo herausnehmen kann. Die Wunde entzündet sich durch das heftige Quetschen von neuem, und der Kranke febricitirte. Nach 8 Tagen aber lassen alle Symptomata nach, und von dieser Zeit schickt sich alles zur Heilung an, womit es jedoch, nach einem Schreiben von des Patienten Eltern, und ofterwehntem Chirurgo, etwas langsam gegangen. Es ist letzteres vom 11ten März 1780 datirt, und man berichtet vorzüglich darinnen, daß nun alles gut geheilet sey, auch das ganze acetabulum mit Fleisch und Haut fest überzogen sey, der gewesene Kranke habe sehr an Kräften zugenommen und erlerne nunmehro das Schneiderhandwerk.

Diese

Diese ganze Cur hat also zehn und einen halben Monat gedauret.

Die vierte Bemerkung.

Eine vermeinte Bauchwassersucht, welche durch Ausleerung der Urinblase geheilet worden, von dem Herrn Block, Regimentschirurgus des von Bosischen Dragonerregiments.

Eine junge Beckerfrau bekam in ihren ersten Wochen, nach einer schweren Entbindung von einem todten Kinde, einen Vorfall der Mutterscheide, welcher in der Folge von einem sehr sparsamen und höchst beschwerlichen Abgange des Urins begleitet wurde. Die Anhäufung verschiedener Uebel, einige Wochen hindurch, veranlassete, daß man mich ebenfalls zuletzt mit zu Rathe zog. Noch ehe ich diese Kranke sah, versicherte man mir zum voraus, daß sie an einem Vorfall der Gebährmutter, besonders aber an einer Bauchwassersucht, darnieder läge. Bey meinem Besuche traf ich die Kranke bettlägerig, und höchst entkräftet an, und bey einem kleinen geschwinden Puls zeigten sich alle gewöhnliche Zufälle der Bauchwassersucht.

Sie beklagte sich über den sparsamen Abgang des Urins, der jederzeit mit unbeschreiblicher Angst und Schmerzen erfolgte, und daß sie solchen nicht anders lassen könnte, als wenn sie die aufgetriebene

bene und herausgetretene Mutterscheide, unter vielen Schmerzen, mit den Fingern zurück drückte, wodurch täglich einigemal ein oder zwey Löffel voll von trüben und scharfriechenden Urin abgiengen.

Diesen vermeinten Muttervorfall, welches aber eigentlich ein Vorfall der Mutterscheide war, hatte man durch verschiedene Mittel, besonders aber durch ein vergebliches Zurückdrücken zu heben gesucht, wodurch aber nur die Entzündung, Schmerz, und Auftreibung der leidenden Theile vermehrt worden.

Die ohngefähr zwey Zoll hervorragende Mutterscheide zeigte sich wie ein gespaltener dicker nach außen zu umgekehrter Wulst; die Geschwulst war hart, roth entzündet, und der innere Canal der Mutterscheide so enge zusammengeschnürt, daß ich kaum einen dünnen mit Oel bestrichenen Wachsstock hineinbringen konnte. Als ich die Geschwulst des Unterleibes untersuchte, fand ich vorzüglich die Nabel= und Schaamgegend, mehr als die Seitengegenden, außerordentlich ausgedehnt und aufgetrieben, konnte aber, nach allen Versuchen, keine fluctuirende Feuchtigkeiten darinnen wahrnehmen. Dieser Umstand gab mir zu der Vermuthung Anlaß, daß das Uebel in der Gebährmutter selbst liegen, oder auch eine besondere Sackwassersucht vorhanden seyn könnte. Denn ob zwar die Lage der Urinblase die Ursache dieser Ausdehnung verrieth; so muß ich doch bekennen, daß ich mir nicht vorstellen konnte, wie ihre widernatürliche Ausdehnung

sich

sich bis über die Nabelgegend erstrecken sollte. Ich erinnerte mich zwar ähnlicher Fälle vom verhaltenen Urin und einer sehr starken Ausdehnung der Urinblase gelesen zu haben, die Art und Weise, wie der angehäufte und verhaltene Urin durch chirurgische Hülfe heraus zu lassen sey, ist auch zur Genüge bekannt; allein diesem allen ohngeachtet glaube ich, daß dieser Umstand dennoch vielmals wegen des bey allen Wassersuchten gewöhnlichen sparsamen Abgangs des Urins, und der Vielfältigkeit derer hierzu Gelegenheit gebenden Ursachen verkannt wird, und man wendet sehr selten einen Catheter, oder andere chirurgische Hülfe an, so lange sich nicht eine gänzliche Verhaltung des Urins zeiget, ob mich wohl die Erfahrung von dem großen Nutzen der mechanischen Hülfe, bey besonders alten Leuten sehr gewöhnlichen Fehlern des Uringanges, überzeugt hat, sollte die Hülfe auch nur in der Anwendung eines hohlen, oder gemeinen Bougie bestehen. Bey meinem Kranken erwartete ich also von einer solchen mechanischen Hülfe die Bewirkung des besten Erfolges so gewiß und zuverläßig, als bey ihren Zufällen ihr Tod und der Irrthum, daß sie als eine Bauchwassersüchtige gestorben, unausbleiblich war. Ein Irrthum, den verdienstvolle Aerzte bey Leichenöffnungen eingesehen, und zum allgemeinen Nutzen der Nachwelt zu bekennen sich nicht geschämt haben. *)

Dieses

*) Man sehe Baldingers neues Magazin für Aerzte I Band IV Stück p. 291.

Die vierte Bemerkung.

Dieses bewog mich bey dieser Patientin meine Zuflucht zum Catheter zu nehmen, alle angewandte Mühe aber, ihn in die Urethra, geschweige denn in die Urinblase selbst zu bringen, war vergeblich. Daher versuchte ich es mit einem Bougie, jedoch ebenfalls vergeblich, und kaum konnte ich es einen halben Zoll tief in den Uringang bringen. In dieser Stellung hielt ich dasselbe gegen den Widerstand einige Minuten stille, da dann der Drang zum Urinlassen mich nöthigte, solches herauszuziehen, und auf meine Bemühung, die aufgetriebene Mutterscheide so gut, als möglich, zurück zu drücken, erfolgte eine ziemliche Menge Urin von obgedachter Art. Ich injicirte hierauf den Uringang, wie auch die Mutterscheide mit frischem Leinöl, verordnete ein Klystier, den ganzen Unterleib aber, nebst denen Schaamtheilen, ließ ich mit einem Breyumschlag aus Kamillen, Holunderblüten und Brodkrumen in einer dünnen Auflösung von balsam. vitae extern. zu wiederholtenmalen warm überlegen, und die schon erwähnte Theile mit Leinöl einspritzen. Nach einigen Stunden bemühete ich mich abermals vergeblich einen Catheter zu introduciren, und muste zum Bougie abermal meine Zuflucht nehmen, welches ich diesmal nach und nach in die Urinblase hineinbrachte. Nach fünf Minuten nöthigte mich ein nochmaliges Andringen des Urins, solches heraus zu ziehen, und nun erfolgte schon ein weit beträchtlicher Abgang desselben. Ich ließ gelinde abstergirende

und

und eröffnende Mittel innerlich nehmen, und den Gebrauch der äußerlichen Mittel fortsetzen. Die Kranke empfand große Erleichterung, und man spürte eine merkliche Nachlassung der Auftreibung des Unterleibes.

Die nächstfolgende Nacht war vor vielen andern vorhergehenden vorzüglich geruhig, und würde es noch mehr gewesen seyn, wenn nicht eine unerwartete Nässe die Patientin etlichemal gestört hätte. Sie wurde nämlich, noch ehe sie einschlief gewahr, daß ein unwillkührlicher Abgang des Urins ihr das Bette naß machte. Dieses zu verhindern, ließ sie sich dicke vielfach zusammengelegte Tücher unterlegen, und sie muste solche in der Nacht etlichemal mit trockenen frischen Tüchern verwechseln lassen. Am folgenden Morgen traf ich die Kranke an allen ihren Zufällen sehr erleichtert an, und wiederhohlte die Introduction eines Bougie, welches sie jetzt eine Viertelstunde in der Urinblase leiden konnte. Nach dessen Herausziehung erfolgte eine natürliche Absonderung des Urins, und hierauf ein unwillkührlicher Abfluß desselben. Mit diesen äußerlichen und innerlichen Mitteln wurde einige Tage fortgefahren, die Besserung nahm von Zeit zu Zeit zu, und die Patientin lernte, sich das Bougie selbst zu appliciren, und die Mutterscheide einzuspritzen. Der Erfolg von Applicirung des Bougie war zur natürlichen Absonderung des Urins von Tage zu Tage wirksamer, und jemehr sich dieselbe vermehrte, je geringer wurde

wurde der unwillkührliche Abfluß desselben, und der Unterleib in seinem Umfang natürlicher.

Der Zufall an der Mutterscheide wurde mit gelinde zusammenziehenden und stärkenden Mitteln gehoben, und dieselbe dadurch in ihre natürliche Verfassung zurückgebracht. Der Gebrauch der vorzüglich bekannten innerlichen Stärkungsmittel bewirkte in der vierten Woche die völlige Wiedergenesung, so daß diese Frau in dem nächstfolgenden Jahre mit einem gesunden lebenden Kinde glücklich entbunden wurde, und noch jetzt die erwünschte Gesundheit genießt.

Die fünfte Bemerkung,

wo nach einem zugeheilten alten Schaden der Patient einen Ohrenschmerz, nebst einem beständigen Ausfließen der Materie bekommen, und endlich das Gehör verlohren.
Von dem Herrn Jasser, Regiments-
chirurgus des von Lengefeldschen
Regiments.

Ein Soldat, Namens Hittberg, wurde bey Errichtung des Regiments, von dem Apenburgschen Dragonerregiment, als Rekrut zum Regiment anhero geschickt. Bey der Rekrutenbesichtigung meldete er, daß er schon seit vielen Jahren Ohrenschmerzen hätte, und daß beständig ein Eiter aus den Ohren flösse, daß er auf dem linken Ohr sein Gehör ganz verlohren hätte, und auf dem rechten Ohr auch sehr schwer hörete. Ich fragte ihn, ob er sonst immer gesund gewesen wäre? Hierauf antwortete er mir mit Ja! außer daß er vor ohngefähr 4 Jahren einige Löcher am rechten Fuße gehabt hätte, und seitdem diese zugeheilet wären, erinnerte er sich wohl, daß er den Schmerz in den Ohren bekommen, und daß sich auch hierauf das Ausfließen der Materie eingefunden hätte. Ich untersuchte seine Ohren, und fand, daß aus selbigen ein recht stinkendes Eiter floß. Der Commandeur des Regiments, der mit bey dieser Besichtigung zugegen war, hob den Stock in die Höhe, wobey er den Rekruten versicherte, daß dieser das wahre Hülfsmittel wäre, um ihm sein verlohrnes Gehör wieder herzustellen, und ihm seine Materie aus den Ohren zu bringen. Ich durfte mir nun bey dieser neuen Cur nicht einfallen lassen, den Patienten für einen Invaliden zu erklären. Er wurde als Soldat eingekleidet, und muste die Soldatenübungen lernen. Nach Verlauf 3 Wochen wurde mir dieser Mensch in das Lazareth gebracht. Er hatte ein heftiges Fieber, und klagte über entsetzliche Schmerzen im rechten Ohr. In dem linken Ohr war der Schmerz, seitdem er das Gehör auf demselben verlohren hatte, sehr erträglich, das Eiter floß sehr wenig aus dem Ohr. Ich ließ dem Kranken eine Ader öffnen, das Blut hatte eine Entzün-

dungs-

dungshaut. Ueber das Ohr ließ ich erweichende
Umschläge appliciren, und in das Ohr Milch,
worinn die Althäwurzel gekocht war, injiciren.
Die Schmerzen und die Fieberbewegungen hielten
noch immer an. Den andern Tag wurde das Aderlassen wiederholt, und zum innerlichen Gebrauch bekam er eine temperirende Potion. Auch wurden
ihm gelinde reizende Klystiere gegeben. Da der
Schmerz immer noch anhielt, ob sich gleich das
Fieber den 7ten Tag verminderte, so wurden ihm
auch Blasenpflaster hinter die Ohren, und in der
Nackengegend gesetzt. Da ich in diesem Zeitpunkt
300 und etliche 60 Kranke im Regiment hatte,
und meine Kompagniefeldscheere mehrentheils
selbst krank waren; so konnte ich diesen Kranken
freilich nicht so behandeln, als wie es seine Umstände erforderten. Die äußerliche Hülfsmittel
konnten auch nicht gehörig angewandt werden,
weil der Kranken zuviel, und der Feldscheere zu wenig waren. Weil der Kranke vom Fieber befreyet war, so schickte ich ihn wieder zur Kompagnie. Ich habe diesen Kranken nachher noch
sehr oft, mit eben diesen Zufällen, im Lazareth gehabt, und da sein Uebel schon so alt war, so ließ
ich ihn, so bald er nur fieberfrey wurde, wieder
zur Kompagnie bringen. Er klagte zwar immer,
daß sein Gehör am rechten Ohr immer schwächer
würde, aber alles dieses half nichts. Er war einmal Soldat, und muste es bleiben. Der Mensch
verdiente alles Mitleiden, da er öfters unter dem

Gewehr

Gewehr Strafe bekam, weil er das Commando nicht recht hörete. Weil dem Regiment sehr viel Rekruten aus Polen zugeschickt wurden, und diese eben so gut, als taubhörende betrachtet werden konnten, weil sie die deutsche Sprache nicht verstunden; so wurde dieser Mensch mit in diese Klasse gebracht; kurz, er muste exerciren lernen.

Im Jahr 1776. wurde er mir wieder in das Lazareth geschickt. Er hatte abermal ein heftiges Fieber, und der Schmerz war so entsetzlich, daß der Kranke halb rasend war. Ich ließ in zweyen Tagen dreymal eine Ader öffnen, ich gab gelinde ausführende Mittel, ich ließ erweichende Einspritzungen, wie auch Dampfbäder, in das Ohr appliciren, ich ließ hinter die Ohren und im Nacken Blasenpflaster legen, und Blutigel ansetzen. Alle diese Mittel wurden nacheinander angewendet, und zum Theil auch wiederholt; aber alle Versuche waren vergebens, dem Patienten auch nur die geringste Linderung seiner Schmerzen zu verschaffen. Er gieng Tag und Nacht in der Stube umher, weil er nirgends Ruhe fand, so, daß ich genöthiget war, ihm zuweilen durch eine dosin opium auf einige Stunden Schlaf zu befördern. Aus dem Ohre floß so häufiges Eiter von einem stinkenden Geruch, daß dasselbe an der Seite des Halses herunter lief. Wann ich an der äußern Oeffnung des Ohrs drückte, (es war dieser heftige Schmerz blos am rechten Ohr,) so kam öfters ein dickes körnigtes Eiter herausgeflossen. Nach Verlauf 3
Wochen

Wochen hatte es den Anschein, als wenn sich hinter dem Ohr, auf dem processu mastoideo, etwas absetzen wollte. Ich hatte bis hieher auf diesen Theil immer Blasen ziehende Mittel gelegt. Es war eine kleine Erhabenheit zugegen, und ich glaubte durch das Gefühl eine Flüssigkeit zu entdecken. Ich ließ jetzt diesen Theil mit erweichenden Umschlägen belegen. Den andern Tag war die kleine Erhabenheit verschwunden, und ich konnte nichts mehr durch das Gefühl von einer Flüssigkeit gewahr werden. Ich verwechselte die erweichende Umschläge wieder mit reizenden Mitteln, und es wurde dem Kranken wieder die Basiliconsalbe, welche mit Spanischfliegenpulver vermischt war, übergelegt. Nach einigen Tagen zeigte sich wieder eine Erhabenheit, und auch die zu vermuthende Flüssigkeit. Das Fieber war in dieser Zeit bald heftiger, bald schwächer bey dem Kranken, je nachdem der Schmerz stärker, oder gelinder war. Es war nicht möglich, daß ich ihn im Bette erhalten konnte. Er gieng die mehreste Zeit, sowohl des Tages, als auch bey der Nacht, in der Stube herum, und öfters zerriß er, vor grossen Schmerzen, alles, was er am Leibe hatte. Ich nahm das Bistourie, und machte in dieser Gegend bis auf den Knochen einen Zoll langen Einschnitt. Es kamen aus der Oeffnung einige wenige Tropfen von einem gelblichen sehr dünnen und scharfen Eiter herausgeflossen, und doch konnte ich durch die Sonde weiter nichts entdecken. Hierauf ließ
ich

ich diesen Theil wieder mit erweichenden Umschlägen belegen. Ich hofte, daß der Kranke nun eine Erleichterung seiner Schmerzen verspühren würde, allein diese blieben sich immer gleich. Bey dem einen Verbande entdeckte ich einen schwarzen Fleck auf der Charpie. Dieses machte mich aufmerksam, weil ich vermuthete, daß unter dem Tendo des musculi sterno-cleido-mastoidei ein Beinfras an dem zitzenförmigten Fortsatze des Schlafbeins vorhanden wäre. Weil ich aber durch die Sonde nichts entdecken konnte; so nahm ich das Bistourie, und entblößte den zitzenförmigten Fortsatz mehr von dem Tendo und der Beinhaut. Endlich fand ich dessen Fläche ganz rauh, und vom Pericranio entblößt. Ich fuhr mit der Sonde auf der Fläche dieses Knochens hin und her, und so stach ich mit der Sonde in eine Oeffnung, die sich im Knochen befand, und da ich dieselbe tiefer hineindruckte, so blieb sie in den Cellulis dieses Fortsatzes stecken, daß ich Mühe anwenden muste, sie wieder heraus zu bringen. In dem Augenblick machte ich mir von dem Ausgange dieses Uebels die fürchterlichste Vorstellung; ein Beinfras war zugegen. Wann dieser die Zellen in dem zitzenförmigten Fortsatze ergriffe, mit was für einem Mittel sollte ich ihn stillen? Eben so war es auch möglich, daß der Beinfras die innere Fläche dieses Knochens angreifen konnte, und mit der innersten Betrübniß sah ich in meinen Gedanken diesen Kranken mit den heftigsten Schmerzen

Die fünfte Bemerkung.

zen einem langsamen Tode entgegen gehen. Ich forderte mir eine Injectionsspritze, und da ich eben keine andere Injection bey der Hand hatte, nahm ich ein Infusum von Brustthee, und spritzte solches ein wenig laulicht in die Oeffnung. Die Röhre der Spritze füllte diese Oeffnung so genau, daß sie wie ein Keil darinn paßte. Es kam nichts von der Injection aus der äußern Wunde geflossen. Indem ich auf die äußere Oeffnung des Ohres mein Augenmerk gerichtet hatte, so beugte der Kranke seinen Kopf auf die linke Seite, so, als wann man zurückfährt, wann uns etwas in die Ohren stechen will, ich wuste nicht, was er machen wollte, er rief: Mein Gott, wie wird mir zu Muthe! es läuft mir was durch das Ohr in den Kopf, und so fängt er mit der Nase an zu schnauben, und die Injection läuft ihm zum rechten Nasenloch heraus. Ich erschrack selbst über diese Erscheinung, und um mich von der Gewißheit derselben zu überzeugen, wiederholte ich das Einspritzen öfters. Es drang zugleich vieles Eiter aus der äußern Oeffnung des Ohrs, aber ich konnte nicht entdecken, ob sich von der Injection etwas mit darunter gemischt hatte. Der Kranke hatte im Gesicht eine heitere Mine. Ich fragte ihn: wie ihm zu muthe wäre? Und er antwortete mir: Gott sey ewig gedankt, ich finde, daß meine Schmerzen im Ohr nachlassen. Ich verband die Wunde trocken, der Kranke legte sich ruhig zu Bette, und er schlief ohnunterbrochen ganze 10

Stun-

Stunden. Er hatte auf der kranken Seite gelegen, und es war sehr wenig Eiter aus der äußern Oeffnung geflossen. Ich verband den Kranken am Abende wieder, und injicirte ihm auch mit derselben Einspritzung. Da er sich bey dieser so wohl befunden hatte; so wollte ich mit Fleiß hierinnen keine Veränderung vornehmen. Ich fragte den Kranken, wie er sich befände, er antwortete mit Freuden, daß ihn sein Schmerz fast gänzlich verlassen hätte, außer, daß er zuweilen einige empfindliche Stiche im Ohr bekäme. Das Eiter, welches aus der äußern Oeffnung des Ohres floß, wurde mit jedem Tage weniger. Die Farbe bekam ein gutes Ansehen, und der stinkende Geruch, so wie der Schmerz, verlohr sich in 8 Tagen gänzlich, und so hörete auch der Ausfluß des Eiters an der äußern Oeffnung auf. Ich setzte das Einspritzen aus, und verband die Wunde ganz einfach mit trockener Charpie. Einige Zeit war der Knochen noch blos zu fühlen, und da kein Eiter aus dieser Oeffnung floß, so zog ich dieselbe zusammen. Nach Verlauf 3 Wochen, war die Wunde fast verschlossen. Ich gestehe hier in diesem Fall meine Unwissenheit, daß ich mir den Lauf, den die Einspritzung durch die Gehörknochen machte, gar nicht erklären konnte. Das wuste ich wohl, daß die Zellen des zitzenförmigten Fortsatzes des Schlafbeines mit dem Gehör in einer Verbindung stehen, aber wie diese Verbindung mit der tuba Eustachii geschähe, davon hatte ich

ich in den osteologischen und physiologischen Vorlesungen nichts gehöret, das hatte ich wohl gehöret, daß die cellulae mastoideae das Gehör verstärken helfen. Die tuba Eustachii wird von den Zergliederern mit zu den äußern Werkzeugen des Gehörs gerechnet, und es ist bekannt, daß taube Menschen dadurch, daß sie ihren Mund öffnen, ihr Gehör etwas verstärken, und daß eben dieses durch die tubam Eustachii geschiehet. Allein dieses alles wird durch die zitternde Bewegung der Luft bewirkt, welche viel feiner und flüßiger ist, als meine Injection war. Meiner Vorstellung nach dringet die Injection aus den cellulis mastoideis in den hintern Theil der cavitatis tympani, und aus dieser in die tubam Eustachii. Es fiel mir auch der Gedanke ein, ob nicht durch den Aufenthalt des Eiters der gesunde Zustand in diesen Theilen könnte verändert worden seyn. Ich nahm einen trockenen Todtenkopf, sägete den zitzenförmigten Fortsatz am Schlafbeine durch, und ich mochte in eine Zelle spritzen, wo ich wollte,*) so kam die Injection an dem parte petrosa ossis temporum

*) Dieser Versuch ist völlig richtig, denn ich habe ihn bey ossibus temporum nachgeahmet, allein es ist hierbey doch folgendes von mir beobachtet worden: 1) einige wollen, um den eingespritzten Liquorem hindurch zu lassen, tief nach der Spitze, andere, näher der radice zugebohret seyn, der Grund hievon lag in dem Orte, wo die Zellen groß genug waren, die Mündung der Spritze aufzunehmen. 2) Bey zweyen

rum an dem Orte zum Vorschein, wo sich der knorpelichte Theil der tubae Eustachii mit demselben verbindet. Es schien mir der Mühe werth zu seyn, diesen Vorfall weiter zu untersuchen. Wir haben sehr viele Erweiterungen, die in der Kunst geschehen sind, dem Zufalle zu danken. Ich machte mir die Frage: Wäre es nicht möglich, wenn man bey Menschen, die durch lange anhaltende Ohrenschmerzen, oder durch andere Krankheiten, das Gehör verlohren hätten, den Versuch machte, den partem mammillarem ossis temporum zu durchbohren, und durch die, dem Uebel angemessene Injectiones das verlohrne Gehör wieder herzustellen? Diesen Versuch selbst zu machen, hatte ich die beste Gelegenheit an meinem Kranken, der auf dem linken Ohre, schon seit vielen Jahren, nichts hören konnte. Ich stellete ihm dieses vor, im Anfange fürchtete er sich vor dem Schneiden, ich erinnerte ihn aber, daß es ihm ja keine besondere Schmerzen verursacht hätte, als ich ihm am rechten Ohre geschnitten, und nachdem ich ihm ein

zweyen gieng dieser Versuch ungemein schnell, denn statt vieler Zellen war in ihnen nur eine bey dem einen, und eine doppelte Zelle bey dem andern. 3) Es floß bey allen diesen Versuchen nichts von dem gefärbten liquore aus dem meatu auditorio osseo, bey denen ossibus temporum, so noch ihre membranam tympani hatten, sondern alles aus dem Kanal, an welchem sich der pars cartilaginea der tubae eustachianae anlegte.

Falkenberg.

Die fünfte Bemerkung.

ein Douceur versprochen hatte, entschloß er sich, sich alles gefallen zu lassen, was ich mit ihm vornehmen wollte. Ich machte demnach durch die Haut, bis auf den Knochen, einen Einschnitt, und entblößte den Knochen in dem Umfang einer großen Erbse. Und weil ich zur Durchbohrung weiter kein Instrument hatte, und auch nur die äußere lamina des Knochens durchbohret werden muste; so bediente ich mich hierzu eines Troisquart. Es geschahe diese Durchbohrung in der Mitte dieses Fortsatzes, etwas nach oberwärts, da, wo ohngefähr die große Zellen ihren Anfang nehmen. Weil die Oeffnung so groß war, daß ich die Röhre von einer ordinären kleinen zinnern Injectionsspritze (so wie solche in unsern Feldlazarethen gebräuchlich sind,) hereinbringen konnte, so sprützte ich ein ganz wässerigtes Myrrhendecoct herein. Die Injection kam zum linken Nasenloche gelaufen; und nach einer Zeit von 4 Tagen versicherte mir der Kranke, daß er auf dem linken Ohre wieder hören könnte. Ich fuhr noch einige Tage mit meiner Injection fort. Ich ließ den Kranken das rechte Ohr zustopfen, und er verstand mir alles, was ich ihm sagte, und gab mir darauf die gehörige Antwort; jedoch sagte er zu mir, daß ihm das Gehör auf dem rechten Ohre viel heller wäre, und ich machte den Versuch, wann das rechte Ohr verstopft war, ganz leise zu reden, da er denn nicht alle, jedoch die mehresten Worte, verstand. Ich war indessen sehr zufrieden, da
ich

ich sahe, daß der Kranke auf diesem Ohr sein Gehör wieder erhalten, welches er seit vielen Jahren gänzlich verlohren hatte. Auf die Wunde legte ich nur einen simpeln Verband, die mehreste Zeit verband ich solche mit trockener Charpie. Ich zog sie endlich zusammen, und in Zeit von 3 Wochen war solche völlig geheilet, ohne daß ich eine Abblätterung des Knochens gewahr geworden wäre. Ich habe seitdem, und jetzt, da ich diesen Vorfall schreibe, den Versuch mit ganz frischen Todtenköpfen gemacht, *) und die Injection ist beständig aus der Nase gelaufen. Eben da ich dieses schreibe, habe ich einen ganz frischen Todtenkopf, bey dem ich durch das Einspritzen des zitzenförmigen Fortsatzes einen abermaligen Versuch mache; es dringet zugleich bey diesem Versuch die Injection aus der äußeren Oeffnung des Ohrs heraus. Wenn der Todtenkopf keine perpendikuläre Stellung

*) Dieser Versuch ist mir unter sechs Versuchen nur zweymal gelungen. Den ersten habe ich mit tingirtem spirit. terebinthinae, den andern aber mit einem grünlicht tingirtem liquore unternommen. Hier floß die Flüßigkeit in senkrechter Lage aus der Nase, in der Beugung nach vorwärts aber aus dem Munde, doch habe ich keinen Ausfluß derselben aus dem Ohre bemerkt. Der Grund dieser Erscheinung scheint mir in der Kraft des liquoris zu liegen, dessen Heftigkeit des Einflusses in die tubam und gegen das tympanum zunimmt, durch die engen Kanäle, durch welche es durch die Kraft der Spritze getrieben wird.

Falkenberg.

lung hat, so verstehet es sich, ohne mein Erinnern, daß die Injection in den Mund fließen wird. Der Kranke ist seit dieser Zeit immer gesund gewesen, und niemalen hat er seine Ohrenschmerzen wieder bekommen. Er lebt gegenwärtig noch, und da mich in dem verflossenen Herbste der Regimentschirurgus Creußwieser, des Hessen Philipsthalschen Regiments, besuchte, erzählte ich ihm den Fall, und ließ den Soldaten zu mir kommen, der ihm von dem Anfange seiner Krankheit, dessen Fortgang und Ausgang erzählet hat. Ich habe ihm trockene Gehörbeine gegeben, und er hat selbst mit der Injection den Versuch gemacht. Ein jeder der den Versuch nachmachen will, wird sich von der Wahrheit dieses Falls überzeuget finden. Sollte sich einst ein Kranker bey mir melden, der sein Gehör verlohren hätte, und er hat keine Furcht vor das Schneiden und Bohren, welches an diesem Ort von gar keiner Erheblichkeit und Gefahr ist; so werde ich ohne Bedenken diesen Versuch wiederholen. Vielleicht ist der Vorfall, den ich hier beschrieben habe, keine neue Entdeckung, ob er gleich für mich ganz neu ist. Ich gestehe, daß ich vieles nicht gelesen, was die älteren Wundärzte geschrieben haben. Aber es ist für die Wissenschaft auch schon genug, wann wiederholte Beobachtungen die Wahrheit in ein helleres Licht setzen.

Die sechste Bemerkung,

wo bey einer gehauenen Kopfwunde, erst nach zwey Monaten sehr übele Folge entstanden.

Von dem vorigen Verfasser.

Ein Grenadier, Namens la Foutaine, hatte sich mit einem andern Grenadier in einen Streit verwickelt, und da der visitirende Unteroffizier beyde in Ruhe zu bringen sucht, (weil sie beyde betrunken waren,) so will er sich dem Unteroffizier widersetzen. Der Unteroffizier ziehet das Seitengewehr, und hauet den Grenadier über den Kopf, daß er zu Boden fällt. Der Verwundete wurde in das Lazareth gebracht. Ich besahe die Wunde, welche in der Mitte des Stirnbeins, nahe an der sutura coronali war, und in ihrer Länge $1\frac{1}{2}$ Zoll hatte. Der Hieb war durch die Beinhaut bis in den Knochen gedrungen. Der Kranke klagte über einen Schwindel im Kopfe, und eine Neigung zum Erbrechen. Da der Kranke sehr blutreich war, so verordnete ich ihm eine starke Aderlaß, und ließ ihm ein reizendes Lavement geben, und um den Kopf ließ ich kalte Umschläge aus Wasser und Weinessig machen. Der Puls war ganz regelmäßig. Die Nacht hatte der Kranke geschlafen, der Schwindel und eine Schwere im Kopf, nebst der Neigung zum Erbrechen, waren noch die Klagen

gen des Kranken am folgenden Morgen. Die Wunde wurde in der Tiefe trocken, und übrigens mit einem Eiter befördernden Mittel verbunden. Die reizenden Lavements nebst den kalten Umschlägen über den Kopf wurden fortgesetzt, und zum innern Gebrauch bekam der Kranke gelinde ausführende Mittel. Den dritten Tag wurde das Aderlassen wiederholt, weil der Kranke klagte, es wäre ihm, als wenn ihm der Kopf an die Erde fallen wollte. Der Puls war hart, und zuweilen (jedoch nur im 40ten Schlage,) intermittirend, auch bezeugte der Kranke eine besondere Neigung zum Schlafen. Den 4ten Tag waren die Zufälle noch eben dieselben, die Wunde fieng an zu eitern, und erhielt ein gutes Ansehen. Den 5ten Tag klagte der Kranke über Uebelkeiten, und ein bitteres Aufstoßen. Ich verordnete ein Lavans aus manu. sal. de seignette und Rhabarbar. Er hatte hierauf 6 Stuhlgänge, und befand sich des Nachmittags ganz munter, außer, daß er sagte, daß er vorne im Kopfe etwas schweres empfände. Der Patient hatte die Nacht einen ruhigen Schlaf, er war den folgenden Tag munter, die Neigung zum Erbrechen, und der bittere Geschmack hatten sich verlohren, er zeigte einen guten Appetit, und da sich an der Wunde, und an der Beinhaut keine aufgeschwollene Ränder, und ein gutes Eiter sich zeigte; so füllte ich die Wunde sehr geringe aus, und zog die Seiten der Wunde mit jedem Tag näher zusammen. In 3 Wochen war der Kranke

völlig

völlig geheilt, und da er weiter über nichts klagte, so ließ ich ihn aus dem Lazareth gehen. Er that seinen Dienst in der Kompagnie, und da er eine Frau und 4 Kinder hatte, so arbeitete er, außer seinem Dienst, bey den Bürgern in der Stadt. Nach einer Zeit von 5 Wochen klagte er einen Morgen, beym Aufstehen, daß er eine Neigung zum Brechen hätte, und daß es ihm im Kopf so schwer wäre. Da er den Abend vorher viele im Fette gebratene Ochsenleber gegessen hatte, so glaubte er sich den Magen verdorben zu haben, und die Frau muß ihm Brandtwein und Pfeffer zum Einnehmen holen. Da er sich hierauf besser befindet, so stehet er auf, und gehet auf seine tägliche Arbeit. Da er bey einem Bau Handlanger war, so wird ihm beym Bücken immer schwindlich. Er kann es bey der Arbeit nicht aushalten, und gehet also wieder nach Hause. Er klaget seiner Frau, daß er noch immer eine Neigung zum Brechen habe. Die Frau macht ihm ein warmes Bier zurecht. Er fängt hierauf an, sich zu brechen, und es gehet vieler gallichter Schleim, auch noch ganze Stücken von der gebratenen Leber weg. Der Kranke leget sich zu Bette, so wie er den Kopf niedergelegt, fängt er gleich an zu schlafen, und da der Frau dieses verdächtig vorkömmt, so will sie ihn fragen, wie er sich befinde, er giebt ihr aber keine Antwort; die Frau schreyet ihm zu, und da er nicht antwortet, fängt sie ihn an zu schütteln, aber alles vermocht ihn nicht aus dem Schlafe

zu

Die sechste Bemerkung.

zu erwecken. Die Frau kö.. .t eiligst in mein
Quartier gelaufen, und saget mir, daß ihr Mann
sterben wollte. Ich verfügte mich sogleich zu dem
Kranken, und fand ihn im Sopore. Der Puls
gieng sehr langsam, zuweilen auch irregulair.
Ich ließ den Kranken sogleich ins Lazareth bringen,
und ihm eine Portion Blut von 16 Unzen ablassen. Die Haare wurden ihm vom ganzen Kopfe
abgeschoren. Ich untersuchte die Narbe von seiner gehabten Wunde. Ich fand auch noch mehrere Narben auf dem Kopfe, aber an allen nichts
widernatürliches. Ich ließ dem Kranken kalte
Umschläge von Wasser, Weinessig, sale ammo-
niaco, appliciren, und ein reizendes Klystier beybringen. Er blieb im Sopore liegen, und da
der Puls gegen den Abend voll wurde, so wurde
ihm noch eine Portion Blut abgelassen. Die
Nacht wurden die Umschläge fortgebraucht, wie
auch die reizenden Klystiere. Den folgenden Morgen fand ich den Patienten noch in gleichen Umständen. Ich ließ 3 gr. tartar. emetic. in lau-
lichtem Wasser auflösen, und solche dem Patienten einflößen. Nach einigen Stunden stürzte ihm
viel gallichter Schleim, wie auch noch viele Stücken von der unverdaueten Leber aus dem Munde.
Ich ließ ihn auf die Seite legen, (es war die linke) damit ihm der Schleim bey dem Brechen freyer
aus dem Munde fließen könnte. Der Urin, und
auch der Stuhlgang giengen dem Patienten wider
Willen ab. So wie der Kranke auf der linken

Seite lag, so fieng er heftig mit dem rechten Fuße und dem rechten Arme an zu arbeiten. Ich sahe dieses eine lange Zeit mit an, und da er nicht aufhörte, mit dem rechten Fuße und dem rechten Arme zu schlagen, so ließ ich ihn wieder auf den Rücken legen. Jetzt lag er im Sopore ganz stille. Ich ließ ihn wieder auf die rechte Seite legen, und nun schlug er mit dem linken Arm und dem linken Fuße, eben so heftig, als zuvor mit dem rechten. So bald ich ihn wieder auf den Rücken legen ließ, höreten alle Bewegungen der Extremitäten auf. Ich zweifelte keinen Augenblick, daß die Ursache von dem Zustande, worinnen sich der Kranke befand, nicht ihren Sitz im Gehirn haben sollte, und daß ein extravasirtes Blut, oder Eiter, sich in demselben befände. Aber wo und an welchem Orte sollte ich den Trepan ansetzen? Da sich so wenig an dem Orte, wo die letztere Wunde gewesen, noch an den alten Narben etwas besonderes auszeichnete. Wann ich nun auf die vorigen Klagen, welche mir der Kranke in den ersten Tagen seiner erhaltenen Wunde gemacht hatte, zurückdachte, so konnte solche eben so gut eine Erschütterung, als ein ausgetretenes Blut zum Grunde haben. Da er gleich bey dem Hiebe, so ihm der Unteroffizier über den Kopf gegeben hatte, und der Säbel sehr stumpf war, augenblicklich zu Boden fiel; so war dieser Vorfall von der Art, daß ich glauben konnte, daß durch den Schlag eine Erschütterung im Gehirn geschehen sey. War

jetzt

Die sechste Bemerkung.

jetzt bey dem Kranken das extravasirte Blut in Eiter gegangen, so mußte solches wahrscheinlicher Weise in der Tiefe des Gehirns liegen, und es war freylich ganz sonderbar, daß der Kranke die letztere Zeit im Lazareth, und auch da er schon wieder im Dienst war, nicht die geringste Klagen führete, da ich ihn doch öfters, wann er mir auf der Gasse begegnete, nach seinem Befinden fragte. Es waren zwey Tage vorüber gegangen, und ich wuste noch nicht, auf welche Art, und auf welchem Ort, ich die Trepanation (wann ich ein Extravasatum für gewiß annahm) unternehmen sollte. Unterdessen ließ ich mit den kalten Fomentationen, und mit den reizenden Klystieren fortfahren, und zum innerlichen Gebrauch, gelinde ausführende Mittel geben. Mit den Brechmitteln würde ich (wofern mein Urtheil von diesem Vorfall richtig war,) dem Kranken noch mehr geschadet haben. Der Puls war in diesen Tagen bey dem Kranken bald klein, bald voll, bald irregulair, auch zuweilen intermittirend. Zuweilen stampfte der Kranke mit seinen Füßen, und wenn er auf der rechten Seite lag, so bewegte er die Extremitäten von der linken Seite, und so wieder im Gegentheil. Das sonderbarste dabey war, daß er sich immer mit der Hand gegen die Stirne schlug, und öfters fuhr er mit der Hand in die Luft, als wenn er etwas greifen wollte. Als ich den einen Morgen in das Lazareth kam, war der Kranke mit dem Körper auf seiner Lagerstelle ganz herunter gesunken,

ken, so, daß er eine sehr übele Lage hatte, denn der Kopf lag sehr niedrig, und hieng seitwärts zur rechten Hand, und mit der linken Hand schlug der Kranke so heftig um sich, daß er sich das Gesicht verwundet hatte. Da sonsten die Augen immer geschlossen und gebrochen waren, so war das linke Auge jetzt offen. Das linke Auge sahe ganz natürlich aus, und das rechte verschlossene Auge hatte ein starres Ansehen. Ich gab dem Lazarethfeldscheer Verweise, daß er auf den Kranken nicht bessere Aufsicht hätte, indem sich derselbe das Gesicht verwundet hätte. Dem Krankenwärter befahl ich, daß er den Kranken wieder in eine gleiche Lage bringen möchte, so, daß er mit dem Kopf und der Brust in eine perpendikulaire Stellung kam, und da ich ihn in dieser Stellung eine Zeitlang hielte, damit man die Kopfküssen in eine gerade Lage bringen konnte, so machte der Kranke die Augen auf, drehete sich mit dem Kopf bald zu einer, bald zur andern Seite, und stieß zuweilen einen tiefen Seufzer aus der Brust. Ich redete ihn an, er gab aber auf alle meine Fragen keine Antwort, sondern seufzte nur zuweilen. Obgleich das Auge ganz natürlich zu seyn schien, so hatte die Pupilla doch keine Zusammenziehung. Der Kranke rieb sich zum öftern mit der Hand vorne die Stirne; er faßte den Penem an, ich ließ ihm den Nachttopf unterhalten, und er ließ den Urin in den Topf. Ich legte ihn endlich wieder auf den Rücken, und den Augenblick lag er wieder im Sopore, und so

wie

Die sechste Bemerkung.

wie der Kopf langsam nach hinten gebogen wurde, bekam er Zuckungen in den Händen und Füßen. Ich legte ihn bald auf die rechte, bald linke Seite, und es geschahen alsdann alle die Handlungen, die ich vorher erwehnt habe. Ich richtete den Kranken wieder in die Höhe, und alsbald öffnete er die Augen, und drehete den Kopf umher. Mit einemmal hob er die Füße aus dem Bette, und da mir diese Bewegung unerwartet war, so kam der Kopf, den ich ganz nach vorwärts gebeugt hatte, aus seiner Balance, und der Patient fiel unter konvulsivischen Bewegungen zur Erde. Ich ließ ihn gleich mit dem Kopf wieder vorwärts beugen, und so stand er mit weniger Hülfe wieder auf. Ich ließ ihn auf den Nachtstuhl führen, und da er eine Zeitlang darauf gesessen hatte, und immer den Kopf drehete, giengen viele aufgelösete Excremente von ihm weg. Ich beugete mit Vorsatz den Kopf etwas nach hinterwärts an die Wand, den Augenblick bekam er Zuckungen, die Augen schlossen sich, und er lag im Sopore. Endlich ließ ich den Kopf wieder vorwärts beugen, und den Kranken vom Stuhle aufheben. Er gieng von der Stelle fort, der Kopf wurde ihm immer nach vorwärts gehalten, und sobald man den Kopf seiner eigenen Richtung überließ, fiel er, als wenn man hinten ein Gewicht angehängt hätte, nach hinterwärts. Der Kranke bekam Zuckungen, und da er immer unter den Armen gehalten wurde, so sank er auf die Knie. So bald der Kopf nach vor-

J 3 , wärts

wärts gebogen wurde, stand er wieder auf den Füssen. Aus allen diesen Erscheinungen konnte ich ganz sicher schließen, daß eine flüßige Materie im Gehirn vorhanden wäre, die sich zwischen den beyden Hälften des Gehirns, neben dem sichelförmigen Fortsatze der harten Hirnhaut hin und her bewegen ließ, und die doch mehrentheils bey der nach hinten gebrachten Lage des Kopfs auf dem corpore calloso ruhete. Wurde der Kranke auf die Seite gelegt, so wurde die eine Hälfte des Gehirns zusammengedruckt, und da die andere dadurch mehr befreyet wurde, so machte der Kranke mit den an dieser Seite befindlichen Extremitäten Bewegungen. Sobald dem Kranken der Kopf ganz nach vorwärts gebogen wurde, wurde dadurch auch das corpus callosum, und der Hintertheil des Gehirns befreyet, und er konnte mehr willkührliche Bewegungen machen. In der vorwärts gebeugten Lage des Kopfs lag das Extravasatum mehr auf dem Siebebein. Da zugleich die nervi optici in dieser Stellung gedruckt wurden, so war das Auge des Kranken in dem Zustande des schwarzen Staares. Daß der Kranke nichts hat sehen können, wann er die Augen offen hatte, hat er mir bey seiner Genesung gesagt. Um also den Kranken zu retten, blieb mir weiter kein Hülfsmittel übrig, als die Durchbohrung der Hirnknochen, auf denen sinubus frontalibus, zu machen. Wann uns gleich erfahrne Wundärzte Beyspiele anführen, daß sie die Durchbohrung der Hirn-

schaale

schaale an diesem Ort ganz gut, und öfters mit gutem Erfolg verrichtet haben, so glaube ich doch, daß ein jeder vernünftiger Wundarzt eingestehen wird, daß die Durchbohrung der Hirnschaale an diesem Orte, dem allen ohngeachtet, doch mit sehr vieler Schwürigkeit verbunden ist, und aus diesem Grunde wollte ich doch erst alle andere mögliche Hülfsmittel versuchen. Ich stellte mir die Möglichkeit vor, daß die Materie, welche bey vorwärts gebogenem Kopfe auf dem parte horizontali ossis etmoidei ruhete, durch die siebförmigten Löcher dieses Knochens durchdringen könnte, und daß ich erst einen Versuch machen wollte, den Patienten durch einen Reiz in der Nase zum Niesen zu bringen. Ich machte mit einer kleinen Feder, welche ich eben bey der Hand hatte, einige Bewegungen in der Nase, aber der Kranke ließ keine Empfindungen spühren. Ich ließ also ein Niesepulver von herba majoran. saturej. rad. ireos florent. und etwas sal. amoniac. verfertigen. Dem Kranken wurde jetzt immer mit dem Kopfe nach vorwärts geholfen, und dieser Schnupftaback, der so fein, als möglich, pulverisirt war, wurde ihm öfters in die Nase gerieben. Es verliefen einige Stunden, und der Kranke ließ keine Spur von Empfindungen merken. Ich ließ den Kopf bald etwas auf die linke, bald auf die rechte Seite biegen, und ihm dieses Pulver mit einem gekrümmten Tubulo öfters in die Nase blasen. Endlich fieng sich der Kranke die Nase an zu reiben, und

so

so erfolgte ein wiederholtes Niesen, und mit einemmale stürzte eine Menge gelbe Materie aus beyden Nasenlöchern, welche etwas mit Blut gefärbt war, (wenn ich die ausfließende Materie hätte auffangen können, so glaube ich, daß sie wohl eine obere Theeschaale voll ausgemacht hätte) und der Patient mußte noch einigemal kurz auf einander niesen. Es kam wenig Eiter, aber mehr Blut zum Vorschein, so, daß auch aus der Nase einige Tropfen helles Blut flossen. Der Kranke richtete sich den Augenblick in die Höhe, und fragte mich, was ihm fehlte, daß er sich im Lazareth befände, und wo seine Frau und Kinder wären? Ich ließ ihn jetzt auf den Rücken und auf beyde Seiten legen, welches er selbst auf mein Geheiß that. Er blieb sich in allen Lagen des Kopfs vollkommen bewust. Er klagte über weiter nichts, als daß ihm der Kopf wüste wäre, und ihm so leer zu seyn schien. Er wunderte sich über die Manövers, welche ich ihm mit dem Kopfe machen ließ, und bat mich, damit aufzuhören, weil er, wenn er den Kopf geschwinde bewegte, ein Flimmern vor den Augen bekäme. Ich ließ den Kranken aufstehen, er gieng in der Stube umher, ob ich ihn gleich aus Vorsicht hatte unter die Arme fassen lassen. Er verlangte seine Frau zu sprechen, die ich herbey rufen ließ, und da sie ihren Mann in einer so guten Veränderung sah, so fiel sie ihm mit Thränen um den Hals, und er bezeugte seine Verwunderung über die vielleicht ungewöhnliche

Zärt=

Die sechste Bemerkung.

Zärtlichkeit derselben. Ich ließ ihn wieder zu Bette bringen, und es dauerte nicht lange, so schlief er ein, und der Schlaf war ganz natürlich. Nachdem er 5 Stunden geschlafen, wachte er ganz munter auf, und verlangte ganz begierig was zu essen, welches er auch erhielt. Ich ließ ihm immer den Kopf und den Oberleib in eine perpendiculaire Stellung bringen, und da er sonst ein grosser Liebhaber vom Schnupftaback war, so ließ ich ihm davon so viel nehmen, als er wollte. Er klagte aber immer, daß der Schnupftaback gar keinen Geschmack hätte. Der Kranke hatte guten Appetit, sein Schlaf war ordentlich, und alle Se= und Excretiones giengen gehörig von statten. Er spielte die mehreste Zeit des Tages mit seinen Kindern im Lazareth, und da ich weiter an ihm nichts fand, was meine Hülfe erfordert hätte, so ließ ich ihn, 14 Tage nach seiner anfangenden Genesung, aus dem Lazareth gehen. Er befindet sich noch jetzt beym Regiment, und ist vollkommen gesund. Wann gleich bey Verletzungen des Gehirns, wo sich der Kranke im Sopore befindet, die unbewusten Bewegungen mit den Händen nach einer oder der andern Gegend des Kopfs, nicht immer eine sichere Anzeige sind, daß in dieser Gegend ein Extravasatum, oder andere fremde Körper vorhanden sind, die das Gehirn drücken oder irritiren, so war doch in dem gegenwärtigen Fall, da sich der Kranke immer mit der Hand nach der

Stirn

Stirn faßte, diese Bewegung ein Beweiß von dem Sitz des ausgetretenen Eiters *).

Die siebente Bemerkung.
Von der durch das Tropfbad bewirkten Wiederherstellung eines nach Heilung alter Schäden an den Füßen, mit einer Apoplexie befallenen Patienten, welcher eine lange Zeit des Gebrauchs der Sprache und des Gehörs verlustig gewesen.

Von eben dem Verfasser.

Ein junger Mensch, von 23 Jahren, welcher 5 Fuß 11 Zoll hatte, wurde im Reiche angeworben. Dieser Mensch hatte seiner Aussage nach, seit 10 Jahren an beyden Füßen offene Wunden, und weil er durch alle versuchte Hülfsmittel keine Heilung zu wege bringen konnte; so ließ er sich, mehr aus der Ursache, zum Soldaten anwerben, weil er sich die Hoffnung machte, in diesem Stande eher von seinen Wunden geheilet zu werden.
Da

---

*) Der gute Ausgang dieser Cur läßt sich, ohne vorhergangene Destruction der durae matris, laminae cribrosae ossis ethmoidei, und der tunicae schneiderianae, nicht wohl erklären, wofern nicht durch die Schärfe des Niesepulvers die Schleimgefäße das Extravasirte resorbirt, und vielleicht durch die sinus frontales fortgeführet haben.

Falkenberg.

Die siebente Bemerkung.   139

Da er nun wenig Handgeld bekommen, und dabey sehr groß, und noch jung war, so hatte der Werbofsizier weiter kein Bedenken getragen, diesen Menschen zum Regiment abzuschicken. So bald derselbe in der Garnison anlangte, muste ich ihn in Augenschein nehmen, und es wurde mir schon zum voraus von dem Kommandeur des Regiments gemeldet, daß, da dieser Rekrute so groß und noch so jung wäre, so sollte ich alles mögliche an ihm versuchen, um ihn völlig herzustellen.

Nachdem ich den Patienten gefragt hatte, wie er zu diesen Wunden gekommen sey, gab er mir zur Antwort, daß ihm vor 10 Jahren ein Stück Holz an das Schienbein gefallen sey, und er kurz darauf sich auch am andern Fuß gestoßen hätte. An beyden Füßen wäre zu Anfang eine große Entzündung entstanden, die den ganzen Unterschenkel von beyden Extremitäten eingenommen hätte, und welche von allen Leuten vor eine Rose wäre ausgegeben worden. Er hätte bald kalte, bald warme Umschläge, bald Salben, bald Pflaster gebraucht, alles dieses aber hätte ihm nichts geholfen, seine Füße wären im Gegentheil mit jedem Jahre schlechter geworden, weil sich die Wunden vermehret hätten, und wann gleich zuweilen eine Wunde zugeheilet wäre, so hätte es nicht lange Bestand gehalten, sondern sie wäre immer unter einer grossen Entzündung von neuem wieder aufgebrochen. Auf dem rechten Unterschenkel hatte der Kranke drey, und auf dem linken 2 Wunden, welche insgesammt

gesammt in der Mitte, und vorne am Schienbein befindlich waren. Die größeste Wunde hatte den Umfang von einem 8 Gr. Stück. Die Wunden waren sämmtlich sehr tief, so, daß diejenigen, welche mehr seitwärts waren, bis in die Substanz der Muskeln drangen. Die Füße waren geschwollen, übrigens hatte der Kranke ein sehr gesundes Ansehen, und eine schöne Proportion des Körpers. Nachdem ich den Kranken in das Lazareth genommen hatte, bat mich derselbe, daß ich ihm doch helfen möchte. Den andern Tag ließ ich ihm eine Ader am Arm öffnen, das Blut war in allen seinen Bestandtheilen von guter Beschaffenheit. Am 4ten Tage wurde ihm ein Laxans gegeben. Ob ich gleich auf keine große Schärfe, so sich im Blut befände, schließen konnte; so war es doch wahrscheinlich, daß die Lympha des Blutes fehlerhaft seyn konnte, weil ich aber die Natur dieser Schärfe nicht mit Gewißheit bestimmen konnte; so war die Strigade dasjenige Hülfsmittel, welches ich bey diesem Kranken wählte; übrigens behandelte ich ihn nach der Goulardischen Methode. Da dieser Kranke sehr vollblütig war, und auch zuweilen Nasenbluten hatte; so konnte ich auch schließen, daß seine Wunden von aufgeplatzten Aderbrüchen entstanden wären, und daß die Natur sich an diesem Ort des Ueberflusses entledigen wollte. Ich verband die Wunden mit Balsam arcäi, und weil sich dieselben reinigten, und ganz mit Fleisch angefüllet waren, so legte

ich,

Die siebente Bemerkung.

ich, um die harten Ränder zu verhüten, eine polirte Bleyplatte über. An den Füßen machte ich, durch Ansetzung der Blutigel, öfters Localaderläße. Der Patient mußte die Füße zuweilen in kaltes Wasser setzen, um dadurch den festen Theilen eine Spannungskraft zu geben, und der ganze Unterschenkel war von den Zehen bis über das Knie umwickelt. Zum ordinären Getränke hatte er ein blutreinigendes Decoct; so bald sich Zeichen eines Speichelflusses einfanden, wurde die Strigade ausgesetzt; der Patient muste sich baden, und zum innerlichen Gebrauch wurden ihm gelinde ausführende Mittel gegeben. Unter dieser Behandlung ließen sich die Wunden zur Heilung an, und nach einer Zeit von sieben Wochen verließ der Kranke das Lazareth; jedoch behielt er die Umwickelungen an den Unterschenkeln, und der Kompagniefeldscheer muste dahin sehen, daß er die Füße zuweilen in kaltem Wasser badete. Von 8 zu 8 Tagen setzte ich ihm an beyden Füßen einige Blutigel. Bey dieser Behandlung lernete dieser Mensch, ohne daß er die Stiefeletten anzog, exerziren. Wann ich ihm die Umwickelungen von den Füßen abnahm, so waren solche des Abends geschwollen. Er lernete das exerziren sehr bald, und da ich die Umwickelungen sehr nothwendig fand; so wurden ihm Stiefeletten verfertiget, welche weit genug waren, die Umwickelung der Binden in sich zu fassen. Nach Verlauf von 5 Wochen, meldete mir der Kompagniefeldscheer, daß

der

der Rekrute Meyer, eben da er zu Mittage bey einer Schüssel mit Erbsen gesessen hätte, zu Boden gefallen, und vom Schlage gerühret worden wäre. Er befände sich noch in diesem Zustande, und man hätte ihn bereits ins Lazareth gebracht. Ich verfügte mich sogleich dahin, und fand den Patienten im Sopore liegen. Das Gesicht war widernatürlich roth, das Athemholen war beschwerlich, und sehr langsam, der Puls war hart, langsam, und zuweilen unordentlich. Ich verordnete ihm eine Aderlaß von 16 Unzen Blut, und ließ ihm reizende Klystiere von squilla, sale mirabil. glaub. und Kamillenblumen appliciren, und alle 3 Stunden wiederholen. Diese sowohl, als auch der Urin, giengen wider Willen des Kranken fort, und es kamen zugleich einige harte Excremente mit. Von innerlichen Arzeneyen konnte ich dem Kranken nichts geben, weil die Zähne fast zusammen geschlossen waren. Die Augen waren beym Aufgeben der Augenlieder ganz starr, und es war nicht die geringste Zusammenziehung beym Reiben des Auges in der Pupilla wahrzunehmen. Als ich den Kranken des Abends besuchte, hatten sich seine Umstände in nichts verändert. Da das Gesicht noch eine sehr rothe Farbe hatte, so verordnete ich die zweyte Aderlaß, und zugleich ließ ich ihm die Haare vom Kopf wegscheeren, und kalte Fomentationes, nach der Vorschrift des Herrn Generalschirurgus, Schmucker, auf den Kopf legen. Meine Absicht war, erst alle andere abtreibende,

und

Die siebente Bemerkung. 143

und das Gehirn erschütternde Mittel, zu versuchen, ehe ich auf die zugeheilten Wunden Vesicatoria applicirte. Den andern Morgen war der Kranke noch in demselben Zustande. Ich ließ 10 Gr. Brechweinstein in 20 Unzen Wasser auflösen, und so viel man durch die geschlossene Zähne durchspritzen konnte, wurde dem Kranken beygebracht. Das mehreste floß wieder zurück. Es muste jedennoch etwas in den Magen geflossen seyn, denn nach einigen Stunden stürzte ihm vieler Schleim, und noch einige unverdauete Erbsen, aus dem Munde. Ich ließ mit dem Einspritzen der Solution des Brechweinsteins fortfahren, und Nachmittags hatte der Kranke noch 2 Vomitus, die ebenfalls vielen Schleim und Erbsen mitbrachten. Es giengen auch durch den Stuhlgang theils harte, theils aufgelösete Excremente, und viele halb verdauete Erbsen weg. Die Umstände bey dem Kranken blieben noch immer dieselben, außer, daß das Athemholen etwas freyer, und der Puls weicher wurde. Der Urin und die Excremente giengen noch immer wider den Willen des Kranken weg. Die kalten Umschläge über den Kopf, und die reizenden Klystiere, wurden noch immer fortgesetzt, da sich aber nach allen diesen Mitteln bey dem Patienten keine merkliche Veränderungen zeigten, so ließ ich demselben auf die Nacht, um beyde Füße Vesicatoria legen. Des Morgens hatten diese große Blasen gezogen, die ich, nachdem sie geöffnet waren, mit der Basiliconsalbe,

welche

welche mit dem Pulver der spanischen Fliegen vermischt war, wieder verbinden ließ. Der Kranke war diesen Morgen unruhig, und schlug mit den Händen hin und her, übrigens aber war sein Zustand wenig verändert, außer, daß sich der Mund mehr öffnen ließ. Der kranke blieb immer in Sopore, den 4ten Tag bekam derselbe abermals 4 Gran vom Brechweinstein, welche ich ihm jetzt besser einbringen konnte. Nach einer Stunde hatte er hierauf 4 Vomitus, welche wieder Schleim mitbrachten, und durch den Stuhlgang waren ebenfalls noch viele unverdauete Erbsen weggegangen. Die Zufälle blieben bey dem Kranken immer dieselben, der Puls blieb beständig voll und hart, und im Gesicht war die Farbe noch widernatürlich roth. Ob es gleich wahrscheinlich war, daß die Schärfe des Bluts, die sich seit vielen Jahren an den Füßen abgesetzt hatte, jetzt sich auf das Gehirn geworfen hätte, so muste ich doch auf den Unterleib meine Rücksicht nehmen, weil der Kranke bey dem Essen in diesen apoplectischen Zustand verfallen war, und sowohl durch das Brechen, als auch durch den Stuhlgang sehr viel noch unverdauete Speisen weggiengen. Der Unterleib war auch noch ohne dies widernatürlich aufgespannet. Den 5ten Tag ließ ich dem Kranken eine Purganz aus der Jallappenwurzel, zu einer Drachma, einflößen, weil ich immer darauf rechnen muste, daß etwas bey dem Einspritzen verlohren gienge. Des Nachmittags, und auch in der darauf folgen-

Die siebente Bemerkung.

folgenden Nacht hatte der Kranke viele aufgelöse=
te Excremente in das Bette gelassen. Den 6ten
Tag waren sich die Zufälle noch immer gleich, die
spanischen Fliegen eiterten, und die Füße fiengen
an sich zu entzünden, der Puls blieb voll und hart,
und zuweilen war er intermittirend. Den 7ten
Tag ließ ich dem Kranken so viele Blutigel um
den Kopf, und in der Gegend des Gesichts setzen,
als nur immer ansaugen wollten, und es hatten
sich 32 Stück angesogen. Da die Blutigel nach
einander abfielen, so verlohr der Kranke durch das
anhaltende Bluten eine große Menge Blut. Die
Farbe im Gesicht, wurde blaß. Das Athemho=
len wurde ganz leicht und frey, der Puls wurde
weich und kleiner, und da dieses im Monat Au=
gust geschahe, so war der Patient mit so vielen
Fliegen belästiget, daß man wenig von seinem Ge=
sicht sehen konnte. Ich ließ ihm aber solche mit
Fleiß nicht wegjagen. Nach Verlauf von 2 Stun=
den fieng er an, mit seinen Händen nach den Flie=
gen zu schlagen, und nach einer halben Stunde
öffnete er hierauf die Augen. Als ich vor ihn trat,
sahe er mich starr an. Das Blut, welches ihm
beständig am Gesichte herunter floß, wischete er
sich mit den Händen ab, und besah es sehr auf=
merksam. Ich redete ihn an, und da er es nicht
hörete, so schüttelte ich ihn, da er mich denn ganz
starr ansah. Ich rief ihn wieder mit starker Stim=
me zu, er blieb aber ganz unbeweglich. Endlich
fassete er unter das Bett, und da ich vermuthete,

daß

daß er den Nachttopf suchte, so ließ ich ihm solchen reichen. Er hielte diesen mit der rechten Hand zum Bette heraus, und mit der linken Hand schlug er die Bettdecke zurück, und faßte den Penem an, und so ließ er seinen Urin über das Bette weg. Als er fertig war, setzte er von selbst den Nachttopf unter das Bette. Endlich richtete er sich im Bette in die Höhe, und da er die Füße auf die Erde setzen wollte, so konnte er (vermuthlich wegen der Schmerzen und Spannungen, so ihm die Vesicatoria erregten,) nicht auf die Füße treten. Er wies mit den Händen nach den Füßen, und verzog das Gesichte zum weinen. Er brachte aber keinen Laut zum Vorschein, und es flossen auch keine Thränen. Ich ließ ihn auf den Nachtstuhl führen, und er ließ viele aufgelöste Excremente von sich. Gegen den Abend hatte er ein Brennen in den Händen, und die Pulsschläge waren etwas geschwinder. Ich ließ ihn auf die Nacht folgendes Pulver nehmen. R. Nitr. depurat. ʒß Ar. ☉n. aurat. 3tiae praecipit. gr. V. Camphor. gr. iij. Mosch. gr. ij. Ich hatte hierbey die Absicht, einen Schweiß zu erregen. Der Kranke war in der folgenden Nacht sehr unruhig gewesen, und hatte viel getrunken, welches er sich mehrentheils selbst gereicht hatte. Er hatte auch öfters nach den Füßen gewiesen. Des Morgens fand ich den Puls krampfhaft, und dabey geschwinde, und da ich die Füße besahe, so waren solche sehr geschwollen, die Wunden waren trocken, und die Entzündung hatte

hatte den ganzen Unterschenkel eingenommen. Ich ließ ihm das Goulardische Wasser laulicht überschlagen, und verordnete ihm eine Dosin vom Cremore ♃ri. Um 11 Uhr, Vormittags, bekam er heftigen Frost, der ihn im Bette in die Höhe warf. Da dieser schon mit seinen Vorboten im Körper war, so mogte, aus diesem Grunde, wohl der am Morgen befundene krampfhafte Puls entstehen. Ich glaubte nunmehr, daß nach diesem Fieberanfall eine Krisis erfolgen würde, die dem Kranken seine völlige Gesundheit wieder herstellen könnte, ob ich gleich zum voraus einsahe, daß dieses Fieber von der Entzündung an den Füßen erregt würde. Nach einigen Stunden erfolgte eine starke Hitze, das Fieber war heftig, der Puls voll und hart, so, daß ich ihm gleich eine Ader öffnen ließ, und mit den temperirenden Mitteln fort fuhr. Ich ließ die kalten Umschläge über den Kopf aussetzen, und den offenen Leib durch erweichende Klystiere bewirken. In der folgenden Nacht hatte er sehr unruhig gelegen, und viel getrunken. Zum Getränke hatte ich ihm eine Ptisane, mit Cremore ♃r. vermischt, verordnet. Am Morgen fand ich das Fieber noch eben so heftig, das Blut vom vorigen Tage zeigte eine starke Inflammation an, und da die Entzündung an den Füßen sich um nichts verändert hatte; so ließ ich das Aderlassen wiederholen. Den 4ten Tag fiel die Geschwulst, und die Entzündung an den Füßen. Der Patient war mehr ruhiger, und hatte

abwech-

abwechselnd Schlaf. Es stellte sich ein Schweiß ein, welcher 24 Stunden anhielt, und durch warmes Getränke, und den Gebrauch des Kamphers unterhalten wurde. Am 7ten Tage dieses Fieberanfalls war der Kranke völlig fieberfrey, und die Wunden an den Füßen ließen viel dickes blutiges Eiter fließen. Aller dieser Veränderungen ohngeachtet, blieb der Kranke in seinem vorigen Zustand. Er konnte weder sprechen noch hören; ich konnte es mir nicht erklären, warum eben nur die Sprache und das Gehör, und nicht auch das Gesichte, und die andern Sinnen litten; die Zunge konnte der Kranke bewegen, ob es gleich den Anschein hatte, daß diese Bewegung beschwerlich war. Die Zunge war nach der Basis etwas geschwollen. Daß die Nerven der Zunge nicht unempfindlich waren, konnte ich daraus schließen, daß, wann ich ihm etwas gestoßenen Senf auf die Zunge legte, er solchen ausspiehe, mit dem Kopf schüttelte, und ein finsteres Gesicht dazu machte. Sollte ich die Ursache der verlohrnen Sprache und Gehörs im Cerebello, oder, noch im Gehör, suchen? War der Fehler in den Nerven, welche zu den Muskeln der Zunge gehen? oder war er in den Nerven, welche der Zunge den Geschmack geben? Obgleich die Bewegung der Zunge beschwerlich war, so geschahe solche doch, der Patient konnte sie aus dem Munde stecken, und daß er Geschmack in der Zunge hatte, bewieß der vorerwehnte Fall mit dem Senf. Warum waren nur

die

die Sprache und das Gehör, und sonst keine andere Sinne verletzt? Wann gleich die Nerven der Zunge, die aus dem 3ten Zweige des 5ten Paares entspringen, und eben dieser Zweig einen ramum in die Haut abgiebt, so nach der äußeren Oeffnung des Ohres gehet, so lässet sich aus dieser Verbindung noch nicht auf die Ursache des Verlusts dieser beyden Sinne schließen. Sollte ich, da der Kranke keinen Laut von sich gab, den Grund des Verlusts der Sprache in den musculis laryngis, die von dem 8ten Nervenpaar ihre Zweige bekommen, suchen? Kurz ich gestehe es frey, daß meine Beurtheilungskraft bey diesem Zustande des Kranken ihre Grenzen hatte. Ich gieng die mehresten vorerwähnten Proceduren wieder durch, ich ließ den Kranken vomiren, ich setzte Blutigel hinter die Ohren, ich applicirte Blasenpflaster in dem Nacken, und der Halsgegend, ich ließ wieder kalte Fomentationes auf den Kopf legen, aber der Kranke blieb wie er war. Er hatte übrigens ruhigen Schlaf, und guten Appetit, alle Se= und Excretiones waren jetzt natürlich, und durch Bewegungen mit den Händen und den Mund zeigte er an, was er haben wollte. Das sonderbarste war, daß er niemalen einen Laut von sich gab. Ich leugne es nicht, daß mir auch öfters der Gedanke einfiel: Ob es nicht etwan eine Verstellung von dem Kranken wäre. Wer den Soldatenstand genau kennt, und in demselben als Wundarzt viele Jahre gedienet hat, der wird aus der Erfahrung wissen,

wissen, wie weit zum öftern die Bosheit mancher
Menschen gehet, und also wird man sich nicht
wundern, wenn ich auf den Gedanken kam, daß
vielleicht auch dieser Kranke einen Betrug spielen,
und sich Gehör und sprachlos stellen könnte, da
doch übrigens die Apoplexie gehoben war. Ich
ließ daher alle Nächte einen Kompagniefeldscheer
bey dem Kranken wachen, der auf seine Handlungen genau Acht geben muste. Ich erwehnte
öfters zu dem Kompagniefeldscheer, daß ich dem
Kranken würde Löcher in den Kopf bohren müssen,
ich beklagte ihn zugleich, was der arme Mensch
für große Schmerzen bey dieser Operation würde
ausstehen müssen, und daß er doch endlich nach
allen diesen Martern sterben würde. Ja ich gieng
in meinen fürchterlichen Anstalten so weit, daß
ich die Trepanationsinstrumente vor ihn legen ließ,
und ihm durch Bewegungen zu verstehen gab, daß
ich ihm in den Kopf bohren würde. Er sahe mich
starr an, wie er dieses immer that, wenn ich ihm
zurief, und zeigte auf seine Ohren und auf seine
Zunge, wodurch er den Fehler dieser beyden Or-
ganen anzeigen wollte, er bezeigte, da er die In-
strumente sahe, seine Verwunderung, ich ließ ihn
aufrichten, und sagte zu denen Kompagniefeld-
scheeren, daß sie das Messer reichen mögten. Der
Kranke war bey allem ganz gelassen, und ich merkte in seinen Handlungen nicht die geringste Veränderung. Endlich fiel mir bey diesem Kranken
noch ein, auch das Tropfbad zu versuchen. Ich

hatte

hatte bey meinem Lazareth Gelegenheit, solches recht hoch anzubringen. Ich vermischte das Wasser mit sal. ammoniac. und aufgelöseten Stahlkugeln. Nachdem ich alles fertig hatte, ließ ich meinen Kranken hinführen. Bey dem ersten Tropfen, so dem Kranken auf dem Wirbel des Kopfs fiel, ward sein ganzer Körper erschüttert. Bey dem 5ten und 6ten Schlage wurde er ganz blaß im Gesichte. Ich untersuchte den Puls, und fand, daß er ganz klein war, und indem mir der Puls unter den Fingern verschwand, fiel der Kranke unter den heftigsten Convulsionen, die sich des ganzen Körpers bemächtigten, zur Erde. Ich rief einige starke Menschen herbey, die diesen Kranken, mit Hülfe der Feldscheer, nach der Lazarethstube brachten. Alle Mittel, die ich zu riechen gab, veränderten die Todtenfarbe des Gesichts nicht, ich ließ dem Kranken den Leib bürsten, und das Scrotum mit kalten Wasser fomentiren. Nach einer guten halben Stunde kam er endlich wieder zu sich. Der Puls wurde wieder erhaben, und die Extremitäten warm. Ich ließ ihm einige Löffel Wein geben, und warmen Thee trinken. Der Kranke war sehr ruhig, und schien äußerst entkräftet zu seyn. Der Schlaf war in dieser Nacht sehr ruhig, und es hatte sich dabey zugleich ein starker Schweiß eingefunden, worinnen ich den Kranken auch am Morgen fand. Da der Puls eine große Entkräftung anzeigte; so schickte ich dem Kranken zu Mittage eine nahrhafte Suppe, und etwas Wein. Als ich ihn Nachsmittags besuchte, so reichte er mir seine Hand, womit er die meinige drückte, und fieng bitterlich an zu weinen. Ich wurde durch diesen Auftritt äußerst gerührt. Ich rief dem Kranken zu, ob er nicht etwas hören könnte. Er steckte die Zunge sehr lang zum Munde heraus, und mit den Fingern machte er um die Ohren eine circulförmige Bewegung. Aus diesen Zeichen schloß ich, daß er mir dadurch andeuten wollte, daß es ihm vor den Ohren saußte, und daß er seine Zunge leichter bewegen könnte. (Ich muß noch erinnern, daß sein Weinen so beweglich, und so stark war, daß sich die Brust erschütterte, aber dem allen ohngeachtet kam kein Laut zum Vorschein.) Diesen Tag ließ ich den Kranken ganz in Ruhe. Der Zustand, in welchen in den Kranken durch das Tropfbad gesetzt hatte, setzte mich in Mitleiden, und ich bereuete fast meine vorgenommene Procedur. Indessen ließen mich doch die besondere Ruhe, und der starke Schweiß, so darauf erfolget war, vermuthen, daß eine große Erschütterung in den Nerven vorgegang'n wäre. Dieses bewiesen die heftigsten Convulsionen, welche der Kranke nach dem Tropfbade bekommen hatte.

Den 3ten Tag ließ ich meinen Kranken wieder unter das Tropfbad führen. Ich ließ sogleich zur Vorsorge eine Lagerstelle hinbringen, um den Kranken, wenn er ja wieder Convulsionen bekäme, darauf zu legen. So wie ich ihn auf den

Stuhl

Die siebente Bemerkung. 153

Stuhl unter das Tropfbad setzte, befiel ihn solche Furcht, daß er zitterte und bebte. Er umarmte mich mit Thränen. Ob mir die Scene gleich sehr empfindlich war, so ließ ich mich doch nicht abhalten. Ich schüttelte mit dem Kopf, um ihm dadurch anzuzeigen, daß alles sein stilles Flehen vergeblich wäre, und ich gab ihm zu verstehen, daß er sich nur auf den Stuhl setzen mögte. Bey dem ersten Schlage zitterte er dermaßen, daß ich ihn muste halten lassen, und beym 4ten Schlage lag er auf der Erde, und hatte Convulsionen, welche alle Muskeln in Bewegung setzten, so, daß auch der Urin abgieng. Ich ließ ihn sogleich auf das Lager legen, das Gesichte, den Mund und die Nase mit flüchtigen und analeptischen Flüßigkeiten bestreichen, und den ganzen Leib bürsten. Ich ermunterte zwar den Kranken eine Zeitlang, indem ich ihm wieder Wein reichen ließ, und ließ ihn in die Krankenstube bringen. Es dauerte aber nicht lange, so fiel der Kranke in einen tiefen Schlaf, und der Schweiß brach tropfenweise über den ganzen Körper hervor. Des Morgens, um 3 Uhr, erwachte er, da sich der Schweiß etwas vermindert hatte. Die Schildwache, die vor dem Lazareth stehet, ruft: wer da? Er erschrickt, und richtet sich mit Heftigkeit in dem Bette auf, und nimmt die Stellung an, als wenn man nach etwas horchen will. Da die Thorwache ganz nahe am Lazareth ist; so ruft die Schildwache am Thore ebenfalls: wer da? Und da eben die Patroulle

umher

umher gieng; so wurden alle dabey sonst gewöhnliche Worte gewechselt. Zugleich schlägt die Glocke. Die Schildwache ruft: abgelößt! Dieses alles hört der Kranke, und da er ein Katholik war, so bekreuzt er sich, und ergreift seinen Rosenkranz. Da er nun das Ave Maria beten will, so höret er seine eigene Stimme, springet voller Freude aus dem Bette, und wecket alle andere Kranken auf, die noch schliefen, um sie an der erfreulichen Veränderung, welche mit ihm vorgegangen wäre, Theil nehmen zu lassen. Er fällt nachher auf seine Knie, und betet seinen Rosenkranz ganze Stunden lang. Der wachthabende Feldscheer im Lazareth brachte mir diese Nachricht am frühen Morgen. Ich gieng in das Lazareth, um mich von allen diesen selbst zu überzeugen, weil es mir ein Traum zu seyn schien. Ich fand den Kranken noch beten, und da er sich für bezaubert gehalten hatte, so sahe er mich für den Mann an, der den Teufel ausgetrieben hätte. Er fiel auf die Knie vor mir nieder, umfaßte meine Füße, und weinte mit einem starken Schluchsen. Ich konnte mich der Thränen nicht enthalten, nahm ihn bey der Hand, richtete ihn auf, und sagte ihm, daß ich mich herzlich freuete, daß ich ihm mit der Hülfe Gottes wieder zu seiner vorigen Gesundheit verholfen hätte. Ich fragte ihn nach allem, dessen er sich bewust gewesen wäre. Er antwortete, daß er von allem nichts wüßte, was man mit ihm in der Zwischenzeit, da er die Erbsen

sen gegessen, und sich so voller Blut gesehen, vorgenommen hätte; er glaubte, daß er geschlafen hätte, über das viele Blut aber, weil er aufgewacht, sehr erschrocken wäre. Er hätte immer reden wollen, aber es hätte ihm beständig die Luft benommen, und die Zunge wäre ihm so schwer im Munde gewesen, daß er solche gar nicht nach seinem Willen hätte bewegen können. Vor seinen Ohren wäre ein entsetzliches Gesause von großen Glocken gewesen, die ihn vor ihrem läuten nichts anders hätten hören lassen. Bey den ersten Schlägen von dem Tropfbade hätte er solche Empfindungen in den Kopf bekommen, daß er geglaubt hätte, man drücke ihm das ganze Gehirn zusammen; das Glockengeläute hätte sich nach dem Tropfbade verlohren, dahingegen hätte sich vor seinen Ohren ein helles Klingen eingefunden, welches ihm höchst empfindlich gewesen wäre. Die Empfindungen, die er im Kopfe bey jedem Wassertropfen empfunden, wären ihm unbeschreiblich, und er wollte lieber sterben, als noch einmal unter dieses Bad gehen. Als ich meinem Chef die Nachricht von der wichtigen Veränderung dieses unglücklichen Menschen brachte; so bewegte sich seine empfindliche Seele vor Freuden, daß dieser Mensch seine Gesundheit wieder erlangt hätte, und er befahl mir, daß ich weiter keinen Versuch machen möchte, um ihm seine Wunden an den Füssen zuzuheilen. Dieser Mensch hat nachher noch zwey Revüen beym Regiment mit gemacht. Weiter

ter that er im ganzen Jahr keine Dienste. Der Chef des Regiments gab ihm endlich auf einem kleinen Landgut, als Oberaufseher über das Gesinde, sein reichliches Brod, und in dieser letztern Kampagne hat er sich verlohren, und ist vermuthlich nach seinem Vaterlande wieder zurückgegangen. Er war aus Bayern gebürtig, und sein Name hieß Meyer.

Die achte Bemerkung,

wo nach dem Abschneiden eines großen Stücks der Leber, der Patient weiter keine besondere Zufälle gehabt, und völlig geheilet worden.

Von eben dem Verfasser.

Ein Soldat des Regiments, Namens Stoidner, wurde, weil er seine Mondirungsstücke verkauft, und noch andere Excesse begangen hatte, in die Wache gebracht. Bey dem Regimentsverhör wollte er seine Verbrechen nicht durch gütliche Fragen und Vorstellungen eingestehen, sondern man muste ihn mit Strafen zum Geständniß bringen. Zwey Tage hatte er die Strafe im Verhör ausgehalten, ohne zu bekennen, an wen er die Mondirungsstücke verkauft hätte. Da ihm nun gedrohet wurde, am folgenden Tage noch härtere Strafe zu bekommen, wenn er nicht bekennen

würde,

wurde, so hatte er sich am Abend, da er heraus‐
gieng, auf den Abtritt zu gehen, mit einem Brod‐
messer 3 Stiche in den Unterleib gegeben, und
darauf das Messer von sich geworfen. Nach die‐
ser verrichteten That gehet er in die Wache, ohne
ein Wort davon zu sagen, und da er die Nacht
ganz ruhig ist, so wurde der Zustand des Arrestan‐
ten nicht eher entdeckt, bis daß er wieder in das
Verhör gefordert wurde, da man das Blut ent‐
deckte, welches durch die Weste gedrungen war,
und die Beinkleider gefärbt hatte. Auf die Frage:
Wie? und wovon das Blut herkäme? antwortete
er, daß er am Leibe ein Geschwür hätte, welches
die vergangene Nacht aufgeplatzt wäre. Ich wur‐
de also herbeygerufen, um den Arrestanten zu un‐
tersuchen. Nachdem er sich ausgezogen hatte,
sahe ich, daß er 3 Wunden an den Ober‐
theil des Unterleibes hatte. Die eine Wunde
war rechterseits an dem Rande der obersten falschen
Rippen, wo sich die regio epigastrica endiget.
Die Wunde hatte in ihrem Umfang $1\frac{1}{2}$ Zoll. Es
war aus dieser Wunde von dem margine anterio‐
re des lobi majoris hepatis ein Theil der Leber her‐
ausgetreten, in der Größe einer geballeten Faust.
Die andern beyden Wunden waren in der Mitte
der regionis epigastricae, und aus beyden Wun‐
den war ein großer Theil des omenti maioris aus‐
getreten. Die Wunden waren so klein gegen die
hervorgetretene Theile, daß es unmöglich war,
sie wieder zurück zu bringen, ohne eine Erweite‐
rung

rung der Wunde zu machen. Da aber der herausgetretene Theil von der Leber, wie auch die Theile des ausgetretenen Netzes ganz abgestorben waren; so unterband ich solche, und schnitt sie über der Unterbindung ab. Das abgeschnittene Stück von der Leber hatte am Gewicht 6 Loth 2 ½ Quentgen. Als der Kranke in das Lazareth gebracht worden war, klagte er über Uebelkeiten, und eine Neigung zum Erbrechen. Der Unterleib war sehr aufgespannt, und der Puls sehr geschwinde zurück gezogen, dabey aber hart anzufühlen. Das Athemholen war etwas beschwerlich, und die Füße waren sehr kalt. Ich ließ ihm eine Ader am Arm öffnen, den Unterleib mit erweichenden Kräutern, die in Wein und Wasser gekocht waren, laulicht fomentiren, und ihm erweichende Klystiere, so blos aus abgekochten Kamillen und Leinöl bestanden, beybringen. Der Kranke fieng an, nach 2 Stunden, da er im Lazareth war, sich zu brechen. Er gab alles Getränke, und alle Arzeneyen von sich, so ich ihm reichen ließ. Die Klystiere blieben alle im Darmkanal zurück. Die folgende Nacht hatte der Kranke zwar unruhig zugebracht, aber doch abwechselnd geschlafen. Zweymal hatte er ein gallichtes Erbrechen gehabt, und die Neigung zum Erbrechen, nebst dem beschwerten Athemholen, wie auch der gespannte Unterleib, der kleine geschwinde, und dabey zurückgezogene Puls waren noch den andern Morgen vorhanden. Der Patient klagte weiter über keine Empfindungen im

Unter-

Die achte Bemerkung.

Unterleibe, außer daß ihm, wie er sagte, im Unterleibe alles schien zu kurz zu seyn. In der Nacht hatte er keinen offenen Leib gehabt. Ich ließ noch eine Ader öffnen. Die Umschläge wurden, nebst den erweichenden Klystieren, fortgesetzt. Zugleich wurde der Unterleib mit Leinöl und Kampher eingerieben, und zu den Klystieren hatte ich blos die abgekochte Jalappwurzel mit Zucker versetzt nehmen lassen. Es erfolgte kein Stuhlgang, und alles was der Kranke zu sich nahm, brach er wieder weg, und auch ohne die geringsten Reize des Magens, welche durch Getränke erregt wurden, brach er öfters viele Galle weg. Den Tag und die folgende Nacht waren sich alle Zufälle gleich, ob er gleich abwechselnd geschlafen hatte, so war doch am 3ten Morgen das Fieber, nebst einer brennenden Hitze stärker, und der Puls härter. Er hatte vielen Durst, muste aber alles wieder wegbrechen. Es kam immer viele concentrirte Galle mit, und der bittere Geschmack im Munde, war ihm äußerst eckelhaft. Der Unterleib blieb immer sehr aufgespannt, und noch war kein offener Leib erfolgt. Der Patient war jetzt sehr unruhig, und klagte über brennen im Unterleibe. Ich verordnete zum 3ten mal die Ader zu öffnen. Das gallichte Erbrechen wurde heftiger. Ich ließ den Kranken mit dem ganzen Körper in ein laulichtes Bad setzen, worinnen Kamillen= und Pappelkraut gekocht war. Es giengen ihm in dem Bade viele Blähungen ab, und die starke Anspannung

des

des Unterleibes war etwas weicher anzufühlen. Das innere Brennen im Unterleibe verminderte sich nach seiner Aussage. Als derselbe eine Stunde im Bade gesessen hatte, ließ ich ihm eine Gallerte von abgekochter Jalappwurzel, wozu ich Honig und ein wenig vom ♀ro ♀risato gesetzt hatte, nehmen, welches er aber nicht wieder wegbrach. Auch verlohr sich in dem Bade der bittere Geschmack im Munde. Ich ließ ihn 1½ Stunden im Bade. Ueber die Wunden hatte ich indessen ein dick bestrichenes klebendes Pflaster gelegt. Nach dem Bade schlief er 3 Stunden ganz ruhig, und das Athemholen wurde leichter. Die brennende Hitze in der Haut hatte merklich nachgelassen, und der Puls war nicht mehr so gespannt, anzufühlen. Gegen den Abend fand sich abermals ein gallichtes Erbrechen ein, und alle vorerwehnte Zufälle nahmen wieder zu. Ich ließ ihn wieder in ein Bad setzen. Er verlohr wieder viele Blähungen, und da er auf den Nachtstuhl verlangte, so wurde er dahin gebracht, und es giengen theils ganze harte, theils auch aufgelösete Excremente von ihm. Er befand sich hierauf ganz erleichtert. Ich ließ ihm zu trinken geben, und er behielte es bey sich. Der Unterleib war viel weicher anzufühlen. Der Durst wurde ebenfalls weniger. Die folgende Nacht hatte er recht gut geschlafen. Er hatte zuweilen von der Jalappwurzel getrunken, und alles bey sich behalten. Den folgenden Morgen wurde er wieder in das Bad gesetzt. Er hatte

nach

Die achte Bemerkung.

nach dem Bade wieder einen offenen Leib, wobey die Excremente mehrentheils aufgelößt waren. Der Unterleib verlohr immer mehr und mehr seine Spannung, der Puls wurde mehr erhabener und weicher, der Urin war nicht so mehr blaß, sondern mehr roth. Das Fieber war kaum mehr merklich. Der Patient forderte zu essen. Ich ließ ihm eine Kalbfleischsuppe, mit Körbelkraut und Sauerampfer gekocht, nehmen, und er behielte sie ganz bey sich. Mit dem 5ten und 6ten Tage verlohren sich alle gedachte Zufälle. Ich hatte ihn am 7ten Tage eine solutio mannae nehmen lassen. Er hatte darnach 2 Stuhlgänge, welche sehr von Galle gefärbt waren. Ich ließ ihm die folgenden Tage etwas solidere Nahrungsmittel geben, weil er großen Hunger hatte. Den 8ten und 9ten Tag löseten sich die unterbundenen Faden ab, ich heftete die Wunden blos mit Pflastern zusammen. Sie schlossen sich sehr genau aneinander, und der Kranke verließ den 27ten Tag, von dem Tage seiner Verwundung an gerechnet, das Lazareth. Er wurde unter das Garnisonregiment von Ingersleben 1774. abgegeben. Im Jahr 1776. als sich die Regimenter bey der Revue versammelten, marschirte das Regiment von Ingersleben durch unser Kantonirungsquartier, und als mich dieser Mensch sahe, rief er mir in springendem Gange zu, (als wodurch er seine gute Gesundheit anzeigen wollte,) daß ich ihm sein Stück Leber wieder geben möchte, welches er sich im Nachtquartier braten wollte, im Fall ihn der Wirth nicht tractirte. Ich habe diesen Menschen nachher außer dem Troupp gesprochen. Er versicherte mir, daß er nicht die geringste Empfindung im Unterleibe hätte, und da ich ihm den Unterleib besahe, und ihn zu verschiedenen malen husten ließ; so habe ich auch nicht die geringste Anlage von einer hernia ventrali entdecken können.

Die neunte Bemerkung.

Vom Durchschneiden des Laryngis, wo zugleich der Pharynx verletzet war, und der Patient beym Leben erhalten wurde.

Von eben dem Verfasser.

Ein Grenadier des Regiments, Namens Wuddry, wurde wegen Excesso, so er ausgeübet, nach der Wache gebracht. Ob er nun gleich allda visitiret, und ihm alles abgenommen wurde, womit er sich hätte Schaden zufügen können; so hatte man doch ein Barbiermesser, welches er bey sich hatte, nicht gefunden. In der Nacht schneidet er sich mit diesem Messer in den Hals. Da er hinter dem Ofen im Finstern lag, so bekümmerte sich die Wache wenig um ihn. Als es aber Tag wird, sahen die Soldaten, daß sich der Arrestant hin und her wirft, und hören zugleich ein Röcheln. Man ruft ihm zu, er giebt aber keine Antwort, und indem man ihn näher betrachtet, werden sie gewahr, daß derselbe ganz voller Blut ist. Ich wurde sogleich herbeygerufen. Der Vorfall wurde dem Regiment gemeldet, und der Verwundete in das Lazareth gebracht. Der Kranke war sehr unruhig, er warf sich auf seinem Lager hin und her, und wollte sich gar nicht verbinden lassen. Ich suchte ihn zu beruhigen, und sein Verbrechen auf der moralischen Seite vorzustellen, weil aber die Güte nichts fruchten wollte; so redete ich mit ihm in einem strafenden Thon, womit ich alsdenn auch mehr ausrichtete. Der Kranke verlangte zu trinken. Es wurde ihm Wasser gereicht, welches aber alles aus der vordern Oeffnung wieder herauslief, und wornach der Patient einen Husten zum Ersticken bekam. Der Einschnitt war zwischen dem schildförmigten Knorpel und dem Zungenbein, mehr linkerseits. Das ligamentum hyo. thyroideum medium war mehrentheils abgeschnitten, und ich konnte die epiglottidem sehr deutlich sehen. Ich heftete die Wunde so gut zusammen, als ich konnte. Da aber die Kranke sehr oft husten muste, so sahe ich schon im voraus, daß meine Hefte abreißen müsten. Ich legte dem Kranken die in diesem Fall gewöhnliche Bandage an. Er wollte sich aber dieselbe immer wieder herunter reißen. Es wurden einige Mann zur Wacht bey ihm gestellt, die auf alle seine Bewegungen genau Acht geben musten, und die Hände wurden ihm auch zu mehrerer Sicherheit gebunden.

Er

Er bat, nach einigen Stunden, ihm die Hände zu lösen. Er versprach, ruhig zu seyn, und ich willigte in seine Bitte. Die Töne seiner Sprache waren sehr undeutlich, und mit einem röchelnden Getöse. Er febricitirte sehr stark; der Puls war zurückgezogen, und hart; er hatte starken Durst, und so bald er das Getränke herunter schlucken wollte, lief alles wieder zur Wunde heraus, und er bekam einen convulsivischen Husten, so, daß ein Heft nach dem andern an der Wunde ausriß. Ich zog die Wunde indessen mit einem klebenden Pflaster wieder zusammen. Wenn er hustete, so kam immer geronnenes Blut und zum Theil ein blutiger Schleim aus der Wunde. Das kalte Wasser, welches er zum öftern in den Mund nahm, konnte seinen Durst nicht stillen. Ich machte einen Versuch mit einer Spritze, woran ich eine lange gekrümmte Röhre angebracht hatte, und welche ich bis über die Wunde des pharyngis zu bringen gedachte, aber bey jedem Versuch bekam der Kranke Neigungen zum Erbrechen, und einen heftigen Husten. Ich ließ ihn in ein laulichtes Bad setzen, und der starke Durst verlohr sich. Nach dem Bade war das Brennen in der Haut, und auch das Fieber schwächer, und der Puls freyer. So oft der Durst wieder heftig wurde, milderte ich solchen durch das Bad, und der Kranke brachte mehrere Zeit im Bade, als im Bette zu. Der Husten hielt beständig an, und ließ den Kranken zu keinem Schlaf kommen. Das

Fieber

Fieber war sich immer gleich, obgleich der Kranke im Bade sich von der brennenden Hitze etwas abkühlete. Er hätte gerne im Bade geschlafen, aber der Husten ließ ihm keine Ruhe. Am folgenden Morgen ward ich gewahr, daß am manubrio ossis sterni, in dem Zwischenraum der tendinum des musculi sterno-cleido-mastoidei, eine Geschwulst hervorragte, welche etwas roth war, und so wie ich es drückte, floß aus der Wunde eine blutige Jauche, und viel geronnenes Blut. Der Kranke verlohr ganz den Athem. Er wurde braun im Gesichte, und ich glaubte nicht anders, als daß er den Augenblick sterben würde. Ich riß ihm in der Geschwindigkeit die Bandage herunter, und öffnete die ganze Wunde. Auf die Geschwulst am Brustbein machte ich eine Oeffnung, aus welcher eine stinkende blutige Jauche mit untermengtem geronnenen Blut floß. Das Athemholen des Kranken war sehr röchelnd, und fürchterlich anzuhören. Der Puls war klein und hart. Der Kranke war die mehreste Zeit im Bade. Gegen Abend ließ der heftige Husten etwas nach, der röchelnde Thon war nicht mehr so stark, und das Athemholen etwas freyer. Der Puls wurde ebenfalls freyer, aber blieb doch hart. Ich ließ ihm eine Ader am Arm öffnen, und ein Klystier von süßer Milch und dünner Habergrütze geben. Er hatte darauf abwechselnd geschlafen, weil sich der Husten sehr vermindert hatte. Ich fand am Morgen den Puls erhaben, und er war mehr

weich

weich zu fühlen; das Fieber hatte sich auch etwas gemindert, der Kranke verlangte zu trinken, aber es lief alles zur vordern Oeffnung wieder heraus, und es erfolgte darauf wieder ein heftiger Husten. Die Wunde war bisher nur blos mit Heftpflastern zusammengezogen. Wann ich die Wunde am Brustbein verband, drückte ich das Blut, welches sich immer mehr und mehr in Eiter verwandelte, von oben nach unten heraus. Der Husten verlohr sich mehr und mehr, und der Schlaf war die mehreste Zeit ganz ruhig. Den Durst stillete ich beständig durch das Baden. Um aber auch den Körper zu nähren, ließ ich ihm täglich die Bäder mit süßer Milch vermischen, und dem Kranken öfters ganz kleine Klystiere von süßer Milch, auch Kalbs= und Hühnerbrühe, appliciren. Nach 10 Tagen hatte der Husten völlig aufgehört, die Wunde am Brustbein ließ wenig Eiter mehr fließen, das Fieber hatte fast gänzlich nachgelassen, und nun machte ich wiederum eine blutige Nath. Da ich sahe, daß der Kranke sich nicht merklich abzehrete, vielmehr der Durst, das Fieber, und die brennende Hitze schwächer wurden; so war dieses Beweiß genug, daß ein frischer chylus zum Blute geführet wurde. Ich setzte die Bäder, und die nährenden Klystiere am Tage, und auch, wenn der Kranke nicht schlief, in der Nacht fort. Nach 3 Wochen machte ich einen Versuch, dem Kranken etwas Milch in den Mund zu flößen. Es hielte sehr

schwer

schwer, ehe er sie herunter schluckte. Er wollte
sich immer brechen, aber die Milch floß doch endlich hinab, und es kam nichts wieder aus der
Wunde zurück. Ich wollte diesen Versuch nicht
wiederholen, weil ich befürchten muste, daß die
geschlossene Wunde im pharynge wieder zerreißen
mögte; dagegen aber ließ ich noch 8 Tage mit
den Bädern und Klystieren fortfahren. Nach 4
Wochen ließ ich dem Kranken abermal süsse Milch
in den Mund flößen. Das Herunterschlucken
gieng jetzt besser von statten. Ich ließ etwas Sem-
melkrume in Milch erweichen, und der Kranke
schluckte solche, jedoch mit Beschwerde, herunter.
Von diesem Tage an, ließ ich die Bäder und die
Klystiere aussetzen. Dem Kranken wurde abwechselnd etwas Fleischsuppe, und ein dünnes Bier,
in den Mund geflößt. Die Wunde auf dem Brustbein hatte sich geschlossen, und solchergestalt hatte
sich die äußere Haut in der Wunde, welche der
larynx hatte, eingeschlossen. Es blieb eine sehr
tiefe Narbe zurück. Der Kranke bekam eine ver-
nehmliche Sprache, jedoch war die Stimme sehr
grob, und der Thon röchelnd, so, als wenn man
gehustet hat, und den Schleim auswerfen will.
Nach Verlauf von 7 Wochen verließ mein Kranker das Lazareth; er bekam weiter keine Strafe,
und wurde in der Stille vom Regiment fortge-
schafft, und ist nach Westphalen unter das Regiment von Hessenkassel abgegeben worden. Das
einzige Glück zur Erhaltung des Lebens bey diesem

Kran-

Kranken war, daß die Wunde im pharynge nicht merklich entzündet, und daß durch den starken Husten, und das extravasirte Blut in der Luftröhre, und die so höchst empfindliche Nervenhaut in derselben in keine Entzündung übergegangen war. Der Tumor auf dem Brustbeine war blos dadurch entstanden, daß, weil der Kranke die ganze Nacht in der Wache ohne Hülfe gelegen, das Blut sich in das zelligte Gewebe neben der Luftröhre herunter gesenkt, und an diesem Ort die Geschwulst hervorgebracht hatte. Daß sich im Bade der Durst verliere, daß man durch Klystiere den Körper ernähren, und durch Chinaklystiere kalte Fieber bey Kindern heilen könne, ist auch aus anderweitigen Erfahrungen bekannt.

Anmerkung des Herausgebers.

Ich habe in meiner langen militärischen Praxis viele ähnliche Vorfälle gehabt, welche meistentheils glücklich abgelaufen sind. Ich habe mich allemal bey der blutenden Nath, noch der trockenen und besonders von englischen Pflastern bedient; den Patienten in eine perpendiculäre Lage, nebst der gehörigen Bandage bringen, alle 2 bis 3 Stunden kleine Klystiere, anfänglich von Milch und Wasser, oder abgekochter Habergrütze, und, wenn das Suppurationsfieber vorbey war, von Fleischbrühe beybringen, auch dieselbe öfters mit einem Chinadecoct versetzen lassen. Zu Anfang wur-

wurden, nach Beschaffenheit der Umstände, verschiedene Aderläße, von 6 bis 7 Unzen, vorgenommen, und um die Trockenheit der Zunge und des Schlundes zu vermindern, ließ ich Patienten folgenden linctum theelöffelweise zum öftern nehmen. ℞. Ol. amygdal. dulc. recent. s. igne expreß. ℥j succ. citr. recent. expreß. ʒvj syrup. papav. alb. ʒiß M. D. Dieses machte die Theile schmeidig, und war zu gleicher Zeit ein schmerzstillendes Digestiv für die Wunden. Das Baden, welches bey vorgedachtem Patienten vorgenommen worden, kann nicht anders, als vom besten Nutzen seyn, weil die einsaugende Gefäße viel zum Blut bringen, folglich sich der Durst legen muß.

Die zehente Bemerkung.

Von Heilung der Krätze durch einfache Mittel, so ich an etlichen Hunderten mit dem allerbesten Nutzen gebraucht, auch noch mit dem glücklichsten Erfolg fortbrauche, und niemalen widrige Zufälle davon bemerkt habe.

Von eben dem Verfasser.

In dem letztern Kriege 1778. bis zu Ende desselben 1779. stand das Regiment, wobey ich mich befinde, die ganze Zeit in den Gebirgen der Grafschaft Glatz, und war der rauhesten Witterung ausgesetzt. Krankheiten äußerten sich bey allen dort stehenden Regimentern und Bataillons, und es waren meistens anfänglich faule Dysenterien, und zuletzt Faulfieber. Bey unserm Regimente bekamen meine Leute sehr die Krätze, so, daß ich 260 Mann Krätzige hatte. Um nicht eine völlige Ansteckung im Regiment sich verbreiten zu lassen, und auch diese Leute von den andern Kranken, welche in den Glazer Feldlazarethen lagen, abzusondern, bekam das Regiment für seine Kranken so viel Raum, daß ich die Krätzigen gehörig unterbringen, und auch selbst besorgen konnte.

Ich hatte die größeste Obsicht auf diese Leute, sie durften nicht essen, oder trinken, was ihnen nachtheilig hätte seyn können, und ich verordnete ihnen die besten antiscorbutischen Mittel, wodurch ich sonst meine Krätzigen mit dem besten Succeß hergestellt hatte. Hier hielt es nun sehr hart; man schickte mir vom Regiment mehr Krätzige, als ich Gesunde zu demselben zurücksenden konnte. Meine Wirthin war die Wittwe eines Adeptus, die zuweilen des Abends zu mir kam, und da sie mich einstmals verdrießlich antraf, befragte sie mich nach der Ursache meines Kummers; ich sagte ihr frey heraus, daß ich so viele Krätzige hätte, daß täglich mehr dazu kämen, und daß ich keine Gesunde wieder zurück schicken könnte. Hierauf erzählte sie mir, daß sie ein sicheres Mittel von ihrem verstorbenen Mann hätte, diese Krankheit

geschwin-

Die zehente Bemerkung.

geschwinde, und sicher zu heilen. Er hätte von den in der Garnison zu Glatz liegenden zwey Regimentern etliche Hundert mit dem glücklichsten Erfolg wieder hergestellt, und sie wollte mir die Komposition von dieser Salbe geben, womit man Morgens und Abends eine Haselnuß groß in die flachen Hände einreiben müßte, weiter aber nichts brauchen dürfte, sondern, daß die Krätze darnach stark zum Vorschein käme, ein heftiges Jucken der Haut verursachte, und alsdann abtrocknete, welches in Zeit von 10 bis 12 Tagen erfolgen würde; die venerische Krätze ausgenommen, welche mit dem Merkurio behandelt werden müste.

Diese Krätzsalbe bestehet aus folgenden:
 ℞. Vitriol. alb.
  Flor. sulphur.
  Pulv. baccar. laur. ⁀aa.
  Ol. lin. s. olivar. q. s.
 M. ad consistent. ungvent. fluid.

Ich fieng den Gebrauch dieser Salbe den folgenden Tag an. Es muste sich ein jeder Krätziger des Morgens und Abends einer Haselnuß groß davon in die flachen Hände reiben, und damit alles in gehöriger Ordnung geschähe, so musten Feldscheer und andere darüber gesetzte Personen die Aufsicht übernehmen.

Zu mehrerer Vorsicht ließ ich denen Kranken noch alle Abend ein pulvis purificans nehmen, so folgendes ist:

℞.

Die zehente Bemerkung.

℞. Flor. ♃ris.
 Sulf crud.
 Nitr. dep.
 Rad. ireos florent. āā. gr. vj.

Vermittelst dieser Methode war ich so glücklich, alle meine Krätzigen bald und sicher zu heilen, und zum Regiment nach ihren Kantonnirungsquartieren abzuschicken.

Ein gewisser Beweiß, daß diese Methode, die Krätze zu heilen, keine schädliche Folgen nach sich ziehe, ist dieser, daß alle Genesende von der Krätze gesund und wohl nach Westpreußen in der Garnison, und zu den ihrigen gekommen, ohne die geringsten Recidive, oder andere Zufälle, die durch eine zurückgetriebene Krätze sonst wohl zu entstehen pflegen, zu erleiden.

Ich habe fast beständig eine Anzahl Krätzige unterm Regiment, weil die polnischen Rekruten sehr damit behaftet sind. Ich gebrauche Anfangs nichts als Laxiermittel und Bäder, alsdenn die vorerwehnte Salbe, und die Pulver, und auf solche Weise habe ich sie alle mit dem besten Erfolg geheilet, bey den mehresten trocknete sie in 10 bis 14 Tagen vollkommen ab.

In den ersten Tagen, wenn die Salbe in den Händen eingerieben wird, kommt die Krätze unter starkem Jucken, und vorzüglich auf den Armen zum Vorschein, nach 14 Tagen aber ist alles vorbey.

Die zehente Bemerkung.

Auch in der chronischen Krätze thut sie ungemein gut. Ein hiesiger Landchirurgus auf dem Gute der Burggrafen von Dohna, in Schlodien, zog mich wegen eines Kindes, so eine flechtenartige Krätze über den ganzen Körper seit 9 Monaten gehabt hatte, zu Rathe. Bey diesem Kinde hatte man auf Kosten des Grafen keinen Fleiß gespart, sondern die nöthigen Mittel wurden von dem Herrn Doctor Zeitzel hinlänglich verordnet, bey dem allen aber wollte der Ausschlag das Kind nicht verlassen.

Ich schlug die Salbe, und den Gebrauch des Pulvers vor, und in Zeit von 2 Monaten ist das Kind vollkommen hergestellt worden, und hat auch nach der Zeit nicht den geringsten Anstoß davon gehabt. Noch vor kurzer Zeit bekam ich aus dem Kanton einen beurlaubten Kranken, der sich die Krätze dorten hatte wollen durch Einschmieren heilen, welcher die Wassersucht, und zwar ascitem et anasarcam a scabie retropulsam hatte. Bey diesem Kranken wollte die Krätze nicht wieder zum Vorschein kommen, ob ich ihm gleich die gehörigen Mittel dagegen gegeben hatte. Da ich nun den Effect von der Salbe gesehen hatte, daß nach wiederhohlten Einreiben in die Hände, der Ausschlag stark zum Vorschein kam; so wagte ich es, und ließ dem Patienten Morgens und Abends die Salbe in die Hände einreiben, wornach zu meiner größesten Verwunderung und dem Vergnügen des Kranken die Krätze den 4ten Tag stark hervorkam,

die

die anasarca sich verlohr, so wie auch das Wasser im Unterleibe sich zusehends verminderte, und alle Se- und Excretiones gehörig von statten giengen. Der Ausschlag verlohr sich durch die Abtrocknung, so wie auch das Jucken der Haut, und der Patient ist völlig hergestellet.

Anmerkung des Herausgebers.

Es ist leider die Krätze, so wohl in Feldlazarethen, als auch in den Waysenhäusern, und überhaupt da, wo viele Menschen in engen Räumen zusammen liegen müssen, des Gebrauchs guter Nahrungsmittel, und der reinen Luft beraubt sind, am meisten anzutreffen, indem unter so vielen Nothleidenden selten die so nöthige und unentbehrliche Reinigung beobachtet wird. Besonders aber vermehret sich die Anzahl der Kranken in Feldhospitälern sehr, und es erfolgt oft dadurch eine gewaltige Ansteckung, wann nicht die gehörigen Vorbauungsmittel, dergleichen Kranke allein zu legen, gebraucht werden.

Es ist die Krätze sehr oft eine Krisis von andern Krankheiten, wovon ich im Winter und Frühjahr 1742. die traurigste Folge gesehen habe. Das Regiment, bey dem ich als Regimentschirurgus stand, marschirte vom Januario bis in die Mitte des Februarii, durch Mähren nach Oesterreich. Ob gleich unsere Soldaten wohl ernähret wurden; so waren sie doch den Wein zu trinken

nicht

nicht gewohnt, und hierzu kam noch die strenge
Kälte, wodurch die Transpiration unterbrochen
ward. Gegen den 15ten Februarii rückten wir in
die Kantonirungsquartiere. Das erste Bataillon kam in einen Marktflecken, Bauseran, zu liegen, worinn es vielen Wein gab. Ein jeder Soldat erhielt täglich 3 Quart Wein, und die besten
Speisen. Bey dieser veränderten Lebensart fieng
die Zahl der Kranken täglich an zuzunehmen. Es
lagen die mehresten am Faulfieber, die wenigsten
aber an einem gemeinen Flußfieber darnieder, und
allemal war die Krisis ein krätziger Auswurf.
Das zwente Bataillon des Regiments stand in einem Dorfe, Namens: Tracht, eine halbe Meile
von uns entlegen, und mußte genau auf den Feind
Acht haben, um nicht wegen seiner Nähe plötzlich
überfallen zu werden. Weil dort der Wein mangelte, so bekam der Soldat bey dem guten Essen
täglich sein Bier an dessen Stelle, und es erkrankten nicht sehr viele, folglich waren auch wenige
Krätzige.

Diese Krankheiten stelleten sich erst ein, da
wir schon 14 Tage garnisoniret hatten, und es
wurde alsdann genau darauf gesehen, daß der
Soldat sich gehörig waschen und reinigen muste.

Nach des Leeuwenhoeck mikroskopischen Beobachtungen sind die kleinen krätzigen Geschwüre voller kleinen Thiergens. Ich gebe dieses zu, allein
sie können nur erst alsdenn entstehen, wenn die
kleine Pustuln durch eine Krisis ausgeworfen oder
formi-

formiret sind, woraus alsdenn die Würmerchen generirt werden, weil die kleine Insecten ihre Eyer darinn legen können, und besonders wenn die Patienten ihre Reinigung verabsäumen.

Es ist wahr, daß die krätzigen Ausschläge allemal zwischen den Fingern, und an den Händen zuerst zum Vorschein kommen, wo dergleichen Insecten leicht darzu können, und sich alsdenn wie die Läuse und Flöhe über den ganzen Körper verbreiten. Indessen kann man doch nicht gerade weg sagen, wie Brocklesby für gewiß behauptet, daß die Krätze aus kleinen Thiergens ꝛc. *) bestünde, und diese erst in den vorhandenen Pustuln erzeugt würden. Eben die Bewandniß hat es zur Sommerzeit auch mit den Wunden, wann sie nicht gehörig umwickelt sind, daß die Fliegen und Insecten dazu kommen können; indem sich von einem Verband zum andern Maden ansetzen, und den Blessirten empfindliche Schmerzen verursachen. In Lazarethen, wo die Blessirten ihre Decken haben, geschiehet dieses selten, wohl aber auf Transporten, wo sich leicht die Bandage verschieben kann, oder auch wohl bey unruhigen Blessirten in den Lazarethen, wann sie die Decken von sich werfen u. s. w.

Die Unreinigkeit des Soldaten ist viel Schuld an der Entzündung der Krätze. Man siehet dieses deutlich im Felde an denjenigen Soldaten, die sich

*) Brocklesby Beobachtungen von Feldkrankheiten p. 193.

sich täglich mit Seife waschen, daß sie nicht so sehr mit dieser Krankheit befallen werden.

Was hat man in vorigen Zeiten nicht vor Mühe gehabt, die Krätze zu heilen. Es wurden so viele blutreinigende Mittel, auch nur die ordinäre Krätze zu vertreiben, angewandt, und doch giengen öfters viertel und halbe Jahre vorüber, ohne daß man den Kranken von dem Uebel befreyet hatte. Ich habe meinen Kranken Bäder, mit schwarzer Seife versetzt, nehmen lassen, sie etlichemal laxirt, und sich alle Abend mit einer Salbe aus Schweinefett und Schwefel schmieren lassen. Auf diese Art wurden meine Krätzige bald, und ohne Nachtheil ihrer Gesundheit, geheilt. Diese Schmiercur ist bey den Bauren auf dem Lande das einzige Mittel, womit sie sich von der Krätze zu heilen suchen; wobey sie noch die Regel beobachten, daß, wann sie die Salbe eingeschmiert haben, sie sich in einen Ofen, der den Tag zuvor geheizt gewesen, legen, und eine gute Stunde lang darinn schwitzen.

Der berühmte Pringle brauchte zur Heilung der Krätze auch nichts anders, als daß er einige laxiermittel, nebst einer Salbe aus lebendigem Schwefel, Baldrianpulver und Schweinefett gab. Mit dieser Salbe mußten nach und nach alle krätzige Theile eingeschmiert und eingerieben werden. Dies ist gewöhnlich diejenige Methode gewesen, deren ich mich auch bey allen Krätzigen bedient habe, indem die darinn sich aufhaltende Thiergens
durch

durch die Einreibung der Salbe in den offenen Pustuln getödtet werden, weil sie das Fett und Schwefel nicht vertragen können.

Nach der Behandlung, die der Herr Regimentsfeldscheer, Jasser, bey der Krätze angezeigt hat, werden blos die hohlen Hände eingeschmiert. Dieses ist von eben dem Nutzen, und hat noch den vorzüglichen Vortheil, daß nicht alle Theile des Körpers dürfen eingerieben, folglich die Schweißlöcher auch weniger durch die fettige Salben verstopft werden. Ich habe die Probe an einigen meiner Patienten gemacht, die Krätze nach der Curart des Herrn Jasser zu heilen, und bin also von der guten Wirkung derselben vollkommen überzeugt worden.

Mein Freund und College, der Herr Theden, dem ich diese Methode mitgetheilt habe, der das ganze Artilleriecorps zu versehen hat, ist bey mehr denn 40 Mann Krätzigen in der baldigen Heilung glücklich gewesen, und behält diese einfache Behandlung noch bey.

Es sind noch viele Regimentsfeldscheerer, die ich, den Versuch mit der Salbe zu machen, ersucht habe, und die mir versicherten, daß sie ihre Kranken bald damit hergestellt hätten.

Ich erzählte dem hiesigen Königl. Leibmedicus, Herrn Doctor Roloff, daß ich so viele gute Beyspiele von dem glücklichen Erfolge vorerwehnter Methode hätte. Er ließ hierauf in dem Waysenhause den Versuch damit anstellen, und man hat
daselbst

daselbst ebenfalls den erwünschten Ausgang davon gesehen.

Nach allen eingezogenen Nachrichten ist die inveterirteste Krätze längstens in 4 Wochen dadurch geheilet worden.

Die eilfte Bemerkung,
von dem geheilten Biß eines tollen Hundes. Von Herrn Geiseler, Regimentschirurgus des von Zarembaschen Regiments.

Eine verheyrathete Frauensperson von etlichen dreyßig Jahren, sanguinisch-cholerischen Temperaments, wurde am 15ten Januar 1775, nebst einer andern Person, von einem tollen Hunde am linken Fuße, in der Gegend des äußern Knöchels, gebissen. Sie war wegen dieses Vorfalles äusserst unruhig, und hatte einen kleinen harten Puls.

Ich behandelte diese Patientin nach der Schmuckerschen Methode, nämlich ich scarificirte die Wunde tief, unterhielt eine Zeitlang das Bluten, streuete das spanische Fliegenpulver in die Wunde, bedeckte sie annoch mit dem spanischen Fliegenpflaster, und ließ sie täglich einige Pulver aus gereinigtem Salpeter mit Kampher nehmen, eine leichte Ptisane trinken, und dabey eine magere vegetabilische Diät beobachten.

Auf diese Weise wurde 8 Tage fortgefahren, und da die Person, den Schmerz ausgenommen, welcher durch die spanischen Fliegen in der Wunde entstanden war, weiter nichts kränkliches verspürte, so verschwand auch die zuerst gehabte Furcht.

Nach diesen 8 Tagen verband ich die stark eiternde Wunde mit einer Vermischung von spanischem Fliegenpulver, und dem ungu. basilic. wornach sie, in Verlauf von 4 Wochen, vollkommen geheilt ward.

Zum Beschluß ließ ich der Patientin zweymal ein laxans mercuriale nehmen, welches starke Wirkung that. Jetzt befindet sich dieselbe vollkommen gesund und wohl.

Daß der Hund, welcher diese Person gebissen hat, gewiß toll gewesen ist, bezeuget die andere Person, die von eben diesem Hunde auch gebissen worden; denn sie ist unter anderer Aufsicht, und gleicher Curart an der Wasserscheu elend gestorben.

Die zwölfte Bemerkung.

Ein incarcerirter Netzbruch mit gefährlichen Zufällen. Von dem Herrn Regimentschirurgus, Horn, des von Rothkirchschen Regiments.

Ein beurlaubter Grenadier vom Regimente hatte den 28ten März 1779. in der Trunkenheit Schlägerey mit einigen seiner Kameraden. Da er er wegen seiner Leibesstärke, und heftigen Widerstandes, nicht anders, als mit äußerster Gewalt zu Boden gebracht werden konnte; so hatten ihn seine Gegner mit starken Tritten auf den Unterleib dermaßen zugerichtet, daß er des Nachts für halb tod nach Hause getragen werden muste.

Als er wieder zu sich selbst gekommen war, klagte er über die heftigsten Schmerzen im Unterleibe und Gemächte. Der Unterleib war sehr aufgetrieben, zugleich hatte sich ein Erbrechen, nebst Fieberhitze, eingefunden, welche üble Zufälle immer mehr und mehr zunahmen.

Ein herbey gerufener Landchirurgus hatte den Angehörigen des Patienten die bevorstehende Gefahr angezeigt, daher denn auch beschlossen worden, denselben zum Regiment zu schicken.

Am 30ten März des Abends, spät, wurde Patient nach Neisse ins Lazareth gebracht. Ich fand denselben in dem gefährlichsten Zustande. Der ganze Unterleib, nebst dem Gemächte, war auf das schmerzhafteste ausgespannt, und letzteres hatte brandige Flecken. Bey genauerer Untersuchung fand ich einen incarcerirten Bruch. Es war ein heftiges Fieber und Erbrechen gegenwärtig, auch hatte Patient, seit dem Anfange seines erlittenen Unglücks, noch keine Leibesöffnung gehabt.

Da Patient nun, bey dem gelindesten Anfühlen des gespannten Scroti, die größten Schmerzen empfand, so war bey diesen Umständen an keine Reduction zu gedenken, daher kein ander Mittel ihn zu retten übrig war, als eine schleunige Operation.

Ich verrichtete auch selbige sogleich den Morgen darauf, nachdem vorher Ader gelassen, und ein paar Klystiere, wie wohl letztere ohne Erfolg, gegeben worden.

Nachdem ich die äußere Bedeckungen über dem Bauchringe, bis an das Ende des Scroti, durchschnitten, und den Bruchsack, welcher sehr dünne war, hinlänglich entblößet hatte, machte ich eine kleine Oeffnung in den Bruchsack, worauf sogleich eine Menge stinkendes Eiter ausspritzte. Hierauf erweiterte ich den Bruchsack mit einem schmalen Bistouri, welches mit einem Köpfgen versehen war, nach oben und unten; worauf noch eine Menge Eiter und verfaulte Portionen Netzes ausflossen.

Bey der Untersuchung der incarcerirten Theile fand ich zwey große Portionen des Netzes, wovon die eine ganz faul und brandig war, die zweyte aber noch gut zu seyn schien.

Im Grunde des Bruchsacks erschien, mit der hervorgetretenen großen Portion des verfaulten Netzes, der bloße Testicul mit seiner tunica albuginea. Es muste demnach die Seitenhaut des Testiculs, bey der gewaltsamen Herunterpressung des Netzes, zugleich mit zerrissen seyn, da Patient vorher keinen Bruch gehabt, und also die Erscheinung des Testiculs von keinem angebohrnen Bruch herrühren konnte.

Ich

Die zwölfte Bemerkung. 183

Ich erweiterte hierauf den Bauchring mit einem schmalen Bistouri auf der Spitze eines Fingers. Indem solches geschah, kam noch eine große Menge übel riechendes Eiter hinter dem erweiterten Bauchringe hervor, es muste daher auch innerhalb des Bauchringes im Unterleibe eine starke Vereiterung des Netzes vorgegangen seyn.

Die im Bruchsacke befindliche große Portion des verfaulten Netzes schnitt ich bis an den Bauchring weg, nachdem ich selbige vorher noch etwas an mich gezogen hatte.

Eine Unterbindung derselben war hier unnöthig. Die noch gut scheinende Portion aber brachte ich durch den erweiterten Bauchring in den Unterleib zurück.

Da keine Einklemmung irgend eines Darms vorhanden war, so muste die Verstopfung des Leibes nothwendig von dem zu sehr heruntergezogenen Netze, wodurch etwa eine Zusammenziehung des Coli entstanden war, verursachet worden seyn.

Nachdem Patient verbunden und zur Ruhe gebracht worden, ließ ich warme Fomentationen über den Unterleib legen, und gab innerlich kühlende und eröffnende Mittel.

Zwey Stunden nach der Operation hatte Patient freywilligen offnen Leib, auch befand er sich so ziemlich leidlich; nur klagte er noch über große Schmerzen des Unterleibes, besonders oberwärts neben dem Nabel, auf der rechten Seite, wo die Operation geschehen war, wie er denn auch ein

gelin=

gelindes Anfühlen nicht ohne Schmerz ertragen konnte. Nach ein paar Tagen verminderte sich dieser Schmerz etwas, so, daß man den Leib mehr anfühlen konnte. Nunmehr bemerkte ich zwey beträchtliche Härten an demselben; die eine befand sich oberwärts neben den Nabel, die zweyte aber unterwärts etwa 4 Finger breit über dem erweiterten Bauchring. Es musten demnach an diesen Gegenden an dem Netze entweder starke Quetschungen, oder gar Zerreißungen, durch die starken Tritte, welche Patient an dem Unterleibe, erlitten hatte, vorgegangen seyn.

Indessen fieng Patient an, sich von Tage zu Tage leidlicher zu befinden, auch der bisherige Ausfluß des Eiters aus dem Unterleibe, durch den offen erhaltenen Bauchring, fieng an, sich sehr zu vermindern. Nur die vorerwehnten beyden Härten blieben immer verdächtig.

Ich habe vorher gesagt, daß ich eine Portion des noch gut geschienenen Netzes, in den Unterleib zurück gebracht, da solches, nach den von andern angestellten Erfahrungen, ebenfalls mit glücklichem Erfolg geschehen ist *). Allein jetzt gereuete es mich, daß ich selbige nicht auch weggeschnitten hatte, da der Verdacht bey mir aufstieg, daß es vielleicht eben die Portion seyn könne, welche unterwärts, über den Bauchring, durch eine Härte sich äußer-

*) Siehe D. Heuermanns Abhandlung der vornehmsten chirurgischen Operationen im ersten Bande Seite 544 — 545. in der Note a.

äußerte, und welche noch unangenehme Umstände veranlassen könne. Jedennoch aber könnte es auch seyn, daß diese untere Härte, sowohl als die obere, neben dem Nabel, schon vorher, durch die gewaltsamen Tritte auf den Unterleib, waren verursacht worden.

Es waren bereits, vom Tage der Operation an, 3 Wochen verflossen, als sich an den operirten Theilen alles zur Heilung anließ, die Wunde sich mehr und mehr schloß, der entblößte Testicul auch schon mit dem Scroto wieder verheilt war, und der Bauchring, welcher bisher mit einem Bourdonet offen gehalten worden, sich schließen wollte.

Um der noch rückständigen Härten willen aber, hielt ich für rathsam, selbige noch offen zu erhalten, im Fall etwa noch eine Vereiterung derselben entstehen mögte. Zu diesem Endzweck wählte ich ein ordinäres Bougie, welches ich durch den Bauchring nach der untere Härte im Unterleibe zuführte.

Als auf diese Weise etwa 5 Tage vergangen waren, bekam Patient einen Fieberanfall, worauf ein Ausfluß eines aschgrauen Eiters, mit kleinen Portionen vereiterten Netzes, aus dem Bauchringe erfolgte. Es war also die untere Härte über dem Bauchring in Vereiterung über gegangen, denn wenn man auf dieselbe Stelle drückte, konnte man das Eiter ganz gemächlich nach dem Bauchringe hinschieben.

Die zwölfte Bemerkung.

Nach 3 bis 4 Tagen war das Eiter völlig ausgeflossen, und die bisherige Härte war gänzlich verschwunden.

Nun war noch die obere Härte neben dem Nabel übrig, welche jetzt auch beym Anfühlen schmerzhafter wurde. Ich befürchtete daher nichts anders, als daß selbige ebenfalls in Vereiterung gehen würde, doch konnte ich von außen keine deutliche Anzeige eines verschlossenen Eiters bemerken, in welchem Fall ich nicht gesäumt haben würde, durch eine Oeffnung des Unterleibes das Eiter auszulassen, damit es sich nicht nach innen durchfressen, und zwischen die Gedärme senken mögte.

Endlich, zu Anfang der 5ten Woche, bekam Patient abermalen einen Fieberanfall, wobey der Frost dermaßen heftig war, daß er ihn stark schüttelte, und anderthalb Stunden anhielt. Etliche Stunden nachher entstand eine Ergießung einer großen Menge aschgrauen Eiters, mit großen und kleinen Klümpchen vereiterten Netzes, aus dem durch das Bougie noch bisher offen gehaltenen Bauchringe.

Dieser Ausfluß dauerte etliche Tage in ziemlicher Menge, wurde aber nachher immer weniger, bis er endlich, nach Verlauf 8 Tagen, völlig nachließ.

Die Härte oberwärts neben dem Nabel war nunmehr auch gänzlich verschwunden; alle schmerzhafte Empfindungen des Unterleibes ließen gänzlich nach, Patient fieng an sich besser in die Höhe zu richten, und herum zu gehen. Das Bougie wurde nunmehr nach und nach verkürzt, und da nichts verdächtiges mehr gegenwärtig war, ganz heraus gelassen, worauf sich denn auch die Oeffnung des Bauchringes völlig schloß, und eine feste Narbe setzte; so, daß also Patient in Zeit von 9 Wochen, vom Anfang der Operation angerechnet, zum Königlichen Dienst vollkommen hergestellt und aus dem Lazareth entlassen worden.

Ich habe es für überflüssig gehalten, alle die innerlichen und äußerlichen Mittel zu erwehnen, welche, nach Beschaffenheit der Umstände, verordnet worden sind.

Die dreyzehnte Bemerkung,
von einem incarcerirten Darmbruch.
Von dem vorigen Verfasser.

Bey einem Unteroffizier, welcher bereits vor 16 Jahren, durch einen Sturz mit dem Pferde, einen Bruch bekommen hatte, war zwar derselbe, seiner Aussage nach, zurückgebracht, auch ein Bruchband angelegt worden; da aber eine Erhabenheit unter dem Bauchringe zurück geblieben, und er dieserhalb das Bruchband nicht ohne Schmerzen tragen können, so habe er solches weggelegt, wie er denn nach der Zeit weiter keine Beschwerlichkeit von seinem Uebel empfunden.

Die dreyzehnte Bemerkung.

Vor einiger Zeit that dieser Mann einen Fehlsprung über einen Graben, und verursachte dadurch, daß ein neuer Bruch an derselben Stelle entstand, wobey die Gedärme sich gewaltsam in das Scrotum herunter drängten, und sich einklemmten.

Es waren verschiedene Versuche angestellt worden, um die heruntergedrängten Gedärme zurück zu bringen; allein es waren selbige vergebens gewesen, und die Behandlung mit kaltem Wasser war fruchtlos geblieben.

Ich sahe diesen Patienten am 3ten Tage, das Scrotum war sehr schmerzhaft gespannt und braunröthlich. Er hatte Fieber, Erbrechen, und verstopften Leib.

Weil keine Zurückbringung der ausgetretenen Theile mehr möglich war, so rieth ich zur Operation, und da Patient sich hierzu entschloß, so verrichtete ich selbige den Tag darauf, in Gegenwart des hiesigen Stadtphysici, Herrn Doctor Gäbel, und verschiedener Wundärzte.

Als ich die äußere Bedeckungen über dem Bauchringe an, bis an das Ende des Scroti, getrennt, und den Bruchsack, welcher sehr dicke war, hinlänglich entblößt hatte, öffnete ich denselben, worauf einiges Gewässer ausspritzte. Hierauf erweiterte ich mit gehöriger Vorsicht den Bruchsack nach oben und unten, da denn ein fleischigter Körper, welcher die Größe und Gestalt einer Kälberniere hatte, und über die im Bruchsack eingeklemmten

ten dünnen Gedärme hervorragte, zum Vorschein kam.

Die eingeklemmte Portion der Gedärme mogte über ¼ Ellen betragen, und es waren an derselben einige inflammirte Stellen zu bemerken.

Hierauf versuchte ich, den Hals des Bruchsacks, so weit wie möglich, aufzuschneiden, da es mir bey alten Brüchen, wo gemeiniglich der Bauchring hinlänglich erweitert zu seyn pflegt, ein paarmal gelungen war, ohne Erweiterung des Bauchringes die hervorgetretenen Theile reponiren zu können; allein hier verursachte oberwehnter fleischigter Körper das größte Hinderniß, indem derselbe dicht am Bauchringe, mit einer an zwey Daumen breiten Basis, feste saß, und denselben dergestalt verschloß, daß ich nicht anders, als mit größter Schwierigkeit die Erweiterung, sowohl des Bruchsackhalses, als auch des Bauchringes, bewerkstelligen konnte.

Hierauf reponirte ich die ausgetretenen Gedärme, und untersuchte den auswärts am Bauchringe fest ansitzenden fleischigten Körper.

Ich bemerkte, daß derselbe hinter dem Bauchringe keinen weitern Zusammenhang hatte, sondern nur außer demselben fest saß. Um denselben auszuschneiden, durchstach ich dessen Basis in der Mitte mit einer Nadel, welche mit einem breiten gewüchsten Faden versehen war, und unterband dieselbe nach oben und unten, und alsdann schnitt ich die ganze Portion über der Ligatur ab. Dieser fleischigte

schigte Körper hatte dermaßen starke Blutgefäße, daß, als ich denselben abschnitt, ein arteriöses Blutgefäß mit einem schiefen Bogen so gewaltsam in die Höhe spritzte, daß es dem Patienten über das Gesichte wegfuhr. Es muste freylich die Ligatur nicht durchgängig fest genug zusammengezogen gewesen seyn. Eine zweyte Unterbindung aber hemmte sogleich die Verblutung.

Hierauf schnitt ich den Bruchsack, soviel als möglich, weg, und das übrige scarificirte ich, um solches der Eiterung zu überlassen. Patient wurde hierauf verbunden.

Diese Operation, welche, wegen bemeldeten vorgefundenen Hindernissen, viele Schwierigkeiten verursachte, dauerte über sechs viertel Stunden, welche Patient mit aller nur möglichen Standhaftigkeit aushielt. Er versicherte, daß die Unterbindung des fleischigten Körpers ihm am meisten empfindlich gewesen.

Als ich den ausgeschnittenen fleischigten Körper untersuchte, und der Länge nach mitten durchschnitt, fand ich in der Mitte desselben eine ovale Höhle, worinn ein bräunlicher Liquor enthalten war. Da, obgedachtermaßen, Patient vor 16 Jahren einen Bruch bekommen, wo, nach seiner Aussage, nach der Reposition eine Erhabenheit unter dem Bauchringe zurückgeblieben war, weshalb er auch das Bruchband nicht ohne Beschwerlichkeit tragen konnte; so ist höchst wahrscheinlich, daß es damals ein Netzbruch gewesen, welcher nicht

völlig

völlig reponiret worden, sondern wovon eine Portion außerhalb dem Bauchringe fest gewachsen war, und mit der Zeit eine dergleichen fleischigte Gestalt angenommen hatte.

Sollte dieses wirklich der Ursprung dieses fleischigten Körpers seyn, so bliebe es doch immer sonderbar, wie der innere Theil des Netzes sich von der außer dem Bauchringe zurückgebliebenen Portion, ohne sonderliche Zufälle, trennen können; da Patient sich nicht erinnern kann, daß er zu der Zeit sonderlich was davon empfunden.

Patient ist übrigens, während ganzen Cur, ohne alle übele Zufälle geblieben, und in Zeit von 5 Wochen war er vollkommen geheilt; wie er denn auch noch bis jetzt seine Dienste als Unteroffizier beym Regiment mit vollkommener Gesundheit verrichtet.

Die vierzehnte Bemerkung,

von einem glücklich geheilten Netzbruch, wo das Netz ganz scirrhös war, und der Testicul, nach der Operation, in Suppuration übergieng, und sich dadurch gänzlich consumirte.
Von dem Stabschirurgus, Herrn Otto, anjetzo Regimentschirurgus des von Sasseschen Infanterieregiments.

Der Feldwebel Schmidt von dem Rezimente des Prinzen von Hessen Philippsthal, und von

des

des Herrn Hauptmann von Lorenz Kompagnie, 36 Jahr alt, schwächlicher Constitution, hatte seit 12 Jahren eine herniam scrotalem, welche aber während dieser Zeit durch ein Bruchband gehörig eingehalten wurde, und ihm also keine sonderliche Unbequemlichkeit verursachte.

Da derselbe aber im Monat Februar 1779. des letzteren Krieges, bey einer kalten und windigten Witterung, eine viertel Meile zur Parole gehen muste, so hatte er sich dadurch so erkältet, daß er nach seiner Zurückkunft von einer heftigen krampfhaften Kolik befallen wurde, die so heftig war, daß die hernia unter der pelotte hervordrang, so, daß die angetriebene Theile von der pelotte stark gequetschet wurden, daher sich denn in denselben eine Entzündung und Schmerz einfand; das Brechen war stark, und hielt bis den 6ten Tag an, und es giengen dabey zwey große Spuhlwürmer ab. Der Leib war verstopft, so, daß alle angewandte Mittel keine Oeffnung zu wege brachten, bis sich endlich den 5ten Tag eine Oeffnung einfand, da denn das Brechen sich in etwas verminderte, doch aber noch bis zum siebenten Tage, nach dem Anfange der Kolik, dauerte. Auf der eingesperrten hernia applicirte man kalte Fomentationen, besonders von Schnee und Eis. Da aber die hernia, nach vielen vergeblich angestellten Versuchen, nicht zu reponiren wär, so brachte man den Patienten, den 15ten Tag nach dem Anfange der Kolik, in das in Schweidnitz befindliche

Die vierzehnte Bemerkung.

liche Feldlazareth. Hier kam er den 28ten Februar an, und bey angestellter Untersuchung fand ich den Patienten ziemlich ruhig und munter, und sein Puls war gänzlich Fieberfrey; die hernia war sehr groß, so, daß der fundus scroti über einen Fuß lang von dem annulo entfernt war, und im Umkreise hatte dieselbe 15 Zoll. Der ganze saccus herniosus war bis am annulo sehr heftig gespannt und hart, und widerstand dem Druck der Finger, so, daß man nicht deutlich erkennen konnte, was in demselben enthalten war. Um die Spannung zu heben, ließ ich das ganze Scrotum, wie auch das Abdomen, mit dem oleo lini, warm inungiren, und über der hernia ein cataplasma emolliens mit dem oleo lini öfters warm überlegen. Innerlich ließ ich, um den Leib offen, und den Stuhlgang flüßig zu erhalten, das Glaubersalz in gemäßigter Quantität nehmen, und erlaubte nichts als Suppen zu essen.

Den 4ten März hatte die Spannung der herniae etwas nachgelassen, doch konnte man noch nicht entscheiden, was eigentlich in derselben enthalten sey. Patient hatte täglich 1 bis 2mal offenen Leib, und es wurde mit eben gedachten Mitteln fortgefahren.

Den 9ten März hatte die Spannung des Bruchs etwas mehr nachgelassen, und man konnte jetzt, nach dem annulo zu, deutlich fühlen, daß es das omentum, welches in demselben enthalten, und verschiedene starke scirrhöse Knoten formirte; übrigens befand sich Patient munter, und ich ließ mit gedachten Mitteln noch ferner fortfahren.

Ich berichtete diesen Vorfall an den Herrn Generalchirurgus, Schmucker, welcher mir rieth, um den Patienten zu retten, die Operation vorzunehmen, der sich aber Patient nicht unterwerfen wollte. Es wurde daher mit den Kataplasmen, und den innerlichen Mitteln, die bisher gebraucht worden, fortgefahren. Die Härte der herniae legte sich besonders nach oben etwas mehr, so, daß man die scirrhöse Verhärtungen des omenti deutlicher fühlen konnte. Da der Patient endlich einsahe, daß ihm auf keine andere Art, als durch die Operation, zu helfen wäre; so entschloß er sich endlich dazu.

Ich präparirte ihn hierzu durch ein laxans antiphlogisticum aus dem Seidschützer Salz mit der Manna versetzt, welches ich ihm den 22ten März zu gleichen Theilen nehmen ließ, und nach welchem er fünf Sedes hatte.

Den 23ten März ließ ich ihm früh die Haare vom Scroto, und der regione pubis wegnehmen, und gegen 10 Uhr schritt ich zu der Operation. Der Patient wurde auf einen Tisch gelegt, daß er mit den natibus, den Schultern, und dem Kopf etwas erhaben, der Unterleib aber niedriger lag; die Füße wurden etwas gebogen, und durch 2 Gehülfen gehalten. Hierauf machte mit einem Gehülfen eine plicam transversalem, und durch diese

den

den Schnitt durch die Haut und cellulosa bis an
den annulum, brachte eine hohle Sonde nach ober*
wärts in den gemachten Schnitt, und verlängerte
denselben bis einen Zoll über den annulum. Nach
diesem brachte ich die hohle Sonde nach unterwärts
im Scroto, und verlängerte den Schnitt bis in
fundum scroti. Alsdann separirte ich die über
dem sacco hernioso befindliche cellulosam, um
den saccum herniosum zu entdecken, fand aber,
statt einer dünnen durchsichtigen Haut, eine wah*
re membranam aponevroticam, und nach genauer
Untersuchung zeigte sich, daß es die tunica vaginalis funiculi spermatici war, welche die hier aus*
getretenen Theile in sich enthielt; daher ich von
meinem Vorsatz, den saccum herniosum gänz*
lich zu separiren, und zu unterbinden, abstehen
muste, indem es unmöglich war, den funiculum spermaticum zu schonen, da derselbe hier die herniam machte. Den testiculum fand ich unten
am sacco anliegen; er war ganz klein, und fast
verwelket, allein von den vasis spermaticis konnte ich,
aller angewandten Mühe ohngeachtet, nichts ent*
decken. Ich entschloß mich also, den saccum her*
niae zu öffnen, und versuchte, an dem mittlern und
obern Theile desselben eine plicam zu machen, wel*
ches aber nicht zu bewerkstelligen war, indem der*
selbe zu sehr gespannt war. Ich öffnete hierauf
den saccum behutsam mit dem Bistouri, und
fand, daß derselbe aus wahren fibris aponevro-
ticis bestand, und wohl eine Linie dick war. Als

ich

ich diesen durchschnitten hatte, so kam erst der wahre saccus herniosus zum Vorschein, der aus einer dünnen durchsichtigen membran bestand, so, daß man das in demselben enthaltene omentum deutlich sehen und erkennen konnte. Hierauf wollte ich die hohle Sonde zwischen gedachte membranam aponevroticam und den saccum herniosum bringen, um zu sehen, ob derselbe von der ihn umgebenden membrana aponevrotica, oder der wirklichen tunica vaginali funiculi spermatici abzulösen wäre; es war aber ganz unmöglich, weil ich die Sonde nicht über einen halben Zoll, weder nach unten, noch oben, bringen konnte, und noch weniger gieng es seitwärts an. Es war also schlechterdings nicht möglich, beyde tunicas von einander zu trennen, weil sie so fest zusammen hiengen, daß deren Trennung auch mit dem Messer nicht zu bewirken war. Ich öffnete daher den saccum herniosum mit aller Behutsamkeit, wobey wohl etwas über ℥ij eines gelblichen Seri herausflossen. Hernach brachte ich den Finger nach unterwärts, um denselben bis an den fundum aufzuspalten, konnte aber mit dem Finger nicht weit kommen, indem der fundus des sacci herniosi, der sich ohngefähr bis in die Mitte der ganzen Ausdehnung des tumoris erstreckte, die weitere Forbringung des Fingers hinderte. Es wurde nun ein frischer Einschnitt in der tunica vaginali funiculi spermatici unter dem fundo sacci herniosi gemacht, da denn eine Quantität eines gelblichen

Seri

Seri ausfloß, welches wenigstens über ℥xvj betrug, und demjenigen, welches sich oberwärts in dem sacco hernioso befand, sowohl an Farbe, als Flüßigkeit, vollkommen gleich war. Das omentum, welches sich in dem sacco herniae befand, und gänzlich scirrhös war, erstreckte sich vom annulo bis an den fundum sacci herniosi, also bis in die Mitte der ganzen Ausdehnung der tuniae vaginalis funiculi spermatici, betrug wenigstens ℥xij am Gewicht, und hieng so fest mit dem sacco herniae zusammen, daß es auf keine Art davon abzusondern war. Da es solchergestalt unmöglich war, so wenig das scirrhöse omentum von dem sacco hernioso, als den saccum herniosum, von der tunica vaginali funiculi spermatici abzusondern, ohne die vasa spermatica zu verletzen, so durchstach ich, in der Meynung, die vasa spermatica zu schonen, die tunicam vaginalem funiculi spermatici nebst dem sacco herniae nahe am annulo, doch so, daß ich den hintern und innern Theil derselben nicht mit in der Ligatur faßte, um, wo möglich, hierdurch die vasa spermatica zu schonen, und den testiculum zu erhalten. Ich unterband das in der Ligatur gefaßte, und nahm soviel, als sich füglich thun ließ, von dem scirrhösen omento sowohl, als auch von dem sacco hernioso hinweg, und nachher auch einen Theil des sehr ausgedehnten Scroti, verband die Wunde mit charpie brute, legte graduirte Kompressen darüber, befestigte dieses alles mit der spica in-

guinali

guinali, und brachte den Patienten in eine horizontale Lage. Nach der Operation gab ich dem Patienten, nach der Verordnung des Herrn Generalchirurgi, Schmucker, ein gelindes opiat, welches aus der aqua flor. naph. ʒij laudan. liquid. Sydenhami ʒß und dem syrup. rub. idaei ʒß bestand. Diese Potion muste Patient in einer Zeit von 24 Stunden nehmen. Gegen Abend fieng der Puls an, sich zu heben, voll und geschwind zu werden, daher ihm eine venaesect. von ʒx. instituirt, und eine Potion aus dem sal. mirabil. Glaub. ʒj nitr. depurat. ʒiij syrup. de alth. et papav. āā ʒvj et nitr. dulc. ʒiß und aqua font. ℥j. gegeben ward. In der Zwischenzeit aber wurde mit dem schon gedachten opiat fortgefahren. Zum ordinären Getränke ließ ich ihm Wasser mit Citronensäure trinken. Es war gegen Abend etwas Blut durch den Verband gedrungen; da es aber sehr wenig war, so nahm ich nur die Binde ab, legte frische Kompressen darüber, und befestigte diese mit der doppelten T. Binde. Den Unterleib ließ ich mit dem ol. chamomill. coct. inungiren, und einen Frießlappen, mit einem emollirenden Decoct warm überlegen.

Die Nacht zwischen den 23ten und 24ten März war Patient sehr unruhig gewesen, hatte wenig geschlafen, der Puls war noch immer voll und fieberhaft. Es wurde mit obengedachten Medikamenten der Inunction und Fomentation fortgefahren, und da Patient eine Aversion wider das

Wasser

Die vierzehnte Bemerkung.

Waſſer und Citronenſäure hatte; ſo ließ ich ihm, beſonders da ſich einige Schmerzen im Unterleibe und auch Neigung zum Brechen zeigte, ein decoctum aven. mit der Citronenſäure laulicht trinken, und gegen Abend ein Lavement geben, nach welchem er 2 Sedes hatte.

Den 25ten März war nichts veränderliches. Patient hatte die Nacht unruhig geſchlafen, der Puls war fieberhaft und voll, weshalb ich wieder eine venäſection von ℥vj anſtellen ließ. Mit gedachten Mitteln aber wurde fortgefahren, und mit der Jnunction, nebſt der Fomentation, Tag und Nacht ununterbrochen continuiret; und da ſich noch eine Neigung zum Brechen und ſchmerzhaften Empfindung im Unterleibe zeigte, er auch keinen offenen Leib gehabt hatte; ſo wurde ihm gegegen Abend ein Lavement beygebracht.

In der Nacht zwiſchen den 25ten und 26ten März hatte Patient etwas geſchlafen, befand ſich auch etwas munterer. Durch den Verband war eine häufige blutige Feuchtigkeit gedrungen, und bey Abnehmung deſſelben, zeigte ſich an den Rändern der Wunde ſchon eine gute Suppuration, in der Wunde aber ſelbſt war eine Menge blutiger und übel riechender Feuchtigkeit befindlich. Jch unterſuchte bey dem Verbinden den Teſticul, und fand denſelben um einen großen Theil kleiner, ſchlapper, und welker, als er bey der Operation geweſen war; ich bedeckte denſelben mit trocknen Plumaceaux, und verband die Wunde innerlich mit

mit einem Digestiv, und die Ränder derselben mit dem unguent. basilic. Das opiat, welches bis jetzt gebraucht worden, wurde ausgesetzt. Mit der Potion aus dem Glauber Salze, mit Salpeter versetzt, wie auch mit dem inungiren und fomentiren aber wurde fortgefahren. Der Puls, welcher noch immer fieberhaft war, hob sich gegen Abend stärker, es fanden sich auch heftige Kopfschmerzen ein, weswegen ich noch eine Aderlaß vornahm, und ein Klystier geben ließ.

Die Nacht zwischen den 26ten und 27ten März hatte er fast schlaflos zugebracht. Kopfschmerzen und Fieber hielten an. Es wurde mit erwehnten innern und äußern Mitteln fortgefahren. Bey dem Verbinden fand ich, daß der Testicul anfieng in Eiter überzugehen, so, daß nicht die geringste Hoffnung übrig blieb, denselben zu erhalten; und da der Ausfluß der übelriechenden Feuchtigkeit sehr häufig war, so muste die Wunde täglich zweymal verbunden werden. Gegen Abend ließ ich Patienten wieder ein Klystier beybringen.

Den 28ten März fand ich Patienten etwas ruhiger, er hatte die Nacht geschlafen, auch hatten sich die Kopfschmerzen, wiewohl nicht gänzlich, doch aber um ein merkliches, vermindert. Mit dem Gebrauch der innern und äußern Mittel wurde unabläßig fortgefahren. Aus der Wunde floß noch eine häufige übelriechende Feuchtigkeit.

Den 29ten befand er sich munterer, als den Tag zuvor; er hatte die Nacht ziemlich gut ge-
schla-

schlafen; die Kopfschmerzen hatten sich ziemlich verlohren, an deren Stelle aber hatten sich Schmerzen an dem obern Theil des rechten femoris eingefunden, die von dessen mittlern Theil bis nahe am inguine sich erstreckten. Es zeigte sich an diesem Ort eine kleine Entzündung, die mit einer Härte begleitet war. Es wurde deswegen noch eine Aderlaß unternommen, und der entzündete Theil mit dem aqua veget. belegt. An der Wunde war nichts veränderliches, es wurden daher die obgedachten Mittel beybehalten.

Den 30ten fand ich Patienten ziemlich ruhig, er hatte die Nacht gut geschlafen, die Kopfschmerzen hatten gänzlich nachgelassen, nur daß die Schmerzen am femore anhielten, und die Härte sich zu vermehren schien. Aus der Wunde floß noch beständig übelriechende Feuchtigkeit, doch fiengen die Ränder an, ein gutes Pus zu geben.

Den 31ten nahm ich einen Theil des abgestorbenen sacci herniosi, wie auch der tunicae vaginalis funiculi spermatici hinweg. Von dem Testicul war jetzt nichts mehr zu entdecken, indem sich derselbe ganz aufgelößt hatte. Da der Ausfluß der übelriechenden Feuchtigkeit noch anhielt, so spritzte ich ein decoctum chinae, welches mit ein wenig von der essent. myrrhae versetzt war, ein. Weil das Fieber nebst den Kopfschmerzen noch nicht ganz nachgelassen hatte; so ließ ich oben gedachte Mittel beybehalten; und da er seit den vorigen Tag keinen offenen Leib gehabt hatte, so wurde gegen Abend ein Klystier gegeben.

Den 1sten April war alles unverändert, er hatte die Nacht ziemlich ruhig zugebracht, doch hielten Fieber und Kopfschmerzen noch an, waren aber sehr mäßig. Mit den innern und äußern Mitteln wurde keine Veränderung vorgenommen.

Den 2ten April hatte Patient sehr gut geschlafen, die Kopfschmerzen hatten gänzlich nachgelassen, und das Fieber war merklich schwächer. Auch der Ausfluß der übelriechenden Feuchtigkeit aus der Wunde wurde geringer, und an deren statt erschien ein gutes Eiter. Die Schmerzen am femore aber dauerten noch fort. Es zeigte sich bey dem Befühlen eine fluctuation in dem tumore, weßhalb ich denselben kataplassiren, und dem Patienten, der sich an Kräften ziemlich erhohlt hatte, das decoct. chin. abwechselnd mit der Potion reichen ließ. Die Wunde wurde nun mit dem ungvent. basilic. mit bals. arcaei versetzt, verbunden, und oberwärts, wo noch ein Theil des scirrhösen omenti befindlich war, legte Plumaceaux, mit dem bals. arcaei c. ☿. praecipit. rubr. bestrichen, über.

Da den 3ten und 4ten April nichts veränderliches vorgieng, so wurde in der Behandlung auch nichts abgeändert.

Den 5ten April war an der Winde keine Veränderung zu bemerken. Patient war in so weit wohl, nur daß er noch über heftige Schmerzen am femore klagte. Da nun die tumores durch

das

das beständige Kataplassiren erweicht worden, so öffnete ich den am obern und mittlern Theile des femoris, und den andern am obern äußern Theile desselben. Es floß eine ansehnliche Menge gutes Eiter aus. Uebrigens wurde auf gedachte Art mit allen Mitteln fortgefahren, nur das Kataplassiren war jetzt nicht mehr nöthig.

Den 6ten hatte die Wunde ein gutes Ansehen, der Patient befand sich an diesem Tage wohl, die abscesse am femore gaben ein häufiges und dickes Eiter. Wann in die eine Oeffnung injiciret wurde, so drang die Flüßigkeit zur andern Oeffnung wieder heraus. Um die Suppuration nicht zu vermehren, verband ich die Wunden mit dem ungvent. de scyrace, und ließ die ganze Gegend mit dem aqua veget. zu welchem noch etwas von spir. vini camphorat. hinzugefügt wurde, umschlagen.

Den 7ten nahm ich die Ligatur weg, welche zwar ganz lose hieng, sich aber nicht separiren wollte, weil der Theil des scirrhösen omenti sowohl, als des sacci herniae, und der tunicae vaginalis funiculi spermatici, der in der Ligatur befindlich war, von dem der außer der Ligatur, noch mit vasis nutrientibus umgeben, folglich verhindert werden muste, daß derselbe nicht absterben, und die Ligatur abfallen konnte.

Den 10ten streuete ich auf den noch gegenwärtigen Theil des scirrhösen omenti den pulv. causticum, dieser hatte eine dicke escharam gemacht, sonst hatte die Wunde ein gutes Ansehen. Auch war

war das Befinden des Patienten leiblich. Am femore ließ ich die Fomentation aus der aqua veget. fortsetzen, legte zwischen beyden Oeffnungen Kompressen und umwickelte das ganze femor mit einer Binde.

Den 13ten sonderte sich das letzte von der durch den pulv. caustic. gemachten eschara ab, und ich verband es jetzt wieder mit dem balf. arcaei c. Ʃr. praecipit. rubr. Da die Wunde am Scroto ganz rein war, so wurde, um die Heilung zu befördern, mit dem balf. arcaei c. balf. de commendat. verbunden und Kompressen mit der aqua veget. befeuchtet übergelegt.

Den 15ten April wurde wieder vom pulv. caustico aufgestreuet, welcher gleichfalls eine starke escharam machte, sonst sah die Wunde gut aus, auch war das Befinden des Patienten so gut, daß er anfieng an Kräften zuzunehmen. Aus den abscessen am femore floß wenig und gutartiges Eiter. Die Haut fieng sich an, wieder an denselben anzulegen. Mit dem decoct. chin. ließ ich noch beständig fortfahren.

Den 18ten sonderte sich die von dem caustico verursachte eschara ab, und es wurde wieder mit dem balsam. arcaei c. Ʃr. praecipit. rubr. verbunden.

Den 19ten gab ich dem Patienten einen Laxiertrank aus dem sale sedlic. und der Manna, wornach er 4 Sedes hatte.

Den

Die vierzehnte Bemerkung.

Den 20ten streuete ich wieder von dem pulv. caust. auf. Patient nahm merklich an Kräften zu. Die Wunden am femore behielten ein gutes Ansehen, und die Haut hatte sich mehrentheils angelegt. Das scrotum zog sich mehr zusammen, und die Wunde an demselben näherte sich der Heilung.

Den 23ten war die eschara abgesondert, und es wurde wieder mit dem balsam. arcaei c. $\mathfrak{r}$. praecipitat. rubr. verbunden.

Den 26ten wurde abermalen das pulv. caust. auf die Wunde gestreuet. Nunmehr befand sich Patient wohl, die Haut am femore hatte sich fest angelegt, und die Wunden waren vollkommen geheilt.

Den 29ten separirte sich die eschara, und es war nunmehro alles scirrhöse vom omento, wie auch der saccus herniae, consumirt.

Den 1sten May ließ ich den Patienten wieder mit dem sale sedl. und der Manna laxieren. Die Wunde verband ich nach Beschaffenheit der Umstände, bald mit balsamicis, bald trocken, mit Anwendung des lapidis infernalis bis zur völligen Heilung, welche den 20ten May erfolgte, da der Patient frisch und gesund das Lazareth verließ, und nach seiner Garnison, nach Westpreußen, mit dem Regimente abgieng.

Die

Die funfzehnte Bemerkung,

von einem eingesperrten Bruch, welcher in einen kalten Brand übergegangen. Von dem Herrn Regimentschirurgus, Jung, vom Gotterschen Bataillon.

Den 6ten März 1777. kam der Bauer, Adam Pasch, aus dem Dorfe Loderitz, zu mir, und bat um Hülfe für seine Frau, welche bereits 10 Tage ein beständiges Brechen hätte, übrigens aber gesund sey, Appetit zum Essen und Trinken, wann sie nicht durch das Brechen daran gehindert würde, und auch gehörige Leibesöffnung hätte.

Ich erkundigte mich, ob die Frau schwanger sey, der Mann gab aber zur Antwort, daß seine Frau es wohl geglaubt hätte, er aber habe ihren Urin besehen lassen, woraus man ihm das Gegentheil versichern wollen. Da ich hörte, daß die Frau erst 36 Jahr alt war, und vor 3 Monat die Reinigung verlohren hatte, auch sonst noch einige Zeichen, die eine Schwangerschaft vermuthen ließen, zugegen waren; so verordnete ich sogleich eine Aderlaß am Arm, gab zum innerlichen Gebrauch einige lindernde Mittel, und bat, nach deren Verbrauch, mir wieder Nachricht zu geben.

Den 10ten Tag, als den 16ten März, schickte Patientin eine Frau zu mir, und ließ sagen, daß sich nicht nur das Brechen sogleich nach den gebrauchten Mitteln gelegt, sondern sie auch Leibesöffnung

Die funfzehnte Bemerkung.

öffnung gehabt hätte, und die Beule aufgebrochen sey, woraus viele Materie, mit Koth vermischt, herauskäme.

Ich erschrack, daß von allen diesen der Mann nichts erwehnt hatte, und ich auch von ihm nichts erfahren können; ich ließ also der Patientin zur Nachricht geben, daß ich diesen Umstand selbst untersuchen müßte.

Bey meiner Ankunft fand ich, daß die Frau bey einer, jedoch glücklichen Geburt, vor 3 Jahren, eine Beule in der linken Schaamweiche bekommen hätte, welche sie leicht habe zurückbringen können, und da dieselbe ihr nicht sonderliche Unbequemlichkeit verursacht, und übrigens ihre Umstände auch dürftig wären; so habe sie darwider nichts gebraucht. Seit einem Jahr aber wäre sie öfters mit Verstopfung geplagt, und von der Zeit an habe die Beule biß zur Größe eines Gänseeyes nach und nach zugenommen. Vor 3 Wochen habe sie wieder verstopften Leib bekommen, wobey die Beule äuserst schmerzhaft und hart geworden, so, daß sie selbige nicht wieder zurückbringen können. Von dieser Zeit an habe sich auch das Brechen eingefunden, und von dem 6ten Tage des Brechens an hätte sie beständig Koth mit ausgebrochen; nachdem aber die Beule aufgebrochen wäre, sey sie von diesem Uebel befreyt, und befinde sich recht wohl.

Die Frau war bey diesen Zufällen äußerst entkräftet, der Puls sehr klein und geschwinde. Der

Bruch

Bruch befand sich in der linken Schaamweiche, und die äußere Bedeckungen waren 6 Zoll in der Länge, und 4 Zoll in der Breite abgestorben, woraus beständig eine übelriechende Jauche, mit Koth vermischt, ausfloß. Der Bruch hatte sich zurückgezogen, und sie hatte gehörige Leibesöffnung.

Als ich die abgestorbene Bedeckungen größtentheils weggenommen hatte; so fand ich den Bauchring und den Bruchsack, nebst einer großen Portion des corrumpirten und verdorbenen Netzes.

Ich separirte den Bruchsack gehörig, und schnitt alles abgestorbene behutsam ab. Als das verdorbene Netz nunmehr abgesondert war, entdeckte ich unter den abgestorbenen Bedeckungen, nahe an der regione umbilicali, eine Oeffnung im Darmfell, durch welche ich mit der Spitze eines Fingers kommen konnte. Unter dieser Oeffnung war das Netz ebenfalls verdorben. Ich nahm eine pincette, faßte mit derselben das abgestorbene Netz in der Bruchgegend, und suchte durch ein gelindes hin und wieder ziehen, zu entdecken, wie weit die Verderbung des Netzes wohl gehen mögte, und ob nicht eine Absonderung desselben statt finden könnte. Da mir aber dieses nicht gelingen wollte, so ließ ich durch einen Gehülfen die verdorbene Portion Netz in der Bauchgegend etwas anziehen, nahm eine Pincette, faßte mit derselben durch die kleine Oeffnung unter der Nabelgegend das Netz, zog es nach außen, und machte mit aller Vorsicht, vermittelst eines Bistouris,

Ein-

Einschnitte. Mit dieser Operation war ich glücklicher, da der Gehülfe während derselben eine beträchtliche Portion verdorben Netz heraus zog.

Die Gedärme waren zum Glück ledig, und zusammengefallen. Das ileum war in der Länge eines Zolles brandig, und hatte eine Oeffnung, worinn ich den Finger ganz bequem bringen konnte, und aus welcher der Koth zum Vorschein kam.

Es wurde alles, soviel es sich thun ließ, gereiniget, und Einschnitte in die abgestorbenen Ränder des Darms gemacht, die übrigen Brandflecken des ilei, und die abgestorbenen Theile, mit dem balsamischen Geist ex Ω. vin. $\ominus$Xc. et terebinth. betüpft, und aus dem cort. c. $\ominus$Xc. ein Umschlag gemacht. Auf die Ränder des brandigen legte ich das linimentum nigrum, um dem Fortgange des Brandes Einhalt zu thun, und Patientin wurde in eine Lage gebracht, die den Ausfluß der Feuchtigkeit beförderte.

Nach der Operation ließ ich der Patientin ein Decoct aus der Rinde in starken Portionen nehmen, und die Oeffnung des Leibes mit erweichenden Klystieren unterhalten; zugleich ließ ich sie gelatinöse Nahrungsmittel nehmen.

Den 4ten Tag, nach gemachter Operation, stellete sich eine gute Eiterung ein; die abgestorbenen Theile sonderten sich, und giengen mit Stücken verdorbenen Netz ab.

Die Frau bekam ruhigen Schlaf, hatte guten Appetit zum Essen, der Puls fieng an, sich zu heben,

ben, nur daß die Oeffnung des Leibes noch durch Klystiere befördert werden mußte.

Ob nun gleich die Heilung erwünscht von statten gieng; so kam doch, bis den 42. Tag, nach der Operation, ein beständiger Koth aus der Wunde. Dieser unangenehme Ausfluß veranlaßte mich zu dem Verdacht, daß die bisherige leichte Diät der Natur der Patientin nicht angemessen seyn müsse, und daß die Flüssigkeit der Excremente die Heilung der Wunde hindern könnte: daher ließ ich Patientin wieder ihre gewöhnliche Speisen genießen, nur sollte sie die blähende Kost noch eine Zeitlang vermeiden. Sie befolgte meinen Rath, und der Erfolg davon war so gut, daß den folgenden Tag aus der Wunde kein Koth kam, und den 18ten Tag, als den 60ten, nach der Operation, die völlige Vernarbung geschehen war.

Sie ist bis jetzo gesund, und den 13ten November mit einem gesunden Sohn glücklich entbunden worden.

Die sechzehnte Bemerkung,

von einer, nach einer Entzündung, entstandenen Darmwunde.

Von eben dem Verfasser.

Des verstorbenen Bauer, Stöise, hinterlassene Wittwe, von 52 Jahren, aus dem Dorfe Elsholt, kam nach geendigtem Feldzuge 1763 zu mir, und bat hat um meinen Rath, indem sie vor 7 Jahren, nach einer schweren Krankheit, in der rechten Seite einen offenen Schaden bekommen hatte. Der Patientin eigenen Aussage nach, hatte sich die Krankheit mit Frost und Hitze angefangen, wogegen ihr, von einem in der Gegend noch stehenden Kompagniechirurgus, Brech- und andere Mittel waren verordnet worden, nach welchen sie sich zwar etwas besser befunden, doch aber lange Zeit in der Magengegend eine schmerzhafte Empfindung zurück behalten habe. Nach drey Monaten hatte sie abermalen einen starken Frost, nebst Erbrechen, bekommen, wobey die Schmerzen in der Magengegend äußerst heftig gewesen wären. Da der vorerwehnte Kompagniechirurgus mit zu Felde gegangen war; so habe sie ihren Urin nach einer angrenzenden Stadt, zum Bader, geschickt, der ihr ein kleines rothes Pulver (vermuthlich ein arsenikalisches,) geschickt, wornach sie wenigstens über 30 mal habe brechen müssen. Nach dem Gebrauch dieses Mittels sey sie 14 Tage ganz sinnlos gewesen, und nachdem sie wieder zu sich selbst gekommen, hätte sie in der rechten Seite eine Beule, nebst heftigen Schmerzen, wahrgenommen. Hierauf habe sie den Urin abermalen zum gedachten Bader geschickt, der alsdenn selbst gekommen, und ihr Breyumschläge verordnet, wornach sich auch die Schmerzen etwas vermindert hätten. Etliche Tage aber darauf ist der Schmerz und die Beule dermaßen groß geworden, daß sie unverzüglich den

Bader

Bader haben holen laſſen, der ihr aber, ohngeachtet die Beule ganz ſchwarz und weich geweſen, mit den von ihm angerathenen Brennumſchlägen fortzufahren, angerathen, und von der Zeit an die Patientin gänzlich verlaſſen hat. Endlich, da die Beule von ſelbſt aufgebrochen, wäre eine beträchtliche Menge ſtinkendes Eiter ausgefloſſen.

Da nun in dieſer ganzen Gegend kein anderer Menſch geweſen, dem ſie den Schaden anvertrauen können; ſo habe ſie aus einer Apotheke ein Pflaſter holen laſſen, ſolches übergelegt, und ſich dem Schickſal weiter überlaſſen müſſen.

Es waren jetzt 7 Jahr, daß ſie dieſen Schaden gehabt, dabey beſtändige Schmerzen im Unterleibe erlitten, unaufhörliches Aufſtoßen, ohne Erleichterung, gehabt, und einen geſpannten und aufgetriebenen Leib behalten hatte. Hierzu kam noch, daß ſie nur um den 2ten oder 3ten Tag offenen Leib bekam, wornach ſie auch ein wenig Linderung hatte. Die Patientin war bey dieſer langwierigen Krankheit von allen Kräften gekommen, der Puls war klein, geſpannt, und ſchnell.

Da ich nun den Schaden mit aller Sorgfalt unterſuchte, fand ich in dem rechten Hypochonder eine Härte, vom Bezirk eines Tellers, welche noch an den kurzen Ribben ihren Sitz hatte. In dieſer Härte befand ſich eine Oeffnung mit einem callöſen Rande, aus welcher ein wahrer Chylus floß, und die übrigens ohne Schmerzen war.

Ich

Die sechzehnte Bemerkung. 213

Ich nahm die Sonde, führte sie langsam in der Wunde herum, um die innere Zerstöhrung der Theile näher zu betrachten, und indem ich mich damit beschäftigte, stieß ich auf einen harten Körper. Weil die Frau keine Schmerzen empfand, so nahm ich das sogenannte Myrrthenblatt, fuhr mit demselben auf den harten Körper, und entdeckte, daß dieser zerbrechlich war.

Nachdem die Patientin in den Vorschlag, die Wunde zu erweitern, gewilliget hatte, machte ich mit dem Bistouri einen Schnitt von 2 Zoll, von oben nach unten. Weil aber die harten Bedeckungen nicht nachgeben konnten, so war ich genöthiget, noch einen Einschnitt nach oben, bis an die kurzen Ribben, zu machen, worauf ich, nach einem gelinden Fingerdruck, einen Körper, welcher aus lauter Kugeln bestand, wahrnahm. Ich nahm eine geöffnete Pincette, drückte dieselbe in den harten Körper, und brachte eine Portion davon heraus, welches vertrocknete Excremente waren.

Nachdem ich einen Theil dieser Excremente herausgenommen hatte, erweiterte ich die Wunde, soviel, als zu Herausnehmung der Portion nöthig war, und erhielt stückweise auf 9 Loth, am Gewicht, von gedachter Masse.

Nach verrichteter Operation wurde alles mit einem Decoct der Rinde in Wein gereiniget, und ein ganz einfacher Verband übergelegt; und da Patientin eine halbe Meile von meinem damaligen Aufenthalt entfernt war, so konnte ich auch nur um den 2ten Tag sie besuchen.

Den 3ten Tag versuchte ich, den Darm, welcher den Chylum von sich gab, zu entdecken; da aber Patientin, währender Untersuchung, Convulsionen bekam, überließ ich die Vereinigung des Darms der Natur.

Alle 2 Tage wurde die Wunde mit einer balsamischen Injection ausgespühlt, und ein vereinigender Verband angelegt. Die temperirenden Mittel, welche ich einige Tage nehmen lassen, wechselte ich mit einer Abkochung der Rinde ab, und ließ starke Portionen nehmen.

Es wurde eine dem Zustand der Wunde angemessene Bandage angelegt, um die Wundlefzen näher aneinander zu bringen. Die Suppuration gieng gut von statten.

Die Wunde hatte sich zu Ende des 2ten Monats ziemlich geschlossen, demohngeachtet blieb doch in der Gegend der erstern Oeffnung ein Kanal, aus welchem noch beständig ein Liquor floß, der das Ansehen eines Chyli hatte.

Die Bedeckung des Unterleibes war sehr schlapp, und wie ein leerer Sack anzufühlen. Ich faßte daher den Endschluß, den ganzen Unterleib in einer beständigen starken Kompression zu erhalten; den Unterleib bedeckte ich überdies noch mit

die-

dicken Kompressen, welche ich mit dem Theden=
schen Schußwasser befeuchtet hatte, und worüber
die Binde angelegt wurde, deren man sich bey der
paracenthesi abdominis zu bedienen pflegt.

Alle Tage ließ ich den Verband mit obigem
Schußwasser befeuchten, und bey jedem Besuch,
der um den andern Tag geschah, suchte ich, den
Druck der Binde, soviel es Patientin leiden konn=
te, zu verstärken.

Innerlich ließ ich den offenen Leib mit einem
Tamarindendecoct befördern. Alle 8 Tage wurde
ein neuer Verband angelegt, und ich bemerkte mit
Vergnügen die mehrere Zusammenziehung der Be=
deckungen, und die Abnahme der ausfließenden
Feuchtigkeit, welches mir und der Patientin
Muth machte, mit der Kompression fortzufahren,
zumal da der Druck die Patientin nunmehr weni=
ger beschwerte.

Zu Ende des 4ten Monats war die völlige
Vernarbung geschehen. Die Frau hat bis den
16ten November 1772. eine gute Gesundheit ge=
nossen. In dieser Zeit wurde ich von dem Königl.
ersten Generalchirurgus, Herrn Schmucker, als
Regimentschirurgus bey Sr. Königl. Majestät
in Vorschlag gebracht, und da ich also diese Ge=
gend verlassen mußte, habe ich auch weiter keine
Nachricht erhalten.

O 4 Die

Die siebenzehnte Bemerkung,

von der Operation einer sacco-hydro-epiploocele, nebst der Beschreibung der vorhergegangenen Krankengeschichte. Von dem Herrn Sondershoff, Regimentschirurgus des Königlichen Gens d'Armes Regiment.

Ein Mann von 35 Jahren, wurde in seinem 12ten Jahre von einem Pferde vor die Schaamgegend geschlagen, welches, außer den wenigen Schmerzen, die Folgen hatte, daß beyde Testiculi gegen den Bauchring heraufgezogen wurden, davon der linke nach einigen Tagen wieder ins Scrotum fiel, der rechte aber, ohne die geringste Beschwerden, dort liegen blieb.

Vor ohngefähr 3 Jahren, an einem Morgen früh, gleich nach dem Aufstehen, wurde ihm übel, er fieng an zu würgen und zu brechen, und der linke Testicul zog sich mit Gewalt gegen den Bauchring, schwoll an, wurde sehr schmerzhaft, und er brachte ihn erst nach vielem Drücken und Ziehen bey vorwärts gebogener Stellung, wieder herunter ins Scrotum. Da ihm dieses aber in der Folge öfter wiederfuhr, so hielt er, wann ihn die Uebelkeiten anwandelten, den Testicul mit der Hand fest herunter, trank einige Tassen Thee, und so vergiengen die Uebelkeiten; auch blieb der Testicul in seiner natürlichen Lage.

Im

Die siebenzehnte Bemerkung.

Im Januar 1779. da es eben sehr kalt war, stehet er des Morgens früh um 3 Uhr auf, gehet leicht bekleidet in die Luft, und sogleich ziehet sich der Testicul mit mehrerer Gewalt gegen den Bauchring, schwilt stärker an, schmerzet weit heftiger als sonst, und er konnte ihn auch nur nach vieler Mühe, durch Krümmen und Drücken, erst nach einer halben Stunde, wieder ins Scrotum bringen. Kaum war dieses geschehen, so reisete er noch 3 Meilen zu Fuß. Der Testicul ist von der Zeit an größer, aber nicht mehr gegen den Bauchring gezogen worden.

Einige Wochen darnach frägt er einen Chirurgus um Rath; dieser hält es für Kleinigkeit, giebt ihm dafür Pillen, wie auch Tropfen, die nach Terpentin schmecken, und äußerlich ein schwärzlich Pflaster aufzulegen. Als es sich aber darnach verschlimmert, giebt er 12 Pulver, in denen viel Kamphor ist, und Kräuter äußerlich aufzulegen. Sobald Patient 3 Stück von den Pulvern genommen, bekam er heftiges Reissen in den Gedärmen, Zucken in den Gliedern, und wurde dabey ganz sinnlos. Nach angestelltem Aderlasse bekam Patient zwar einige Stunden etwas Ruhe, der Schmerz wird aber nachher desto heftiger, und der Testicul so groß, als ein großer Kinderkopf. In diesem Zustande läßt er einen Medicum und andern Chirurgum hohlen, welche ihm weißene Kleye in Milch gekocht, warm auf den Unterleib legen, und alle viertel Stunden 2 Eßlöffel voll von einem

nem weißen Trank geben, wornach es sich auch etwas gebessert. Der Testicul hatte aber doch die Größe eines Hühnereyes beybehalten. Nach diesem hat er lange Zeit, bald warmen Wein, bald Weinessig, Bleywasser, auch 8 Wochen lang frische Cicuta aufgelegt, mit verschiedenen Pflastern abgewechselt, Decocte getrunken, auch viele Pulver und Pillen von der Cicuta genommen, bis sich endlich der Schmerz nicht allein bis zu der Nierengegend erstreckte, sondern auch die Schenkel mit eingenommen hatte.

Da der Kranke nun seinen Zustand verschlimmern sah, so ist er von allem Arzneygebrauch abgestanden, weil der Testicul bey alle dem doch täglich größer und härter geworden, so, daß er im September 1779. da ich ihn besahe, die Gestalt eines platt gedrückten großen Gänseeyes hatte; der funiculus spermaticus aber war im natürlichen Zustande, und so lang, daß der Testicul 4 Zoll vom Bauchringe entfernt war. Jetzt ist der Testicul härter geworden, hat sich sehr vergrößert, und scheint gleichsam zween Auswüchse zu haben, einen an der untern Oberfläche, mehr nach dem vordern Rande zu, den andern mehr auf der obern Oberfläche und dem hintern Rande, der sich gleichsam in einer stumpfen Spitze an den funiculum spermaticum hinauf anlegt, daß der Raum 2 Zoll bis zum annulo frey und stark gespannt, sonst aber, soweit man es durch das Gefühl beurtheilen

kann,

Die siebenzehnte Bemerkung. 219

kann, unverdorben ist. Des Testiculs Umfang ist 14 und ¼ Zoll, und seine Länge 5½ Zoll.

Ferner meldete der Kranke, daß er seit einigen Monaten, da der Testicul merklich größer geworden, bisweilen so starkes Jucken empfunden, daß er sich reiben müssen, und dabey wahrgenommen habe, daß die Auswüchse dadurch weicher geworden wären, und daß er den Testicul darzwischen hätte hin und herschieben können. Eben den Erfolg hätte das warme Wasser gehabt, welches er der Schmerzen halber umschlagen müssen.

Da, nach vorstehender Krankheitsgeschichte, alle Bemühungen zur Zertheilung fruchtlos gewesen, der Testicul schmerzhaft und hart, wie ein Knorpel, auch überdem, nach einigen angeführten Zufällen, eine Austretung des omenti zu vermuthen war; so blieb zur Heilung nichts, als die Operation, übrig, dazu der Kranke auf folgende Weise zubereitet wurde.

Ich ließ ihm zuerst Ader, und weil das Blut sehr inflammatorisch war, so verordnete ich säuerliche Getränke, eine vegetabilische Diät, und zur täglichen Arzney die Auflösung der pulpae tamarindorum. Nachdem er dieses 12 Tage gebraucht hatte, ließ ich noch einmal Ader: weil das Blut sich etwas verbessert hatte, gab ich ihm nun, mit Aussetzung der vorigen Arzney, des Morgens nüchtern auf einmal: ℞. calomel. rite pp. eleof. foenicul. aa. gr. xij. m. f. pulv. Er laxierte stark darnach,

nach, und nahm es 6 Tage darauf wieder mit dem nämlichen Erfolge.

Hierauf verrichtete ich den 30ten May, unter der Direction des Königl. ersten Generalchirurgi, Herrn Schmucker, und in Beyseyn des 3ten Generalchirurgi, Herrn Theden, und der nöthigen Gehülfen, die Operation folgendergestalt: Zuförderst hatte ich die von Haaren gesäuberte Schaamgegend, und das Scrotum, einige Stunden vorher, mit in warmen Wasser befeuchteten Kompressen belegen lassen, um alle Theile mehr zu relaxieren. Der Kranke wurde alsdenn auf den Rücken, mit etwas gebogenen Knien und auswärts gedrückten Schenkeln, gelegt, und ich durchschnitt mit einem geraden Bistouri, die in einer Falte in die Höhe gehobene Haut des Scroti, erweiterte den Schnitt auf einer schicklichen Hohlsonde bis über den annulum abdominis hinauf, und bis zum Ende des Scroti, dicht an die Raphe hin; hierauf hob ich mit einer anatomischen Pincette, die sehr dicht fächerichte Haut in die Höhe, und durchschnitt sie mit der darunter gelegenen scheidenähnlichen Haut, die ich alsdann, nach der Größe und Richtung des erstern Schnitts, auf gleiche Weise spaltete.

Ich bemerkte nun, daß ein Theil des omenti aus dem annulo getreten war, und auf dem funiculo spermatico lag. Es war im gesunden Zustande, und durch 4 starke Bänder mit der tunica albuginea testiculi fest verwachsen. Ich unterband

und

Die siebenzehnte Bemerkung.

und schnitt es einen Zoll breit über den Bändern, in eben der Entfernung, unter der Unterbindung ab. Dasjenige, so ich vor der Operation für einen Auswuchs gehalten hatte, und sich an den funiculum spermaticum hinaufanlegte, waren lauter Wasserblasen, ich schnitt sie auf, lösete den Testicul ohne viele Mühe aus der sogenannten scheidenähnlichen Haut, von der ich den größten Theil mit der Scheere wegnahm, machte mit einem gewüchßten Hanffaden Bande die Unterbindung des funiculi spermatici mittelmäßig fest, 2 Zoll breit vom annulo entfernt, und schnitt ihn eben so breit der Unterbindung der Substanz des Testiculi ab. Er wog 1½ Pfund, und bey der Untersuchung fand ich seine ganze Substanz zerstört, in den härtesten aus lauter Fächern bestehenden Knorpel verwandelt, welche die mehresten Wasserblasen, viel schwarzes geronnenes Blut, und einige stinkende eiterähnliche Feuchtigkeit enthielten.

Die Wunde hatte ich mit trockener Charpie verbunden, und mit Kompressen und der Pyramidalbandage befestiget. Den Unterleib mit ol. lin. recent. ℥j. camph. ʒj. einschmieren, und mit Frieß der in decoct. emoll. getunkt, und wieder ausgedruckt war, belegen lassen.

Ein Chirurgus, der bey dem Kranken blieb, sollte es alle 3 Stunden wiederholen, und ihm eben so oft einen Eßlöffel voll vom ol. amygdal. dulc. recent. s. Δ. expr. ℥iij. laud. liquid. Sydenham. ʒß. geben, und die Hand auf den Verband halten,

halten, demohngeachtet entstand 3 Stunden nach der Operation eine Verblutung, und man muste den Verband wieder abnehmen. Das Blut war aus der arteria spermatica geflossen, und hatte das ganze Scrotum angefüllt. Ich unwickelte den funiculum spermaticum fest mit einer schmalen Longuette, und das Bluten stillete sich darnach. Ich legte hierauf den übrigen Verband, wie vorher, an, und ließ den Chirurgum wohl darauf Acht haben.

Am Abend bekam der Kranke einen starken Anfall von Fieber, brachte die Nacht schlaflos zu, und am 31ten des Morgens war der Puls sehr voll, hart, und geschwinde. Ich ließ ihm ʒvij inflammatorisches Blut ab, und alle 2 Stunden ½ Theeschaale voll von einer Mixtur aus aqua cerasor. nigr. ʒviij ⊖ mirabil. Glaub. ʒij nitr. dep. ʒj syrup. rub. id. ʒj nehmen. Der Schmerz in der Wunde war erträglich, und der Unterleib nicht gespannt, der Verband blieb liegen, und mit dem Gebrauch der äußerlichen Arzneyen wurde fortgefahren. Das Fieber war gegen Abend mäßig, aber der Kranke hatte Neigung zum Erbrechen. Er nahm darwieder die Nacht hindurch löffelweise von aqua flor. naph. ʒij laud. liquid. Sydenh. gutt. xv. Er schlief die Nacht wenig und

Den 1sten Junii, des Morgens, war er fast ohne Fieber. Ich erneuerte heute den Verband. Die Wunde, welche aufgetrieben und hart war, belegte ich mit Plumaçeaux, die mit bals. arcaei ʒiij
ol.

ol. amygdal. dulc. rec. ʒiij bestrichen waren, den funiculum spermaticum und das omentum, so sich unter erstern zurückgezogen hatte, belegte ich mit trockener Charpie, und verfuhr übrigens, wie vorher.

Des Nachmittags wurde das Fieber stärker, und die respiration beklommen; der Kranke bekam Erbrechen, und klagte über Verhaltung des Urins und Stuhlgangs. Ich wiederholte die Aderlässe, ließ ihm ein clysma ex iusculo chamomill. Wiß ol. lin. rec. ʒiij geben, und da dieses nichts gewirkt hatte, so ließ ich zu dem 2ten sapon. venet. ʒij hinzusetzen; auch dieses behielt der Patient ohne Wirkung bey sich, daher ich ihm ein drittes Klystier, mit nitr. depurat. ʒj vermischt, beybringen ließ, worauf genugsame Leibesöffnung erfolgte, und der Urin frey abgieng. Zur innerlichen Arzney bekam er eine Mixtur aus aqua foenicul. ʒviij ⊖ mirabil. Glaub. ʒij nitr. depurat. ʒj zu einer halben Theeschaale voll, mit säuerlichen und schleimigen Getränke.

Den 2ten war das Fieber mäßig, der Kranke hatte die vorige Nacht etwas geschlafen, die Wunde sahe besser aus, und ward feuchte. Er wurde in allem wie gestern behandelt. Am Abend war der Unterleib gespannt und schmerzhaft, mit Verhaltung des Urins und Stuhlgangs. Es wurde ein clysma aus dem iuscul. chamomill. Wiß sapon. venet. nitr. depurat. āā ʒij gegeben, wornach Linderung und häufige Ausleerung folgte. Mit der

mistura

mistura Olina von gestern wurde innerlich fortgefahren.

Den 3ten war das Fieber mäßig, und der Unterleib nicht mehr gespannt; der Stuhlgang erfolgte von selbst, und im Gebrauch der äußerlichen und innerlichen Arzneyen wurde nichts geändert.

Den 4ten; der Kranke hatte die Nacht geschlafen und geschwitzt, und das Fieber war merklich vermindert. Da ich den Verband von der Wunde genommen hatte, sahe ich, daß sie Eiter gab, und daß ein Stück Netz, 4 Zoll lang und 2 Zoll dick, von speckigter Verhärtung, zwischen der innern Seite des funiculi spermatici, und der Seite des annuli herausgetreten, aber in keiner Verbindung mit dem unterbundenen Theile des Netzes war; der Kranke sagte, er hätte in der Nacht stark husten müssen, und es sey ihm dabey vorgekommen, als wenn in der Wunde etwas geplatzt wäre. Aeußerlich und innerlich wurde in der Behandlung nichts geändert.

Am 6ten hatte das Fieber völlig nachgelassen, der Puls schlug in einer Minute 60 mal, und der Urin hatte vielen Bodensatz. Ich wagte es daher, den funiculum spermaticum, der kein Ansehen zum Absterben hatte, über den ersten Verband noch einmal zu unterbinden, und so stark zusammen zu ziehen, bis der Kranke über Schmerz in der Nierengegend klagte, sie hielten bis gegen Abend an, und verursachten weiter keine Zufälle,

oder

Die siebenzehnte Bemerkung.

oder Fieber; die Wunde wurde wie vorher verbunden, und die mistura Olina innerlich fort gebraucht. Da aber am

9ten noch keine Absterbung des funiculi spermatici zu erwarten war, sondern das Blut vielmehr von neuem aus der arteria spermatica hervordrang, deren Häute sowohl, als die von der vagina funiculi spermatici, widernatürlich dick und hart waren, zog ich die zweyte Unterbindung so stark zusammen, als ich glaubte, daß es ohne Gefahr geschehen könnte, der Schmerz war heftiger als das vorige mal: dem Kranken wurde ein clysma emoll. und löffelweise das paregoricum vom 31ten May gegeben, und am Abend hatten sich die Schmerzen verlohren.

Am 10ten war der funiculus spermaticus ganz zusammengefallen und bleyfarbig, und die Gegend um den annulum war schmerzhaft und geschwollen. Ich unterband nun das den 4ten herausgetretene verhärtete Stück Netz mit zwey gewüchsten Fadenbändern, und zog jeden so fest zusammen, bis mir der Band unsichtbar wurde. Der Kranke hatte weder bey dem Durchstechen mit der Nadel, noch bey dem Zusammenbinden den mindesten Schmerz, und blieb ohne Fieber. Es wurde nichts geändert.

Den 11ten, die Geschwulst um den annulum nahm zu, und gieng seit-und auswärts bis über den marg. anteriorem ossis ilei, und einwärts an die lineam albam abdominis hin, wo sie besonders hart und dick ist; ich ließ sie mit einem cataplasmate emoll. c. ol. lin. vermischt, belegen, nachdem ich übrigens wie vorher verbunden hatte. Der Urin gieng heute früh mit Schmerzen, und vielem Eiter vermischt, ab. Der Kranke bekam früh Morgens und des Abends die vorerwähnte Salzmixtur, zu einer halben Theeschale voll, pro dosi, außerdem aber, um die Wirkung der Fäulung der unterbundenen Theile zu verhüten, ein decoct. cort. peruv. ʒxij c. ol. vitrioli gutt. xxiv. zu verbrauchen. Des Abends wurde ein clysma emolliens beygebracht.

Den 14ten, mit der harten Geschwulst um den annulum besserte es sich; ich zog die Unterbindung des verhärteten Stück Netzes fester zusammen, und veränderte übrigens in der äußerlichen Behandlung nichts. Die Leibesöffnung erfolgte von selbst, und der Kranke brauchte innerlich nichts, als das decoct. cort. peruv. vom 11ten.

Den 16ten fiel der funiculus spermaticus mit der Unterbindung ab, und

den 18ten war das verhärtete Stück Netz abgestorben, und ich nahm es sammt der Unterbindung weg. Die Wunde war von der Fäulung ganz trocken, und sahe nußfarbig aus. Ich verband sie mit dem liniment. nigr. des Herrn Schmucker, und sonst blieb alles wie den 14ten. Mit dem Urin gieng wieder Eiter ab.

Den

Die siebenzehnte Bemerkung.

Den 19ten, die Wunde eiterte, und sahe besser aus. Die Ligatur des bey der Operation unterbundenen Netzes war noch nicht abgefallen, ob ich es gleich durch gelindes Ziehen öfters zu erhalten suchte; und da ich nunmehr Platz hatte, fand ich, daß der Faden davon mit einem dicken Fleischbande bedeckt war. Ich schnitt es durch, brachte nach aufgehörtem Bluten, eine feine Sonde unter die Umschlingung des Fadens, und schnitt ihn durch. Dieser Theil des Netzes war in der Wunde verwachsen. In der Behandlung wurde nichts geändert.

Von dieser Zeit an schloß sich der untere Theil der Wunde merklich, nur die Härte und Geschwulst um den annulum wollte sich nicht gänzlich verlieren.

Den 23ten legte ich statt des cataplasm. das empl. resolv. des Herrn Schmucker auf, den Grund der Wunde belegte ich mit dem bals. arcaei, und die Ränder mit trockener Charpie; und da der Kranke an Kräften merklich zugenommen hatte, setzte ich auch den Gebrauch des decocti cort. peruv. aus. Es gieng mit dem Urin wieder Eiter ab.

Den 27ten, als ich heute das empl. resolv. abnahm, fand ich, daß sich die Verhärtung im Unterleibe völlig zertheilt hatte. Da ich aber an der äußern Seite des obern Winkels der Wunde in der Weiche drückte, drang aus diesem Winkel etwas Eiter hervor. Ich verband die Wunde, wie den 23ten, legte eine Pelotte von Charpie auf die Stelle, wo das Eiter gesessen hatte, und befestigte sie wie die vorigen Verbände. Den

2ten Jul. war sie geschlossen. Ich verband nun die Wunde mit dem ungvent. consolid. des Herrn Schmucker. Der Kranke hatte vorige Nacht einen Durchfall bekommen, mit dem viel Schleim und Eiter abgieng. Ich ließ ihn alle 4 Stunden ein Pulver aus dem pulv. rad. rhei, cremor. ♂r. eleof. foenicul. und zum gewöhnlichen Getränke das decoct. gummi arabici nehmen. Als er damit bis den 5ten fortgefahren, und der Durchfall sich gelegt hatte, gab ich ihm ein Elixir aus dem extr. aquos. cort. cascarill. et rad. rhei aa. ℨij liquor. ♂ri ℨß aqu. ment. s. v. ℨv. einen Eßlöffel voll alle 4 Stunden.

Die Wunde verband ich trocken, und bestrich die Ränder mit dem lapide infernali. Sie war bey dieser Behandlung den

12ten völlig geheilt, und der Kranke reisete den
27ten gesund in seine Heymath. Es ist noch anzumerken, daß der rechte Testicul, der von einem Pferdeschlag in seinem 12ten Jahre sehr gelitten hatte, fest an dem annulo verblieben, ganz klein, und wie vertrocknet war.

Die achtzehnte Bemerkung,

von einem Netzbruche, der durch einen dazu gekommenen Darmbruch tödlich wurde.

Von eben dem Verfasser.

Ein Soldat hatte seit vielen Jahren einen Leistenbruch auf der linken Seite, welcher durch ein Bruchband so vollkommen zurückgehalten wurde, daß er nicht allein keine Unbequemlichkeiten davon verspührte, sondern auch alle ihm obliegende Dienste verrichten konnte.

Am 26ten November 1778. bekam er in einer Action von einem großen Stück einer zerplatzten Haubitzgranate, welches ihm in die linke Weiche, auf die Stelle des Bruchschadens traf, eine starke Quetschung, und er wurde den 2ten December in das Neisser Feldlazareth gebracht.

Der Bruch hatte sich, nach der Aussage des Kranken, nicht allein viel vergrößert, sondern war nunmehr auch ins Scrotum gefallen, und hatte, aller Versuche ohngeachtet, weder im Anfange, noch nach völlig zertheilter Quetschung, wieder zurückgebracht werden können, sonst aber war der Kranke ohne irgend einen üblen Zufall.

Den 14ten Januar 1779, des Morgens, sahe ich diesen Kranken, von dem mir die Lazarethfeldscheers sagten, daß er in der vergangenen

Nacht mit heftigen Leibschmerzen wäre befallen worden, er hätte oft darbey gebrochen, der Bruch sey größer geworden, und mit vielen Winden angefüllt gewesen.

Von dieser Zeit an wären ihm viele Klystiere aus Chamillendecoct, mit Leinöl versetzt, beygebracht, eine warme Infusion aus Chamillenblumen, Rhabarber und Baldrian Wurzel gegeben, und auf den Bruch die kalte Fomentation des Herrn Schmucker gelegt worden. Da sich aber die Zufälle hiernach nicht gelindert, und das Brechen im Gegentheil sich vermehret hätte; so hätte man den Kranken noch die Reveriusische Mixtur nehmen lassen. Hiernach war der Unterleib stark gespannt, der Puls klein, schwach, und aussetzend, der Kranke hatte singultus, war ohne Verstand, und fast immer im Sopore, und starb nach einigen Stunden.

Als ich am folgenden Tage die Höhle des Unterleibes untersuchte, und vorher den Bruchsack öffnete, fand ich das ganze omentum majus darinnen. Es war wie eine Kugel zusammen geballet, verhärtet, und mit dem obern Theile des Bauchringes verwachsen, unter demselben war ein Theil des intestini ilei in den Bruchsack gefallen, eingeschnürt, und bereits brandigt worden; der übrige Kanal der Gedärme war aber entzündet.

Der ganze pars transversalis intestini coli war durch das omentum maius in den untersten Theil der regionis hypogastricae, und der Magen in die regionem umbilicalem herunter gezogen worden.

den. Die übrigen Eingeweide des Unterleibes waren von natürlicher Beschaffenheit.

Die neunzehnte Bemerkung,

von gänzlicher Abschneidung der männlichen Geburtstheile, nebst noch zwey Wunden am Unterleibe, so glücklich geheilt wurden. Von dem Königlichen Pensionairchirurgo, Herrn Christoph, welcher dermalen in dem Königl. Invalidenhause die Kran=
ken versah.

Ein Invalide, Namens Johann Lutscheck, 69 Jahr alt, eines cholerisch=melancholischen Tempe=raments, hatte vor Zeiten als Mousquetier unter dem Regiment Prinz von Preußen gestanden, und war theils wegen Alter, theils aber wegen einer überhand genommenen Melancholie im Jahr 1775. hieselbst unter das Königl. Invalidencorps abge=geben worden.

Dieser Mensch faßte den 19ten Julii 1780. in dem Invalidenhause den Endschluß, sich selbst das Leben zu nehmen; in welcher Absicht er, ver=mittelst eines Scheermessers, nicht allein die äußer=lichen Geburtstheile, nämlich das Scrotum, nebst denen Testiculis, und den Penem, nahe am Trun=co, wegschnitt, sondern auch, da er nach dieser That nicht sogleich starb, sich noch 2 Schnitte am am Unterleibe rechterseits, dicht unter dem Nabel, beybrachte.

Bey dieser Verwundung, welche Patient, um ungestöhrt zu bleiben, auf dem Apartement unternommen hatte, wurde er von einem seiner Kammeraden in einer aufrechtstehenden Stellung betroffen. Er betrachtete seine Wunden, gleichsam, als ob er durch eine Verblutung den Tod erwartete.

Allein die Verblutung war, der starken Verwundung ungeachtet, so geringe, daß Patient nur ohngefähr 6 Unzen Blut auf der Stelle verlohren hatte, folglich nicht einmal eine Ohnmacht, vielweniger der Tod erfolgen, sondern er noch mit allen Kräften zu Fuß, bis ins Invalidenhaus, wohin man ihn sogleich transportirte, gehen konnte.

Die Verblutung sistirte sich schon gänzlich bey meiner Ankunft auf der Stelle, ehe noch Patient ins Lazareth gebracht wurde. Indessen legte ich doch sogleich einen gehörigen Verband fest an, und untersuchte alsdann im Krankenzimmer die Verwundung genauer.

Das Scrotum war so nahe, als möglich, am Perinäo sowohl, als auch zur Seite am Trunco, imgleichen beyde Testiculi ohngefähr einen halben Zoll unter den annulis abdominalibus von den funiculis spermaticis, und der penis unter der symphysi ossium pubis abgeschnitten, und zwar mit solchem gleichen Schnitte, als es nur durch die Kunst hätte geschehen können.

Alle

Die neunzehnte Bemerkung.

Alle durchschnittene Gefäße, als die rami der arteriae perinaei, der arteriae dorsalis und ramus profundus penis, selbst die arteriae spermaticae mit den ganzen funiculis spermaticis hatten sich in die, dieselben umgebende Cellulosa, und übrigen weichen Theile so stark zurückgezogen, daß ihre laminae von denselben bedeckt und zusammengedruckt waren, folglich keine beträchtliche Verblutung erfolgen konnte. Schon bey meiner Ankunft fand ich einen vollkommenen Stillstand der Verblutung, wie bereits erwähnt worden, und auch in der Folge ist Patient derselben nie ausgesetzt gewesen. Ueberhaupt war die Wunde von der Peripherie einer vollkommenen Mannshand, indem sich die Haut im Umfange stark zurückgezogen hatte.

Die beyden Schnitte am Unterleibe betreffend, so erstreckte sich die eine Wunde rechter Seits, zwey queer Finger breit unter dem Nabel anfangend, und continuirte 6 Zoll schräg nach der crista ossis ilei.

Der zweyte Schnitt nahm in einem spitzigen Winkel vom erstern seinen Ursprung, und gieng mehr perpendiculair, an 4 Zoll, nach unten. In der Tiefe penetrirten beyde Wunden durch die allgemeine Bedeckungen, und nur ganz superficiel, in den äußern rechten Bauchmuskel, oder den obliquum descendentem abdominis.

Diese beyden Bauchwunden wurden sogleich wieder mit Heftpflastern vereinigt, und blos mit trocke-

trockenen Plumaceaux belegt. Bey welcher fortgesetzten Behandlung sie auch in 12 Tagen per reunionem vollkommen geheilt waren.

In der durch die weggeschnittenen Geburtstheile entstandenen großen Wunde, wurden um der zu befürchtenden Verblutung willen, zu mehrerer Sicherheit Tampons aus dem Agarico bereitet, auf die Gegenden der durchschnittenen Arterien gelegt, und in der Apertur der Urethra applicirte ich, um dessen Verwachsung vorzukommen, eine turundam, und füllete übrigens die ganze Wunde mit weicher charpie brute aus. Die Haut, welche sich sehr zurückgezogen hatte, suchte ich durch große Heftpflaster in einer beständigen Annäherung zu erhalten, und dadurch eine, so viel möglich, kleine Narbe zu bewirken. Ueber diesen Verband belegte ich noch die Wunde mit trockenen großen Plumaceaux, bedeckte sie mit gehörigen Kompressen, und unterstützte denselben mit der doppelten T. Binde, wobey noch die Oberschenkel des Patienten in einer beständigen Vereinigung durch eine besondere Binde gehalten wurden.

Der Patient befand sich, der großen Verwundung ohngeachtet, ganz leidlich. Er hatte einen mäßigen fieberhaften und etwas vollen Puls, weshalb sogleich eine reichliche Aderlaß unternommen und temperirende Mittel gereicht wurden.

Vom 19ten bis 20ten Jul. hatte Patient die ganze Nacht aus Furcht, für die begangene böse That bestraft zu werden, unruhig zugebracht; indessen

Die neunzehnte Bemerkung.

dessen blieb doch sein Puls mäßig fieberhaft, und war nicht mehr so voll, als vor dem Aderlassen. Alle Se- und Excretiones waren natürlich. An diesem Tage blieb der Verband unberührt, und es wurde mit dem Gebrauch der innerlichen Mittel, in kleinen Dosen, fortgefahren.

Die Furcht vor der Strafe, welche Patient noch immer äußerte, wurde ihm, durch Zureden, und Versicherung der gänzlichen Erlassung derselben, benommen, daher er auch die folgende Nacht, von dem 20ten bis 21ten in einem ziemlich guten Schlaf zurückgebracht hatte.

Den 21ten, als ich den ersten Verband abnahm, fand ich die Wunde von gutem Ansehen, auch zeigte sich schon eine angehende Suppuration, und da sich nichts von einer Verblutung äußerte, nahm ich die Tampons vom Agarico ab, und verband die Wunde mit balsamischen und eiterbefördernden Mitteln. Innerlich aber ließ ich die temperirenden Mittel noch beybehalten.

Bis den 25ten zeigte sich im übrigen Befinden des Kranken keine Veränderung, und die Wunde ließ sich immer mehr und mehr zur Eiterung an. Er hatte guten Appetit zum Essen, und wollte sich an der ihm vorgeschriebenen Diät nicht länger begnügen lassen. Aller Wahrscheinlichkeit nach, hatte Patient heimlich mehr und gröbere Speisen genossen, denn er bekam noch an diesem Tage eine Diarrhe, wogegen ihm, statt der bisher gebrauchten

ten Temperiermitteln, Pulver aus der Rhabarber mit dem cremor. Tri und gummi arabico versetzt, gereicht wurden, und wornach sich der Durchfall in 3 Tagen wieder verlohr, allein statt dessen bekam Patient Husten, nebst einem schleimigten Auswurf, womit er schon vor einigen Jahren zum öftern geplagt war.

Jedoch zeigte sich hiebey keine vermehrte Fieberbewegung in seinem Pulse, und sein Appetit zum Essen blieb gleich stark. Er schlief die Nächte ruhig, und wurde nur besonders des Morgens von dem Husten belästiget.

Die Wunde behielt das beste Ansehen, und gab ein sehr gutes Eiter. Um sowohl die Suppuration, und den Kranken bey Kräften zu erhalten, als auch seinem Brustzufall gehörig zu begegnen, wurde

den 28ten Jul. ein stark concentrirtes Infusum Chinä, mit dem Oxymel simplici versetzt, täglich 4 mal, zu einer halben Theetasse voll, gegeben.

Es wurde ihm von dieser Zeit an, bey den mehr nahrhaften Speisen, auch ein Spitzglas alter Rheinwein gereicht. Die Wunde verband ich abwechselnd, bald trocken, und nach Befinden mit Eiter befördernden Mitteln, um nicht eine zu grosse Laxität und starke Eiterung zu verursachen. Die Ränder der Wunde wurden beständig, theils durch Heftpflaster, theils mit Beyhülfe der Kompressen und Bandagen, in ihrer Annäherung erhalten.

Die neunzehnte Bemerkung.

Bey diesem ununterbrochenen Gebrauch, nebst dem, daß man Patienten durch gutes Zureden heiterer erhielt, und alles wiedrige, so seine Melancholie hätte vermehren können, aus dem Wege zu räumen suchte, erfolgte die Heilung der Wunde jeden Tag zusehens besser, und er ließ weniger, als jemals, seine Melancholie blicken.

Sein Appetit zum Essen wurde, so wie er ihn vor der Verwundung von je her gehabt hatte, wieder besonders stark, und ob man ihn gleich durch viele Mühe darinn in Schranken hielt; so bekam er doch durch heimliche Unterschleife Speisen, die seinen Brustzufall noch unterhielten. Da aber durch die Expectoration die erzeugte Schärfen und Unreinigkeiten aus dem Körper geschafft wurden; so erlitt die Wunde hievon desto wenigern Zufluß.

Da nun die Wunde mit Ausgangs August nur noch die Peripherie eines Achtgroschenstücks behalten, und der Grund derselben ganz flach hervorgeheilt war; so verband man nunmehr mit consolidirenden Mitteln, und setzte den innerlichen Gebrauch des infusi chin. cum oxymelle fort.

Am 14ten October erfolgte bey dieser Procedur eine gänzliche und vollkommene Heilung der Wunde, so, daß die erzeugte Narbe nur den Umfang eines Viergroschenstücks betrug, und die Oeffnung der Urethra sich gleichfalls im Umfange cicatrisirt hatte; so, daß sie eine natürliche Apertur der Urethra darstellte, folglich der Urin einen ungehinderten Ausfluß behielt.

Der Kranke muſte noch einige Zeit das conſolidirende Pflaſter tragen, um die Narbe zu verſtärken, und der innerliche Gebrauch des Infuſi Chinä, mit dem Oxymell, wurde ſo lange fortgeſetzt, bis ſich ſein Bruſtzufall gänzlich verlohren hatte.

Anmerkung des Herausgebers.

Aus vorſtehender Bemerkung ſiehet man ganz deutlich, daß der geſchickteſte und erfahrenſte Chirurgus und Operateur öfters zu furchtſam vor der Verblutung einer mittelmäßigen Arterie iſt. Hier waren die rami arteriae perinaei, der arteriae dorſalis, et profundus penis, wie auch die beyden arteriae ſpermaticae abgeſchnitten, und dennoch wollte der Verluſt des Bluts nichts bedeuten; ja, die Verblutung hatte ſich ſchon ſiſtirt, da ein anderer zur Hülfe herbeygerufen ward, wornach der Verwundete noch einen ziemlichen Weg machen, und eine Treppe im Lazareth ſteigen muſte.

Melancholiſche Menſchen, die ſich entleiben wollen, und dergleichen Kranke, oder ſolche, die in Delirio, oder gänzlichen Tollheit ſind, und z. E. aus den Fenſtern ſpringen, thun ſich öfters keinen Schaden, der dem Leben nachtheilig iſt, ſo, daß man es nicht begreifen kann, wie dieſe beym Leben bleiben könnten.

Ein ſolcher Menſch iſt außer ſich, und kennet die Gefahr bey ſeiner Unternehmung nicht; dagegen ein anderer bey geſunder Vernunft, wann

ihm

ihm das Unglück von einer Höhe herabzufallen, zustößt, mehrentheils aus großer Angst, um sich selbst zu helfen, weit mehrerer Gefahr ausgesetzt wird, die dem Leben und der Gesundheit eines solchen Menschen höchst nachtheilig ist.

Ich habe in meiner vieljährigen Praxis viele Castrationes wegen gänzlich verderbter Hoden unternehmen müssen, und habe niemals anders, als mit der größten Präcaution, die Saamenschlagadern unterbunden, demohngeachtet sind nachher starke Verblutungen erfolgt, wann durch das Anprellen das Blut gegen die Unterbindung stark anstößt, die Faden sich alsdann durch die Ausdehnung in die Häute der Arterien einschneiden, folglich der Kanal der Arterie dadurch Luft bekommt, und das Blut durchläßt. Vielmals habe ich wieder neue Ligaturen anlegen müssen, um das Bluten gänzlich zu hemmen.

Bey großen und verhärteten Hoden sind die Saamenschlagadern allemal mehr erweitert, als im gesunden Zustande, weil das Blut durch die scirrhösen Theile nicht so leicht durchkommen kann, es häuft sich dasselbe wegen der verengerten Gefäße in den Saamenschlagadern mehr an, erweitert sie über ihren Diameter, und folglich rührt die starke Verblutung davon her, weil diese im Diameter zweymal größer als im natürlichen Zustande sind. So wie der oben erzählte Fall besagt, sind also die Saamenschlagadern viel enger, und

in

in sich zurückgezogen gewesen; daher durch den darzu gekommenen Schreck wenig Blut erfolgt ist.

Indessen rathe ich es einem jeden Chirurgo, bey allen Operationen, wo Schlagadern zerschnitten werden, an, lieber zuviel, als zu wenige Präcaution zu gebrauchen; denn er wird im erstern Falle viele Vortheile stiften, im letztern aber seine Ehre und Zutrauen in Gefahr setzen.

Dieser Patient ist gleich Anfangs von dem geschickten Königl. Pensionairchirurgo, Herrn Christoph, die erstere Zeit behandelt worden. Und da ich denselben nach seiner Tour in die Königl. Charité versetzte, von dem geschickten Königl. Pensionairchirurgo, Herrn Ordelin, völlig geheilt worden.

Die zwanzigste Bemerkung,

von einer, nach einem hohen Fall, am Kopfe erfolgten starken Erschütterung des Gehirns, wobey aber die Patientin durch Anwendung des Trepans dennoch gerettet wurde. Von Herrn Doctor Hoffmann, jetzigen Leibmedicus Ihro Majestät der verwittweten Königin von Schweden.

Eine Bauermagd von 14 Jahren, die Heu vom Boden holen wollte, an dem eine Leiter mit 14 Sprossen gesetzt war, stürzte im Heraufsteigen perpendiculair mit dem Kopfe auf einen großen Quaderstein wieder herunter, so, daß die Füße

in

Die zwanzigste Bemerkung.

in die Höhe blieben, und sie, nach Verlauf einer halben Stunde, nach dem Falle, erst ganz sinnlos angetroffen wurde, ehe ihr hatte Hülfe geleistet werden können.

Nach 24 Stunden wurde ich erst zu der Patientin gerufen. Sie war, so wie es bey dergleichen heftigen Erschütterungen des Gehirns zu geschehen pflegt, ganz ohne Bewußtseyn, und hatte einen sehr vollen, geschwinden, und mit Deliriis und Krämpfen begleiteten Puls, dabey besonders viel Urin abgieng.

Meine erste Sorgfalt war, der Patientin eine reichliche Portion Blut abzulassen, und nachdem ich den Kopf untersuchte, zeigte sich nichts als eine Blutbeule, die auf dem linken Theile des ossis bregmatis ihren Sitz hatte; übrigens aber war nicht die geringste Verwundung wahrzunehmen.

Es wurden so fort die Haare vom Kopfe geschoren, und die Schmuckerische kalte Fomentation, mit dicken Frießlappen, aufgelegt, die sehr oft wiederholt wurde.

Nach einer Zeit von 12 Stunden, da Patientin ein wenig zu sich kam, klagte sie über einen unausstehlichen Schmerz am Ohre, auf der Seite, wo die Beule saß. Er hielt ununterbrochen an, worzu sich noch eine Paralysis des linken Auges gesellete, daß sie fast gar nichts sehen konnte; das Auge hingegen, hatte die Farbe, wie ein Schaafsauge angenommen, ob sie gleich im gesunden Zustande sehr feurige Augen gehabt hatte.

Ohnerachtet der verschiedenen Ausleerungen, als Aderläſſe, nebſt reizenden Klyſtieren, die ich angewandt hatte, nahmen die Zufälle doch dermaſſen zu, daß ſie ein Extravaſatum deutlich anzuzeigen ſchienen, welches das Gehirn drücken müſte, ſo, daß darauf nichts anders, als der Tod erfolgen konnte, wann, nach angeſtelltem genauen Verſuch, mit der Trepanation wäre geſäumt worden.

Ich conſulirte über dieſen Zufall mit meinem Herrn Collegen, der Königin Leibarzt, und ſchlug vor, daß es die größte Nothwendigkeit wäre, die Beule zu öffnen, um zu ſehen, ob nicht Fracturen, oder Fiſſuren, anzutreffen wären, welche nach den Zufällen, und in Betracht der Höhe, von der Patientin gefallen wäre, wohl erfolgt ſeyn müſten, die alsdenn die Austretung des Bluts anzeigen würden, und ohne welche die gegenwärtigen Zufälle nicht ſtatt finden könnten.

Ob man mir gleich vorſchlúg, die Operation zur Entdeckung des Extravaſats noch 24 Stunden anſtehen zu laſſen; ſo ließ ich mich doch, nach der allergenaueſten Unterſuchung, von der Vollziehung meines Endſchluſſes nicht abhalten, ſondern verrichtete die Operation folgendergeſtalt.

Ich machte die Kreuzinciſion in der Mitte des tumoris, ſo auf dem erhabenſten Theile des oſſis bregmatis war, und ſeparirte die integumenta von dieſem Knochen; allein aller angezeigten Zufälle ohngeachtet, wurde weder Fractur noch Fiſſur angetroffen, und es fehlte alſo wenig, mich einer

Grau-

Grausamkeit ausgesetzt zu haben, der man mich gewiß beschuldiget haben würde, wann diese Oeffnung so ganz fruchtlos abgelaufen wäre; allein ich blieb bey meinem Vorsatz, und debredirte das Pericranium, verband die Wunde auf solche Art, daß ich nach etlichen Stunden die Trepanation unternehmen wollte, wann das Bluten aufgehört hätte, welches, da ein Ast der Arteriä temporalis durchschnitten war, ziemlich stark war.

Wir kamen endlich, nach vielem Disputiren, überein, daß den folgenden Morgen die Trepanation angestellt werden sollte, welches 96 Stunden nach dem Falle geschahe; indessen blieben die vorerwehnten Zufälle in eben der beschriebenen Art. Ich nahm die größeste Krone meiner Trepane, und placirte selbige auf den Knochen, wo der erhabenste Theil des Tumoris war; und da ich nach einigen Umdrehungen in die Diploe kam, drang mir das Blut stark entgegen, daß ich auch im Bohren etwas gehindert wurde. Es war bey dieser Operation kein Gehülfe gegenwärtig, der doch sehr nöthig gewesen wäre, demohngeachtet kam ich, trotz aller Hindernisse, mit derselben glücklich zu Stande. Das Cranium war hier sehr dicke.

Sobald nun das trepanirte Knochenstück herausgenommen wär, flossen über 4 Unzen Blut heraus. Die dura mater trat sogleich gegen die ausgebohrte Oeffnung, daß ich mit dem cultro lenticulari nicht die Rauhigkeit derselben egalisiren konnte. Ich untersuchte mit meinem Finger die protuberirende duram matrem, und fand eine Fluctuation; worauf ich sogleich mit der Lancette eine gehörige Oeffnung in dieselbe machte, nach welcher 3 Eßlöffel voll Serum herausflossen. Nach dieser Operation kam Patientin wieder zu sich, und das paralytische Auge wurde wieder ganz natürlich.

Da ich nun alles in Ordnung gebracht hatte, verband ich die Wunde, nach Befinden der Umstände, gehörig, und in etlichen Tagen waren die Augen der Patientin so gut, wie sie vor dem Falle gewesen waren.

Alles gieng nunmehr nach Wunsch. Schlaf und Appetit war bey Patientin gut. Nach Verlauf von 5 Wochen, geschahe die Exfoliation der trepanirten Stelle, wie denn auch die gänzliche Vernarbung in einigen Wochen erfolgte, und die Person ihre vollkommene Gesundheit erhielt, so, daß sie ihre Dienste, nach wie vor, verrichten konnte.

Obgleich einige Autores behaupten wollen, daß kein extravasirtes Blut nach einem Fall oder Schlag auf den Kopf, sich unter dem Cranio befinden könne, wenn anders nicht Fissuren oder Fracturen in der Hirnschaale gegenwärtig wären; so bezeugt doch gegenwärtiger Fall gerade das Gegentheil von der Meynung. Die neuern Beobachter hingegen richten sich nicht nach der Beschaffenheit der Verwundungen, sondern vielmehr nach den Zufällen, mit welchen sie verknüpft sind. Denn man findet in dem 1sten Theile der Schmuckerischen Wahrnehmungen dergleichen Fälle, wo

er

er von Kopfwunden handelt: daß unbedeutende Verletzungen am Kopfe, wo Patienten über nichts geklagt, sondern dabey herumgegangen sind, nach 3 oder 4 Wochen die heftigsten Symptomata bekommen haben, die ein Extravasatum anzeigten, wo man beym Decouvriren weder Fissur noch Fractur fand, und dennoch eine Austretung von Blute, oder Feuchtigkeit, gefunden hatte, die aber meistens tödlich ablief. Daher man sich bey dem Prognostico der Hauptwunden nie übereilen muß.

Die ein und zwanzigste Bemerkung,

von einer Schußwunde am untern Theile des ossis frontis. Von dem Königl. Staabschirurgus, Herrn Collignon.

Peter Knop, Mousquetier beym hochlöblichen von Billerbeckischen Regimente, bekam bey einem feindlichen Ueberfall, in der Nacht vom 4ten zum 5ten Februar 1779, eine Schußwunde am untern Theile des ossis frontis dicht, und über der innern Extremität des linken supercilii, und den 6ten wurde dieser Verwundete ins Lazareth gebracht.

Die Verwundung bestand in einer dreyeckigten kleinen Wunde, deren Ränder mehr zerschnitten, als zerrissen schienen. Bey näherer Untersuchung fand ich einen Theil der vordern Tafel, welcher den sinum frontalem formiren hilft, zertrümmert; die Knochenstücke aber noch theils durch das Pericranium, theils, und besonders auch, durch die, die innere Stirnhöhle umkleidende membrana pituitaria, ziemlich fest zusammen, so, daß ich nicht mit der Sonde in den sinum frontalem selbst kommen konnte. Dieser Zustand ließ mich muthmaßen, daß der wirkende Körper nicht bis in das Innere des Kopfs gedrungen sey. Das linke Augenlied war stark angeschwollen, und sugillirt, daß ich kaum dasselbe aufheben konnte, um den Zustand des bulbi zu untersuchen. Diesen befand ich noch im guten Zustande. Das rechte Augenlied war nicht so stark geschwollen; überhaupt war der ganze obere Theil des Gesichts stark intumescirt. Der Kranke klagte über geringe Kopfschmerzen. Die Wunde wurde nach oberwärts gehörig dilatirt, und trocken verbunden. Wegen des fieberhaften vollen Pulses verordnete ich eine Aderlaß, und ließ dem Kranken von der potione temperante reichen. Die ganze Stirn wurde mit der kalten Schmuckerischen Fomentation gebähet, und das geschwollene Augenlied ließ ich mit dem Oxycrat, worinn die gewöhnliche Species gekocht waren, laulicht bähen.

Den folgenden Morgen fand ich, daß die Geschwulst des Gesichts, besonders des linken Augenliedes, zugenommen hatte. Der Kranke fiel beym Verbinden, welches sitzend geschah, in eine Ohnmacht. Er brach sich zu zweymalen. Als er nach dem Verbinden auf sein Lager gebracht wurde,

wurde, brach er sich noch einigemal, und verfiel nachher in einen Schlummer, der den ganzen Tag anhielt, aus welchem er jedoch ziemlich leicht zu wecken war, (seine Kammeraden erzählten, daß er, gleich nach empfangener Blessur, eingeschlummert wäre,) sein Puls gieng schnell und klein.

Die laxirende Pulver aus dem ☉le mirabili Glaub. und der Rhabarber, die ich stündlich nehmen ließ, erweckten keinen offenen Leib, deswegen ich ihm ein etwas reizendes Klystier, gegen Abend, geben ließ, wornach aber ebenfalls keine Oeffnung erfolgte.

Des Abends um 8 Uhr fand ich den Kranken mit einem vollen und fieberhaften Pulse, weswegen eine Aderlaß von ʒviij angestellt wurde. Beym Zubinden der Ader fand sich der offene Leib ein, welcher die Nacht über noch zweymal erfolgte. Die Geschwulst der Augenlieder und des ganzen Gesichts hatte sehr zugenommen.

Am 8ten, des Morgens, fand sich das Fieber und die Geschwulst, besonders des rechten Augenliedes, sehr vermindert, und die Kopfschmerzen hatten sich ebenfalls gelegt. Die Wunden fiengen an zu suppuriren. Ich entdeckte einen Sinum, der die Richtung der Augenbraunen hatte, und woraus das mehreste Eiter floß. Um mehr Platz zu gewinnen, dilatirte ich in etwas diesen Sinum, und der Kranke fiel wiederum beym Verbinden in Ohnmacht, so, daß man ihn nach seinem Lager tragen muste. Er bekam an diesem Tage eine pot. laxant.

laxant. wovon er alle zwey Stunden nahm, und welche ihm verschiedene Sedes wirkte. Am Abend gieng der Puls sehr voll, deswegen wieder eine V. S. vorgenommen wurde. Die Kopfschmerzen, welche von Anfang der Verwundung zugegen waren, hatten sich diesen Abend gänzlich gelegt.

Am 9ten, des Morgens fand ich den Puls klein und geschwind. Die Geschwulst des rechten Augenliedes hatte sich gelegt, das linke Augenlied hingegen blieb noch immer sehr geschwollen und gespannt. Der Kranke konnte nicht den gelindesten Druck auf dem geschwollenen Augenliede leiden; dies verhinderte mich, diese Theile gehörig durch das Gefühl zu untersuchen, um den Sitz des fremden Körpers ausfindig zu machen, denn die Eiterhöhle, welche zwischen dem muscul. front. und dem pericranio in der oben erwehnten Richtung lief, nebst dem drückenden Schmerze, welchen der Kranke in dem linken Augenliede empfand, wenn er sich auf die linke Seite legte, gaben die wahrscheinlichste Vermuthung, daß der verletzende Körper, welcher, nachdem er in schiefer Direction auf den Knochen, welchen er zerschmettert, angeschlagen, seinen Weg in diesen Gegenden fortgesetzet, und daselbst an irgend einem Orte stecken geblieben, und durch seine Gegenwart Schmerzen und Geschwulst verursachte.

Der Kranke wurde wiederum beym Verbinden ohnmächtig, und bekam conatus vomendi, die jedoch nicht in ein wirkliches Brechen übergiengen.

gen. Am Abend ward ich, wegen des vielen Eiters, so sich einfand, genöthiget, die Wunde wiederum zu verbinden. Bey dem Verbande selbst empfand der Kranke die heftigsten Schmerzen, besonders da ich die von ihrem pericranio entblößte Knochenstücke mit der Sonde berührte. Bey Berührung der fleischigten Theile empfand er nicht so viele Schmerzen.

Es giebt Kranke, die zwar durch ihr Schreyen und Uebelgebärden anzeigen, daß sie Schmerzen empfinden; allein die Art und den Sitz desselben, muß man ihnen erst durch vieles Fragen ablocken.

Nach dem Verbande erfuhr ich erst, daß der Kranke diese Schmerzen, nicht in der Wunde selbst, sondern an einem andern Orte, nämlich in der Gegend des Wirbels, empfunden hatte. Zugleich erfuhr ich auch, daß derselbe seit 4 Tagen, mit unangenehmen Schmerzen in dieser Wirbelgegend belästiget wäre, welche ihn zuweilen am Schlafe verhindert, und die sich jederzeit vermehrten, wenn er sich mit der flachen Hand darauf druckte.

Ich ließ also bald die Hälfte des Kopfs abscheeren, und verordnete eine frisch präparirte Fomentation alle 2 Stunden umzuschlagen. Da an diesem Abend der Puls stark und voll gieng, ließ ich wiederum eine kleine Aderlaß vornehmen.

Der Kranke erzählte mir am folgenden Morgen, (den 10ten,) daß die Schmerzen, welche er seit einigen Tagen auf dem Wirbel empfunden, durch den Gebrauch der kalten Umschläge, sich nach dem ersten Umschlage sogleich vermindert, und durch die folgenden gänzlich verlohren hätten.

Beym Verbinden empfand der Patient nur die gewöhnlichen Schmerzen in der Wunde, aber keine mehr in der Gegend des Wirbels. Die Eiterung war stärker wie Tages zuvor. Die ganze palpebra schien unterköhtig zu werden, oder sich abscediren zu wollen.

Der Eiter floß stark aus der Wunde, wenn auf das Augenlied gedruckt wurde. Die große Spannung und Schmerzen in dem Augenliede hatten durch den Ausfluß des Eiters, welcher sich in der Cellulosa desselben formirt hatte, sehr nachgelassen.

Dieser Zustand erlaubte mir den fremden Körper zu entdecken, welchen ich mitten in dem Augenliede fand. Ich machte dieserwegen eine Incision in der mittlern Gegend des Augenliedes, und zog einen breiten platten bleyernen Körper heraus, der fast die Größe eines 6 Pfennigs Stück hatte, und auf der einen Seite glatt, auf der andern aber rauh und zackigt war.

Aus der Wunde der palpebrae floß etwas Eiter heraus. Sie wurde ganz simpel mit einem Plumaçeaur verbunden. Die kalten Fomentationes auf der Wirbel- und Stirngegend wurden fortgesetzt.

Der Puls des Kranken, welcher beständig noch etwas voll und hart schlug, veranlaßte eine kleine Aderlaß. Innerlich bekam er eine Potion

aus

aus dem ☉l. mirabil. Glaub. c. nitro in aqua comm. aufgelößt, und mit dem oxymelle simpl. versetzt.

Nach Wegräumung des fremden Körpers, fiel die Geschwulst des Gesichts und des Augenliedes gar bald, und die frische Wunde desselben, welche ich mit Heftpflastern zusammen hielt, war am 8ten Tage vernarbet, so wie auch der Sinus, der unter dem Augenliede weglief, und ein häufiges Pus gab, sich ebenfalls in dieser Zeit schloß. Der volle und etwas harte Puls verlohr sich erst nach einem zweymaligen Aderlassen, welches ich den 11ten und 12ten Februar anstellen ließ. Das Blut der meisten Aderlässe, bey der letztern ausgenommen, hatte eine inflammatorische Kruste.

Das Eiter, das noch in ziemlicher Menge aus der Wunde floß, kam nunmehr größtentheils aus dem sinu frontali. Die Knochenstücke wurden täglich beweglicher, und sonderten sich den 1sten 5ten 8ten 12ten April nach und nach ab; da ich denn keine entblößte Knochen mehr fand. Der sinus wurde täglich mit der injectione balsamica ausgespritzt, wobey ich denn niemals bemerkt habe, daß etwas davon, so wie auch vom Eiter, durch die Nase geflossen wäre.

Die Eiterung, welche vom Anfang gutartig war, nahm von Tage zu Tage etwas ab, die innere Höhlung des sinus wurde etwas kleiner, so wie die Fleischwunde, welche immer mehr und mehr sich zusammen zog, durch introducirung trockener Bourdonets aufgehalten werden muste,

um

um die Aufhörung der Suppuration des innern sinus frontalis abzuwarten.

Den 16ten May wurde dieser Blessirte von seinem Regimente, welches hier vorbey nach seinem Standquartier marschierte, abgehohlt. In den letztern Tagen seines hiesigen Aufenthalts, gab der sinus wenig Eiter. Die Spitze des Bourdonets war mehr mit dem, in dieser Höhle abgesonderten Muco, als mit Eiter überzogen.

Die zwey u. zwanzigste Bemerkung,

von einem Stein, den ein Kirschkern in der Nase hervor brachte. Von dem Herrn Horn, Wundarzt zu Pösseneck.

Ein Müller suchte bey mir Hülfe, und meldete mir zu gleicher Zeit, daß ihm gesagt wäre, er hätte einen Polypus in der Nase. Ich fand bey demselben zwar eine völlige Verstopfung des rechten Nasenlochs, allein ich wußte nicht gewiß was es war, konnte auch weder durchs Gefühl, noch durchs Gesicht, die wahre Ursache entdecken.

Ich applicirte daher die gewöhnliche Polypenzange, um zu versuchen, was ich damit ausrichten könnte. Zu verschiedenen malen brachte ich etwas, theils wie geronnenes Blut und Haut, heraus. In der Zange war öfters etwas hartes, welches ich aber zermalmt hatte, und wie Sand anzufühlen war.

Die zwey und zwanzigste Bemerkung. 253

Da ich nun weiter nichts ausrichten konnte, und öfters vergebens angesetzt hatte; so sagte ich ihm, er sollte ein andermal wieder kommen. Ich gab ihm etwas, damit er doch was zu gebrauchen hätte, dasselbe sollte er auf Charpie in die Nase zu bringen suchen. Es war der Salmiakgeist. Nach geraumer Zeit kam er wieder und klagte, daß sein Uebel immer ärger würde; er könnte nicht mehr schlafen, ich möchte ihm doch helfen.

Ich untersuchte wieder genau, und brachte auch zu verschiedenen malen mit der Zange ebenfalls etwas heraus. Zuletzt aber zog ich einen Stein aus der Nase, welcher in einer blutigen Haut eingewickelt war. Es kam mir dieses sehr sonderbar vor, und nach genauer Untersuchung fand ich vorne darinn einen Kirschkern, und zwar an dem Orte, wo ich allemal angefaßt, und die steinigte Masse zermalmet hatte.

Der Kern mußte schon das erstere mal entblößt worden seyn; denn man siehet gar deutlich an dem Kerne, daß er von dem Salmiakgeiste, welchen ich ihm in die Nase stecken hieß, halb schwarz geworden.

Hätte ich diesen Kern zerdrückt, welches gar leicht geschehen konnte; so würde die wahre Ursache von der Entstehung dieses Steins unentdeckt geblieben seyn. Es muß auch diese Versteinerung um ein merkliches größer gewesen seyn, so, daß der Kern fast mitten innen gelegen, wann ich das,

was

was ich nach und nach mit der Zange zermalmet und herausgenommen habe, zusammen rechne.

Ich fragte den Müller, in Ansehung des Kerns, und er erinnerte sich, wie er auf einem Schmause gekochte Kirschen gegessen, und daß er unter dem Essen hätte viel niesen müssen. Von der Zeit an, welches nunmehr über anderthalb Jahr wäre, hätte es ihn beständig gedrückt, als wenn sich etwas fremdes in der Nase befände.

Es hatte dieser Stein, da er das andere mal zu mir kam, beyde Naselöcher, eins völlig, das andere beynahe, verstopft. Die Zwischenwand (septum) war dadurch gedrückt, und man konnte auf der rechten Seite nahe am Auge, von außen, eine sehr merkliche Erhöhung wahrnehmen. Nach der Herausnahme dieses Steins ist Patient völlig hergestellt.

Anmerkung des Herausgebers.

Daß sich in allen Cavitäten unseres Körpers Steine formiren können, ist aus Erfahrungen bekannt; so, wie sie sich auch in scrophulösen Drüsen, Speichelgängen ꝛc. und selbst in den Lungen, generiren, und durch den Husten ausgeworfen werden.

Ich habe selbst in meiner vieljährigen Praxis, sowohl in den scrophulösen Drüsen, als auch in den Speichelgängen, durch die Operation dergleichen herausgenommen; wie auch bey einem erwachsenen Manne, der eine Augenfistel hatte, wo der
Thrä-

Thränensack sehr ausgedehnt und schmerzhaft war, besonders wann der Sack mit Thränen und Materie angefüllt, der Patient darauf drückte, um die Feuchtigkeiten durch die Thränenpunkte herauszubringen. Jedennoch blieb, wenn auch gleich alle Feuchtigkeiten durch den Druck herausgeschafft waren, demohngeachtet beständig eine Erhabenheit zurück, die meine Aufmerksamkeit erweckte. Da ich endlich die Operation anstellte, und den Thränensack durchschnitten hatte, fand ich eine steinigte Concretion darinn, die 2 Gran am Gewicht hatte. Das os unguis war auch karieus, welches ich perforirte, und wornach der Patient vollkommen genesete.

So hat man auch Steine bey der Operation der fistulae ani gefunden; wie in dem ersten Bande der Schmuckerischen vermischten chirurgischen Schriften Seite 204 zu lesen ist.

Die leichteste Entstehungsart eines Steins in den Höhlen unsers Körpers ist wohl diese, wann ein unauflößlicher Körper darein gebracht wird, um den sich bald eine steinigte Rinde erzeuget, die von Tage zu Tage zunimmt, bis sie dem Patienten sehr empfindlich wird. Folglich ist die Materie, woraus der Stein zusammen wächst, beständig in unsern Körper gegenwärtig. Nur mit dem Unterschiede, daß einige Steine fester, andere aber lockerer Art sind.

Es haben schon verschiedene Observatores angezeigt, daß sich Steine in den Nasenhöhlen formiret

miret haben, und beym Niesen steinigte Concremente herausgekommen sind; so wie dergleichen kleine Steine, wie Sandkörner, mit dem Husten ausgeworfen worden, wovon ich viele Bemerkungen habe.

In der Gazette Salutaire 1761. No. X und 1768 No. IV. findet man ähnliche Beyspiele, besonders aber ist in der letztern der Stein von der Größe einer kleinen Nuß gewesen, so durch die Operation herausgenommen worden ist.

Der Stein, wovon vorstehende Bemerkung handelt, ist mir zugesandt worden. Es ist selbiger von lockerer Art ganz unegal, und mit verschiedenen kleinen Erhöhungen und Vertiefungen versehen. Seine Länge beträgt 7, die Breite 5, und die Dicke 3 Linien. Der Kirschkern hat in der Mitte gesessen; allein durch das öftere Anfassen mit der Polipenzange ist allemal etwas abgebrochen, doch ist die Höhle, worinn der Kirschkern gelegen, noch deutlich zu sehen. Der Stein wiegt 35 Gran.

Die drey u. zwanzigste Bemerkung,
von einem fast vermoderten und zerplatzten Herze. Von dem Herrn Regimentschirurgus, Feldhahn, des von Thunschen Dragonerregiments.

Ein Königlich Preußischer Geheimder Oberfinanzrath, welcher ein untersetzter starker Mann war,

Die drey und zwanzigste Bemerkung.

war, hatte schon seit vielen Jahren, bey den geringsten körperlichen Bewegungen, die Beschwerde einer Engbrüstigkeit und sehr kurzen Athem gehabt. Da aber derselbe übrigens, bey seinen vielen Fatiguen und Reisen, sich bey gutem Appetit gesund und munter befunden; so wurde gedachte Beschwerde nicht viel geachtet, und meistens nur seiner starken und fetten Leibesconstitution beygemessen.

Seit einem halben Jahre aber, vor seinem, den 21ten May 1780. erfolgten Tode, wurde das Athemholen immer beschwerlicher, wozu noch dieses kam, daß der Magen und der Kanal der Gedärme durch Dünste aufgetrieben war, durch deren Antrieb nach oben die Brust noch mehr verengert wurde, da er denn mit der vollen Brust schnaubend, bis zum Ersticken, die heftigsten Beängstigungen erlitte, bis diese, durch dagegen gebrauchte Mittel sich wieder verminderten, und einige Linderung, welche aber von kurzer Dauer war, verschafften.

Bey diesen so äußerst bedenklichen Umständen fand sich nach und nach eine wäßrige Geschwulst an beyden Füßen ein, welche mehr und mehr zunahm, und bis an den Unterleib hinauf stieg, und, nach allen Erfahrungen und Anzeigen, nichts anders, als eine bevorstehende Wassersucht befürchten ließ.

Die dabey zu Rathe gezogenen anwesenden Aerzte, waren auch in dieser Vermuthung in so weit völlig einstimmig, nur der wahre Sitz des

Uebels, ob selbiger in der Brust, in einer Verhärtung in den Lungen, oder im Unterleibe in der Leber, oder einem andern verdorbenen Eingeweide zu suchen sey, konnte von ihnen nicht mit Gewißheit bestimmet werden, eben so wenig, ob sich Wasser in der Brust, oder in dem Unterleibe ansammlen würde, von welchen allen kein sicheres und überzeugendes Zeichen vorhanden war.

Ob nun wohl diese Ungewißheit in der Heilmethode, wozu die besten in diesen Arten von Krankheit gebräuchlichen Mittel gewählt wurden, keinen beträchtlichen Unterschied machen konnte; so waren hier doch alle Versuche vergebens, und das traurige Ende der Krankheit hatte einen seltenen Vorfall gezeigt, den so leicht nicht jemand vermuthen, noch alle Kunst abändern, noch helfen können, und von welchem selbst in Ansehung des Pulsschlages, keine sichere Anzeige vorhanden war. Da der Herr Geheimderath bey der täglichen Zunahme und Verschlimmerung der Krankheit, alle Hoffnung zur Hülfe aufgab, und seinem Ende sich näherte, so verlangte er, schon lange vor seinem Tode, und noch in der letzten Nacht, von mir, daß ich ihn nach seinem Absterben öffnen, und die Beschaffenheit seiner Brust untersuchen mögte, mit dem patriotischen Hinzufügen, daß in ähnlichen Fällen, wenn die wahre Ursache entdeckt würde, anderen vielleicht dadurch geholfen werden könne.

Die drey und zwanzigste Bemerkung.

Ich befolgte diesen seinen letzten Willen um so bereitwilliger, weil ich bey so vielen, mir in meiner Praxis vorgekommenen ähnlichen Brustkrankheiten und bey Wassersüchtigen, keine so ausserordentliche Beängstigungen und erstickende Beklemmungen bemerket hatte, und die wahre Ursache davon zu entdecken hoffte.

Bey der Eröffnung des Unterleibes, fand ich in der Höhle des Bauchs nicht das geringste von wäßrigter Feuchtigkeit, und die Leber und übrigen Eingeweide in gutem Stande, nur die Milz war verdorben, und ganz wie voll gepfropft von Blut, wie ein geronnener Blutklumpen, und so mürbe, daß man sie mit den Fingern zerreiben konnte. An den übrigen Theilen waren alle Blutgefäße, bis in die kleinsten Endigungen, ebenfalls stark von Blut angefüllt. Beym Oeffnen der Brust aber, und nach Aufhebung des Brustbeins, befremdete mich sogleich ein großer dicker schwerer Fettklumpen, welcher die Duplicatur des Mittelfells anfüllte, und sich fast bis über den Herzbeutel erstreckte.

Diese übernatürliche Last von Fett hat wohl die Brust sehr verengern, dem Herzen beschwerlich, und der Circulation des Bluts durch die Lungen und der freyen Respiration hinderlich fallen müssen.

Da ich aber den Herzbeutel öffnete, so befremdete es mich noch mehr, da ich denselben ganz mit Blut angefüllt fand. Das Herz selbst war ganz und gar mit einem lockern schmalzigen Fett dick überzogen, und sahe mehr einem großen Fettklumpen ähnlich. Bey fernerer genauen Nachsuchung fand ich, daß dasselbe an der Spitze der rechten Herzkammer geplatzt war, und daß durch diese Oeffnung das Blut in den Herzbeutel sich ergossen, und der großen Qual und Angst, wie zuletzt geschah, ein sanftes Ende gemacht hatte.

Das Herz an sich war sehr ausgedehnt, schlapp, dünne, vornehmlich an der Spitze, wo es geplatzt war, und so morsch und mürbe, daß ich es mit den Fingern, wie einen Brey, zerreiben konnte. Beyde Herzkammern fand ich ganz leer, und ohne alle polipöse Concretionen.

Die auf diesem edelsten Theil des Körpers sich angehäufte wiedernatürliche Fettigkeit hat nicht sowohl durch ihre Last und Druck auf dasselbe, als durch die besonders an demselben befindliche, und die dadurch verursachte Erschlappung der Fleischfiebern desselben, alle Federkraft zerstören, und nach und nach den Untergang des Körpers, mit allen sich geäußerten Zufällen, die nach dieser Entdeckung genugsam deutlich sich demonstriren und einsehen lassen, ohne Rettung bewirken müssen.

Die Lungen waren ohne Fehler, und ohne die geringste Verhärtungen, und ebenfalls voll von Blut; in den Höhlen der Brust aber fanden sich, so wenig wie in dem Unterleibe, die geringsten Spuren von wässerigten Feuchtigkeiten, wohl aber einige wenige durch die Lunge durchgeschwitzte blutige Feuchtigkeiten. Hiernächst ist noch anzumerken,

ken, daß defunctus das Jahr vor seinem Ableben mit großen und öftern Blutgeschwüren behaftet gewesen, und daß selbst die ganze Krankheit hindurch, über dem ganzen Körper sich häufige breite, rothe, flache Flecke gezeiget haben, die man für einen Frieselausschlag ansehen konnte, und die, so wie an andern Theilen, und vornehmlich in der Milz, Stockungen von Blut in den Gefäßen der Haut gewesen.

Es hatte solchemnach das ganz erschlappte Herz den Umtrieb des Bluts nicht mehr bewirken können, sondern es geschah derselbe nur durch die eigne Federkraft der großen Blutgefäße unvollkommen.

Alle diese angezeigte Merkmale würden, meines Erachtens, in ähnlichen Fällen eine deutliche Anzeige geben, in wie fern das Herz selbst, als die Grundursache aller in der Krankheitsgeschichte bemerkten Zufälle zu betrachten sey, und was der Arzt nach dieser Beobachtung verhoffen könne.

Anmerkung des Herausgebers.

Es mögen viele Leute plötzlich dahin sterben, die man nach dem Tode nicht öffnet, oder öffnen kann, und wo es nur heißt, dieser oder jener ist an einem Steck= oder Schlagfluß verstorben, ob gleich sein Tod von einer Zerreißung des Herzens mag erfolgt seyn.

Im Jahre 1751, als ich noch unter der Königl. Guarde Regimentschirurgus war, hatte ich einen ähnlichen Fall dieser Art.

Ein Grenadier, Namens Poltemann, 45 Jahr alt, sanguinisch cholerischen Temperaments, welcher sehr groß und fett war, beklagte sich öfters über heftige Oppression der Brust, besonders aber bey starker Bewegung, und war hierbey überdies noch ein Hämorrhoidarius. So bald man ihm bey seiner starken Oppression mit einem Aderlaß bisher zu Hülfe gekommen war, hatte er sogleich mehrere Luft, und die Zufälle verlohren sich bald wieder.

Eines Tages, beym Exercieren, bekam er wieder eine heftige Brustbeklemmung nebst unterbrochener Respiration. Es wurde ihm sogleich Ader gelassen, und er mit Klystieren und medicamentis temperantibus behandelt, weil er sich bey dieser Procedur sonst jederzeit leicht wieder erholt hatte. Patient klagte über weiter nichts, als über einen Schmerz in den musculis gastrocnemiis, besonders am linken Fuß, welche auch, ohne die geringste Inflammation, ziemlich angeschwollen waren.

Den folgenden Tag verfiel der Kranke in einen sudorem colliquativum. Er delirirte beständig, der Puls war nicht zu fühlen, und noch an diesem Tage verschied er, ohne daß man die geringste Bewegung seines Körpers bemerkt hatte. Nach dem Tode sahe man die ganze linke Seite mit Blut unterlaufen, und um nun die Ursache dieses

dieses so schnellen Absterbens näher zu wissen, machte ich die Leichenöffnung am folgenden Morgen.

Der äußerliche Körper war außerordentlich fett und stark, und seine tunica adiposa ingleichen von der Stärke, daß ich wenige von der Beschaffenheit angetroffen habe. Bey der Eröffnung des Unterleibes fand ich den Magen und Gedärme mit vieler Luft aufgetrieben. Die vasa mesenterii waren fast von allem Blute befreyt, und dermaßen mit Fett bewachsen, daß sie kaum zu finden waren. Die Nieren befanden sich im natürlichen Zustande, die Milz hingegen war von monströser Größe, und beynahe aufgelößt. Auch die Leber hatte eine außerordentliche Größe, daher sie durch ihrem Druck auf dem Diaphragmate den 4ten Theil der Brust eingenommen hatte. In der vesicula fellea saßen zwey considerable Steine, und sie war ebenfalls von einer widernatürlichen Größe.

Die Lunge fand ich bey Eröffnung der Brust, wegen der beständigen Kompression der viscerum abdominalium, sehr klein, und mit der Pleura fest verwachsen. Auch war der Flügel der rechten Lunge gegen die Pleura inflammirt, und wie mit einem Cruore überzogen. Sonst war in der Höhle der Brust noch vieles Serum, nebst geronnenem Geblüt, so von Zerreissung der kleinen Gefäße erfolgt war, anzutreffen. Auf dem Mediastino und Pericardio saßen lauter Fettklumpen, letzteres war fast durchgängig an dem Herzen adhärent, folglich auch kein liquor pericardii zugegen. Am untern

Theile der rechten Herzkammer zeigte sich eine grosse Sugillation, die eine ziemliche Erhabenheit machte. Auf dieser Stelle zerschnitt ich das Pericardium, wo denn sogleich eine Quantität coagulirtes Geblüt herauskam.

Ich separirte mit aller Behutsamkeit das übrige adhärente Pericardium vom Herze, und fand, wo das Coagulum vom Blute war, eine Zerreissung in der rechten Herzkammer von 2 Zoll lang. Die fibrae musculares cordis traf ich ungemein ausgedehnt und dünne an, und von der gewesenen Anhäufung des Gebluts war die rechte Herzkammer sehr ausgedehnt.

Nach weiterer Untersuchung und gänzlicher Abschneidung beyder Herzkammern fand sich in der rechten ein sehr großer Polypus, welcher sich bis in die auriculam dextram erstreckte. Er hatte 5 Zoll in der Länge, und einen Zoll in der Breite, und war von sehr starker und fester Textur.

Aus allen diesen Anzeigen ist leicht zu schliessen, daß, da schon lange vorher eine ängstliche Respiration gewesen war, nebst den übrigen außerordentlich großen verdorbenen visceribus, und vielen starken Fettklumpen, auch der in der rechten Herzkammer sich generirte Polypus, die fibrae musculares des Herzens von ihrer Festigkeit haben abweichen, und von dem Druck und Gegendruck endlich das Herz hat platzen müssen.

George der 2te König von Engelland ist ebenfalls an der Zerplatzung des Herzens gestorben.

Die vier und zwanzigste Bemerkung,

von einer nephritide ulcerosa, wobey der Patient sehr ausgezehrt war, und durch Hülfe des Kalkwassers mit Milch vollkommen wieder hergestelit wurde. Von dem Herrn Regimentschirurgus, Ollenroth, des von Anhalt=Bärenburgischen Regiments.

Ein Landcavallier, 53 Jahr alt, bekam 1775, im Monat November, Schmerzen in den Nierengegenden, mit Verhaltung des Urins, nebst Krampf und Fieberanfällen.

Es wurde deshalb der Herr Professor Niezky consulirt, selbiger verordnete alle erforderliche Hülfsmittel, die sich auch anfänglich sehr wirksam bewiesen, doch aber nach und nach in denen überhand nehmenden Zufällen, die heftiger und lang anhaltender geworden, nicht von gehofftem Nutzen waren.

Durch länge der Zeit und Unruhe verfiel der Patient in eine starke Entkräftung und Auszehrungsfieber, und verlohr alle Hoffnung zur Genesung, ohngeachtet der Arzt allen möglichen Fleiß anwendete.

Im Jahr 1777, den 12ten Januar, wurde ich verlangt, und fand den Patienten im Bette krumm liegend, mit den heftigsten Krämpfen geplagt, am ganzen Körper abgezehrt, mit den empfindlichsten Schmerzen in den Nierengegenden, ausgespanntem Unterleib, und seit 4 Tagen Verhaltung des Urins.

Wegen des harten sehr fieberhaften Pulses, der zwar klein war, ließ ich zwey Tassen Blut am Arm, zapfte, vermittelst eines S förmigen Catheders wenigstens 4 Maaß Urin ab, ließ ein erweichendes Klystier appliciren, fomentirte den Unterleib mit einem Decoct von Heusaamen und Chamillen, gab innerlich eine mixturam antispasmodicam aus dem nitro depurat. ℨſſ. aqu. flor. sambuc. ℨvij ol. amygdal. dulc. ℨij syrup. papav. alb. ℨiij ☌ nitr. dulc. ℨiij, alle 2 Stunden umgeschüttelt, zwey Eßlöffel voll.

Den Catheder ließ ich in der Blase, um den Abfluß des Urins dadurch bequem zu befördern, weil er besonders bey einem Blasenkrampf schwerer zu appliciren ist, wie hier der Fall war, und auch allen fernern Reiz zu verhüten.

Nach solcher Ausleerung verminderten sich die Krämpfe merklich, nur die heftige Fieberbewegungen und die starke Entkräftung des Patienten schienen mir gefährlich. Ich ließ deswegen Molken mit Rheinwein bereiten, und öfters tassenweise trinken.

Die Nacht war sehr unruhig, den folgenden Morgen fand sich einige Stunden Schlaf, darauf aber wurden die Nierenschmerzen außerordentlich stark, und Patient erlitt wieder die heftigsten Krämpfe.

Ich

Die vier und zwanzigste Bemerkung. 267

Ich ließ ein Bad verfertigen, worinn Seife und gestoßene Steinkohlen gekocht wurden, und den Patienten, so schwach er auch war, bis an die Herzgrube darein setzen, und nach einigen Minuten fand sich starkes Drängen zum Uriniren. Der Catheder, der vorne zugepfropft war, wurde geöffnet, und es drang mit Force viel Urin durch, der mit einer materia sabulosa pituitosa stark vermischt war; besonders erschien erst solcher, nachdem er eine Stunde im Glase gestanden hatte. Darnach bekam Patient sehr viele Linderung, und die Krämpfe ließen schon in Zeit von einer halben Stunde im Bade nach.

Ich untersuchte die Blase mit dem Catheder sehr genau, allein nichts überzeugte mich von einem darinn befindlichen Stein. Nach allen äusserlichen und innerlichen Empfindungen des Patienten, gerieth ich auf die Vermuthung, daß die sandgrießartige Materie größtentheils ihren Sitz in den Nieren und in den uretheribus haben müsse, wie sich solches auch in der Folge bewiesen hat.

Meine größte Sorge gieng nunmehr dahin, dem Patienten die Kräfte zu verschaffen, womit die Natur bey solcher starken Entkräftung unterstützt werden muß, um fremde Materien aus dem Körper zu schaffen.

Ich ließ deswegen Bouillon von Hühner- und Kalbfleisch, mit etwas Rheinwein vermischt, öfters eine Tasse geben; und weil das Fieber ohne Nachlaß anhielt, so wurden darzwischen erwehnte Molken fen noch mit dem Vitrioli gehörig acidulirt, und dem Patienten öfters gegeben.

Die gedachte mistura antispasmodica wurde ausgesetzt, weil die Krämpfe aufhörten, und der Urin ohne Schmerzen abgieng, und um auch den Patienten dadurch nicht weiter zu erschlappen.

Die Fomentationes auf den Unterleib wurden fortgesetzt. Patient schlief diese zweyte Nacht einige Stunden, und der Urin wurde 3 mal eben wieder mit vielem Sandgrießeiter vermischt abgelassen.

Den 14ten, des Morgens, war der Puls etwas fieberfrey, daher ich den Abfluß des Urins zu befördern eher unternehmen konnte, und folgende Mischung gab, als:

℞. Tinct. rhabarb. aquos. ʒiv. liquor terr. fol.
Tr. ʒij Ω nitr. dulc. ʒiij M. D. S. Alle zwey Stunden, Vormittags, 1 Eßlöffel voll zu geben.

Dieses wurde bis zur angehenden Fieberhitze gegeben, welche sich Nachmittags, um 1 Uhr, wieder einfand. In der Hitze wurden wieder die säuerliche Molken gegeben, und der offene Leib wurde theils mit Klystieren, wie auch durch mit Wasser aufgelößtes ☉ mirabil. Glaub. zu wege gebracht.

Den 15ten war der Puls Fieberfrey, weich, aber matt, der Patient war mit einem egalen mäßigen Schweiß umgeben; der Unterleib nicht mehr expandirt; nur die regio pubis beym Anfühlen schmerz-

schmerzhaft; welche ich daher mit ol. lin. und camphor. vermischt, einreiben ließ.

Der Urin wollte durch den Catheter nicht mehr gehörig abfließen, weil dieser durch den zähen sandartigen eiterhaften Schleim ganz verstopft war; ich nahm ihn also aus der Blase, und der Abfluß geschahe per urethram ohne viele Mühe. Der Catheter war, so weit er in der Blase gesteckt hatte, mit eben solcher, aber härterer Materie, fest überzogen, so, daß man denselben durch Abweichung, vermittelst warmen Seifwassers, reinigen muste. Mit dem Gebrauche der innerlichen Medicin wurde unverändert fortgefahren.

Den 16ten befand sich Patient so gut, als man es unter diesen Umständen wünschen konnte. Da ich den Puls besonders ganz frey fand, ließ ich folgendes Infusum nehmen:

℞. půlv. cort. chin. opt. ℥ij.
  cicamom. ʒiij.
  aqu. commun. mj.
 coq. l. △ne et col. adde vin. hungar. ℥vj.
 M. D. S. Vormittags alle Stunden 1 Tasse
 voll zu geben.

Schon den Nachmittag dieses Tages stellete sich die Fieberhitze später ein. Die Nacht war mit einem guten Schlaf begleitet, der Urin aber zeigte sich mit mehrerm Eiter und Bodensatz von vielem Grieß, den folgenden Tag, als den

17ten befand sich der Patient etwas mehr bey Kräften, daher ich eher ein Bad wieder anwenden

den konnte, welches ich als ein vorzügliches Mittel, zu mehrerer Abführung der Materie, die noch in den Nieren abgesondert wurde, ansahe. Es gieng auch darnach eine große Menge Eiter per urethram ab. Um also noch mehrere Reaction in den festen Theilen hervorzubringen, ließ ich erwehntes infusum chinae verstärken, und auf bestimmte Art nehmen.

In den folgenden Tagen wurde der Eiterabfluß stärker, welches mir sehr bedenklich schien, weil Patient doch noch sehr entkräftet war. Ich beschloß also Kalkwasser mit Milch anzuwenden, welches ich auch den 21ten, bey dem Gebrauch der stärkenden Mittel, zu ein halb Maaß, täglich, nehmen ließ. Auch gab ich des Abends dabey ein Digestivpulver aus ☉ mirabil. Glaub. pulv. rhabarb. opt. āā ℈j. ol. foenicul. gutt. ij, M. pulv. D. S. mit einmal zu geben.

Die acidulirte Molken ließ ich des Nachts nehmen, auch die auf vorbeschriebene Art bereiteten Steinkolenbäder continuiren.

Nach 14 Tagen ließ zwar der Abfluß der Materie, wiewohl noch mit vielem Sandgrieß vermischt, etwas nach, doch ohne daß sich Patient dabey merklich erleichtert befunden hätte. Ich verordnete deshalb mehrere Nutrimenta aus Hirschhorngelee und Sagosuppe ꝛc. und ließ das Kalkwasser mit Milch noch mit ½ Maaß täglich vermehren. In Zeit von 4 Wochen verlohr sich der Eiterausfluß, wie auch der häufige Sandgrieß,

und

Die vier und zwanzigste Bemerkung. 271

und Patient nahm täglich an Kräften zu, so, daß derselbe in Zeit von 3 Monaten zur vollkommenen Gesundheit gelangte.

Ich rieth zwar, das Kalkwasser mit Milch noch einige Zeit fort zu gebrauchen, oder wenigstens es als eine Frühjahrscur sich empfohlen seyn zu lassen, ich weiß aber nicht, ob dieser Rath befolgt worden, weil ich, wegen des kurz darauf erfolgten Feldzuges, keine fernere Nachricht von den Umständen des Patienten einziehen konnte.

Es hat sich aber seit der Zeit, weil einmal eine Dispotion nach den Nieren von solcher sandgrießartigen Materie vorhanden war, wieder eine starke Ansammlung darinn vorgefunden, und Patient verlangte mich wieder im Jahr 1780. den 22ten Februar. Ich fand ihn auch fast in ähnlichen kränklichen Umständen, wiewohl nicht so abgezehrt. Nachdem ich der ersten Curmethode mich wieder bedient hatte, erfolgten täglich 2 Maaß eittrigter Sandgrieß per urethram.

Nach dem Gebrauche der täglichen Portion Kalkwasser und Milch, wie auch der erwehnten roborantium und nutrimente wurde Patient, in Zeit von 10 Wochen, wieder hergestellt, und er genießt bis jetzt, ohnweit Halle, die vollkommenste Gesundheit.

Man könnte diese Krankheit wohl mit recht nephritidem ulcerosam sabulosam nennen.

Die

Die fünf u. zwanzigste Bemerkung,

über die Verwachsung der Mutterscheide. Von Herrn Horn, Regimentschirurgus des von Rothkirchschen Regiments.

Die Verwachsung der Mutterscheide ist eine von denen Krankheiten des weiblichen Geschlechts, welche theils aus Schamhaftigkeit, theils aber auch aus Nachläßigkeit und Einfalt, gemeiniglich so lange geheim gehalten werden, bis sie endlich anfangen, beschwerliche Zufälle zu erregen, und die Gesundheit des Körpers zu zerrütten.

Nicht selten mag auch dieses Uebel wohl gar verkannt und verborgen bleiben, und daher unheilbare Krankheiten, ja wohl gar einen tödtlichen Ausgang, veranlassen.

Nach denen Erfahrungen, welche mir seit geraumen Jahren hierüber vorgekommen, glaube ich, daß dergleichen Uebel sogar selten nicht ist, als man gemeiniglich denken sollte. Bey Kindern aber habe ich die Verwachsung der Mutterscheide weit öfter, als bey Erwachsenen, bemerkt.

Bey Kindern äußert sich solche gemeiniglich durch ein schmerzhaftes Drängen, oder gar Zurückhaltung des Urins. Bey Erwachsenen aber bleibt dieses Uebel so lange verborgen, bis solche Mädgen in die Jahre kommen, wo die Monatszeit sich einstellet, da alsdann den Wirkungen der Natur ein unüberwindliches Hinderniß im Wege
stehet,

stehet, welches die beschwerlichsten Zufälle nach sich, zieht.

Man kann allerdings annehmen, daß sowohl Kinder mit einer verschlossenen Mutterscheide auf die Welt kommen, als auch, daß selbige erst nachher, und zwar in den ersteren Jahren ihres Alters, damit behaftet werden.

Im erstern Fall wird solche Verwachsung nicht so leicht bemerkt, noch untersucht, und kann daher leicht bis auf die Zukunft verborgen bleiben. Ein verschlossener After wird bey einem neu gebohrnen Kinde weit eher entdecket, als eine verschlossene Mutterscheide. Es ist mir kein Fall vorgekommen, wo bey einer verwachsenen Mutterscheide die urethra zugleich mit verwachsen gewesen wäre. Wenn demnach bey einem neu gebohrnen Kinde keine Verhaltung des Urins bemerket wird, so ist man gemeiniglich damit zufrieden, und denkt an keine weitere Untersuchung.

Der zweyte Fall aber, wo Kinder erst nach der Geburt, und zwar in den erstern Jahren ihres Alters, mit einer Verwachsung der Mutterscheide behaftet werden, kommt gemeiniglich weit öfter vor. Die verschiedene Arten von Verwachsungen, welche ich gesehen, machen solches höchst wahrscheinlich.

Die Hauptursache dieser Verwachsungen in den erstern Kinderjahren sind nichts anders, als das Wund werden, zwischen den labiis und den innern Theilen der Schaam, welches durch das öftere Benetzen des Urins veranlasset wird, und, wegen der Nachläßigkeit der Mutter, oder Wärterinnen, welche das Auswaschen, mit frischem Wasser, an diesen zarten Theilen versäumen, immer mehr und mehr zunimmt. Bey der Berührung dieser rohen und excoriirten Theile geschicht solche Verwachsung sehr leicht und geschwind, bald mehr, bald weniger. Ist die Verwachsung endlich so weit gediehen, daß die Haut fest und unempfindlich, die urethra aber nur dabey offen bleibt, oder nicht zufälliger Weise etwa verstopft wird, daß daher weiter keine Beschwerlichkeiten damit vergesellschaftet sind; so bleibt gemeiniglich das Uebel bis auf die Zukunft verborgen, es sey dann, daß die Verwachsung, besonders nach oberwärts, nicht völlig geschehen, sondern eine kleine Oeffnung übrig bleibt, da denn gemeiniglich der Urin sich zwischen der zum Theil verwachsenen Mutterscheide herunter senket, und ein schmerzhaftes Urinlassen veranlasset, oder es halten auch solche Kinder, aus Furcht der Schmerzen, den Urin gar zurück. Wenn dieses geschiehet, so wird, bey gehöriger Untersuchung, das Uebel noch zu rechter Zeit entdeckt, und ist durch eine sehr leichte Operation zu heben.

Die meisten Kinder, welche ich mit einer verwachsenen Mutterscheide gesehen, befanden sich im ersten und zweyten Jahre ihres Alters; doch ist mir auch eins von sieben Jahren mit einer völligen Verwachsung vorgekommen.

Bey

Die fünf und zwanzigste Bemerkung. 275

Bey allen ist die urethra offen gewesen, und nur bey einem habe ich selbige mit einem schmierigten Wesen verstopft gefunden.

Die Verwachsungen selbst habe ich von verschiedener Art gefunden. Bey dem einen entstand die Verwachsung von einer festen Haut, und es waren nur in der Mitte der Mutterscheide, und oben und unterwärts kleine Oeffnungen geblieben. Beym Urinlassen senkte sich der Urin zwischen diese Haut, und floß durch zwey Oeffnungen mit großer Beschwerlichkeit durch. Eine leichte Operation auf der hohlen Sonde hob dieses Uebel.

Bey einem andern Kinde war die Verwachsung von unten nach oben; doch war dieselbe oberwärts nicht vollkommen, sondern es war nahe an der urethra eine kleine Oeffnung geblieben, durch diese senkte sich der Urin beym Urinlassen herunter, und dehnte diese Haut, als eine Blase, mit großer Beschwerlichkeit aus.

Bey einigen Kindern, welche Schmerzen durchs Schreyen beym Urinlassen äußerten, auch nicht selten, aus Furcht der Schmerzen, den Urin an sich hielten, habe ich angehende Verwachsungen bemerkt. Ein Fall dieser Art bey einem Kinde, welches die gefährlichsten Zufälle von einer Verhaltung des Urins bekam, hat mich auf diesen Umstand besonders aufmerksam gemacht.

Eine Soldatenfrau vom Regimente brachte mir ein Kind von einem Jahre, welches seit 5 Tagen keinen Tropfen Urin gelassen hatte. Das Kind war höchst elend, hatte öfters Erbrechen, Hitze, und geschwinden Puls, welches wohl von dem resorbirten Urin herrühren mogte. Es hatte schon seit zwey Tagen die Brust nicht mehr nehmen, auch sonst nichts trinken wollen. Die mit Urin vollgefüllte Blase ragte in der regione hypogastrica als eine runde Kugel hervor, und war sehr hart. Die Frau sagte mir, daß sie schon verschiedene Mittel gebraucht, weil man es für Steinschmerzen gehalten hätte.

Als ich das Kind untersuchte, fand ich eine mit einer festen Haut ganz verwachsene Mutterscheide. Die urethra schien mir etwas zurückgezogen zu seyn, und auf der Oeffnung saßen einige schmierige Klümpergen, welche eine dick gewordene Feuchtigkeit aus den glandulis sebaceis seyn mogten.

Als ich hierauf mit einem convexen Bisturi die verschlossene Mutterscheide geöffnet hatte, entdeckte ich noch mehr dergleichen schmieriges Wesen in der urethra, welches den Kanal derselben verstopfte. Ich suchte das meiste mit einer feinen Sonde heraus zu schaffen, um alsdann mit einer Darmsaite vollends in die Blase zu kommen, wovon ich aber, wegen des heftigen Schreyens des Kindes, ablassen muste. Hierauf ließ ich ein lauwarmes Bad zubereiten, und das Kind hineinsetzen, und es dauerte nicht lange, als es, mit einem heftigen Schreyen, eine große Menge Urin ließ.

Zwi-

Zwischen die geöffnete Mutterscheide legte ich ein in frisches Wasser genetztes Läppgen, und unterrichtete die Mutter, wie sie ferner damit verfahren sollte.

Den folgenden Tag kam die Frau wieder, und klagte, daß das Kind seit gestern wieder keinen Urin gelassen, ohnerachtet es doch viel getrunken. Die Urinblase ragte wieder angefüllt hervor. Aus Furcht vor den vorher erlittenen Schmerz, mochte das Kind den Urin an sich gehalten, auch die Blase ihre Spannkraft etwas verlohren haben; nachdem aber dasselbe wieder in ein lauwarmes Bad gesetzt wurde, ließ es den Urin in ziemlicher Menge. Der Urin war trübe und molkigt. Auf diese Weise wurde bis den 4ten Tag continuirt, da denn das Kind wieder freywillig den Urin ließ. Nachher bekam dasselbe noch einen Ausschlag über den ganzen Körper, welcher ebenfalls von dem zurückgetretenen Urin seinen Ursprung haben mogte. Doch verlohren sich nach und nach alle diese Zufälle, und das Kind erhielt seine völlige Gesundheit.

Wenn die Verwachsung der Mutterscheide so lange verborgen bleibt, bis bey dergleichen jungen Mädgen die Monatszeit sich einstellet; so kann solches die traurigsten und gefährlichsten Zufälle erregen, ja wohl gar den Tod veranlassen.

Im dritten Kriege, in den Winterquartieren, zu Zurlau, bey Freyberg, 1757. sahe ich ein Bauermädgen von 24 Jahren, welches sehr elend und ausgezehrt aussahe. Die Mutter sagte mir, daß sie schon seit ein paar Jahren beständig ungesund sey, und sehr viel wegen des Monathlichen litte, daß um die gewöhnliche Zeit der innere Theil der Schaam sehr anschwelle, auch nur weniges Geblüt sich zeige, welches sie, durch Hülfe eines gelinden Drucks mit den Händen, nicht ohne die größte Beschwerlichkeit, befördern müsse. Auch habe sie viele Arzneymittel ohne die geringste Hülfe gebraucht. Nach vieler Vorstellung wurde endlich die Untersuchung zugelassen. Ich fand die Mutterscheide mit einer sehr dicken Haut verwachsen, welche nach unterwärts zwey kleine callöse Oeffnungen hatte, durch welche ich eine feine Sonde durchbringen konnte, wodurch ich in die Mutterscheide gelangte.

Auf mein Zureden entschloß sich das Mädgen zur Operation. Ich machte mit einem convexen Bisturi einen Einschnitt in die verwachsene Mutterscheide, und dilatirte selbige auf einer hohlen Sonde nach oben und unten. Die Haut war so fest und dick, als ein doppeltes Pergament, nach unten zu aber sehr ausgedehnt, so, daß ich auf beyden Seiten mit einer Scheere eine ziemliche Portion wegnahm. Es floß etwas röthliches Wasser aus, auch hatte sich ein völliges fibröses Wesen hinter der Haut angelegt, welches sich mit einem feuchten Schwamm leicht absondern ließ. Vielleicht war dies ein Ueberrest des zurückgebliebenen verdickten Bluts, da, wie sie mir sagte, etwa

vor

vor 2 bis 3 Tagen sich ihre Monatszeit gezeiget hatte.

Aus den beyden kleinen callösen Oeffnungen der Haut mögte sich, beym Eintritt des Monatlichen, das wenige Geblüt durchgepreßt haben, welches diese elende Person, durch Hülfe des Druckens mit den Händen, befördert hatte.

Den folgenden Monat darauf hatte diese Person ihre Monatszeit mit vieler Erleichterung, und ob ich zwar selbige nachher nicht wieder gesehen, so zweifle ich doch nicht, daß sie ihre Gesundheit wieder erlangt haben wird.

Ein ähnliches Exempel ist mir bekannt, nur mit dem Unterschiede, daß eine größere Oeffnung an der Haut der verwachsenen Mutterscheide gegenwärtig war, wodurch die menses ausgeflossen. Diese Verwachsung wurde erst bey der Verheyrathung entdeckt, und durch die Operation gehoben.

In hiesiger Gegend habe ich ein Mädgen von 18 Jahren gekannt, welches von Jugend auf die beste Gesundheit genossen hatte. Ein halbes Jahr vor ihrem Ende waren alle Anzeigen zur Einstellung des Monatlichen gegenwärtig, weshalb sie viele Beschwerlichkeiten erlitte. Es waren viele befördernde innerliche und äußerliche Mittel gebraucht worden, wornach aber ihre Zufälle zugenommen. Der angestellten Aderlässe ohnerachtet, drängte sich endlich das Blut dergestalt nach dem Kopfe, daß sogar das Weiße in den Augen ganz mit Blut überzogen war.

Als

Als man endlich den Verdacht wegen einer Verwachsung der Mutterscheide, oder des Muttermundes, äußerte; so wurde dennoch, aus einer unzeitigen Schaamhaftigkeit, keine Untersuchung verstattet, wie sie denn auch kurz darauf, an einem Blutschlagfluß, plötzlich verstarb.

Wie oft mag es wohl geschehen, daß ein dergleichen Uebel, welches durch eine chirurgische Operation leicht könnte gehoben werden, verkannt wird, und, durch den Gebrauch treibender Mittel, die gefährlichsten Zufälle, welche endlich tödtlich ablaufen, erregt werden.

Man findet auch in den Schriften der Aerzte Beobachtungen, von sonderbaren Versetzungen der Monatszeit. Eine merkwürdige Geschichte dieser Art ist mir selbst vorgekommen.

Ein Mädgen von 21 Jahren wurde von ihrer Mutter zu mir gebracht, welche hinterwärts im Nacken ein tuberculum, in der Gestalt und Größe einer Himbeere, hatte. Die Mutter erzählte mir, daß ihre Tochter vor einem Jahre immer gekränkelt und elend gewesen, seit einigen Monaten aber sey ihr hinterwärts, am Nacken, dieses Gewächs entstanden, woraus alle Monat 3 — 4 Tage hintereinander täglich 2 — 3 mal, auch wohl öfter, eine ziemliche Menge klares Blut flösse, und seitdem sey ihre Tochter gesünder. Ich habe einmal diese sonderbare Erscheinung mit angesehen. Das reine ne Blut drängte sich aus verschiedenen kleinen orificiis hervor, welches die Mutter jederzeit mit einer Tasse auffieng, und wenn etwa eine halbe Tasse voll, auch zuweilen mehr, oder weniger, ausgeflossen war; so hörte das Bluten von selbst auf. Sonderbar war es, daß wenn die Zeit zum Ausfluß des Bluts herannahete, so schwoll das tuberculum auf, wurde roth, und fieng an zu jucken; worauf sich denn das Bluten einstellte.

In der Zwischenzeit, wenn der Ausfluß des Bluts gänzlich vorbey war, fiel das tuberculum zusammen, wurde blaß und welk, und erhob sich nicht eher wieder, bis die ordinäre Zeit wieder erschien. Einige Monate nachher habe ich die Mutter wieder gesehen, sie sagte mir, ihre Tochter sey noch in dem nämlichen Zustande, aber dabey gesund, ohnerachtet sie weiter keine Anzeigen des Monathlichen gehabt.

Ich habe ein Fräulein von 40 Jahren gekannt, welches niemalen die Menses gehabt, dagegen sind alle Monate die fließende Hämorrhoiden richtig erschienen.

Sollten nicht dergleichen sonderbare Versetzungen der Monatszeit öfters ihren Grund in einer verschlossenen Mutterscheide, oder Verwachsung des Muttermundes, haben?

Die sechs u. zwanzigste Bemerkung,

von einer Taubheit, welche durch heftige Erkältung der Füße erregt ward, nebst andern Zufällen. Vom Herrn Lange junior, Amtschirurgus hieselbst.

Eine Jungfer, Namens: Ernestina Müllerin, von 33 Jahren, so seit 15 Jahren sich von Manchettenausnähen ernährt hatte, und dabey myops war, war sieben Jahre lang so harthörig, daß, wenn sie was hören sollte, man ihr sehr stark ins Ohr schreyen muste, überdem war sie zu der Zeit, wenn sich die Menses einstellen sollten, mit heftigen Zuckungen und Verdrehungen des Kopfs, wie auch mit starken Beklemmungen der Brust geplagt, die bisweilen bis zum Ersticken giengen.

In solchen Umständen fand ich eben diese Person, als ich einmal des Abends eiligst gerufen wurde, um ihr durch eine Aderlaß Luft zu verschaffen. Da ich den Puls hart und voll fand, so ließ ich ihr sogleich eine gute Portion Blut weg, und zwar am linken Arm, als an welcher Seite sie die größte Beklemmung empfand. Nachher verordnete ich sogleich ein eröffnendes Klystier, ein lauliches Fußbad mit etwas Asche, und Pulver aus dem nitr. depurat. cremor. ♃. aa gr. XV. castor. russ. gr. V. pro dosi, alle 3 Stunden 1 mit Chamillenthee zu nehmen.

Den

Die sechs und zwanzigste Bemerkung. 283

Den folgenden Morgen erfuhr ich, daß die Patientin etwas geschlafen hatte, aber über ein starkes Sausen im Kopfe, und über große Schwäche in den Augen klagte. Zu gleicher Zeit erzählte sie mir, daß sie schon 7 Jahre lang mit der Harthörigkeit und Krämpfen des Kopfs, welche seit einiger Zeit sehr zugenommen, geplagt wäre; sie hätte schon sehr vieles gebraucht, allein nichts hätte ihr helfen wollen.

Auf mein Begehren, daß sie mir den ganzen Verlauf, und den Ursprung ihrer Krankheit erzählen möchte, meldete sie folgendes: Sie wäre vor 8 Jahren im Sommer über Land gegangen, und auf dem Rückwege von einem starken mit Hagel vermischten Platzregen überfallen, und durch und durch naß geworden, nur nicht der Kopf, als worauf sie einen guten Strohhut gehabt; und da der Regen angehalten, so habe sie an einigen Orten bis an die Waaden durchs Wasser gehen müssen, welches von dem Hagel sehr kalt gewesen, darauf ihr die menses ausgeblieben wären, es hätten sich anhaltende heftige Kopfschmerzen eingefunden, und weil sie wegen der feinen Arbeit den Kopf sehr herunterbiegen muste, so wurde dadurch der Rückfluß des Bluts aus demselben sehr erschwert, und durch die dadurch verursachte zu starke Ausdehnung des systematis venosi, der Kopf zum Krampf disponirt. Nach einiger Zeit wäre allemal, wenn die Menses hätten eintreten sollen, Blut aus den Ohren gelaufen, (wohl zu merken, nach vorhergegangangenem Krampf im Kopf,) worauf sie denn etwas Erleichterung bekommen, wäre harthörig geworden, die Harthörigkeit hätte beständig zugenommen, der Krampf desgleichen, und der Ausfluß des Bluts aus den Ohren habe sich nach und nach verlohren.

Bey Untersuchung der Ohren, fand ich in denselben den canalem auditorium externum mit einem steinharten Thrombo gänzlich verstopft, welcher von dem coagulirten verhaltenen Blut und cerumine aurium entstanden war.

Nachdem ich viele Wochen erweichende Mittel und laulichte Injectionen angewandt hatte, bekam ich, vermittelst einer Schraube, so ich in die Thrombos applicirt hatte, dieselben aus beyden Ohren heraus, weil es auf eine andere Art gar nicht möglich war.

Die Patientin war vor Freude ganz außer sich, da sie sogleich alles deutlich hören konnte, was gesprochen wurde, auch nachher, zu ihrem größesten Vergnügen, dem öffentlichen Gottesdienst wieder beywohnen, und den Prediger vollkommen verstehen konnte.

In die Ohren legte ich nach einiger Zeit Bourdonets, mit einer Mischung von ess. succin. ʒij ess. castor. ʒj etwas angefeuchtet, um die Gehörgänge, welche bisweilen eine blutige Feuchtigkeit von sich gaben, zu stärken.

Um die Menses zu provociren, ließ ich folgende Mittel gebrauchen:

℞.

Die sechs und zwanzigste Bemerkung.

℞. mass. pill. balsam. Becheri ʒß. ass. foetid. ʒij castor. russ. Ɉij, croc. oriental. Ɉj, extr. panchymag. Croll. ʒß ▽t. ☿r. calc. viv. parat. ʒiß. m. f. l. a. pill. pond. gr. iß D. S. Pillen, wovon des Morgens um 7, und des Nachmittags um 4 Uhr, jedesmal 15 Stück, mit den unten beschriebenen Thee, zu nehmen. Beym Schlafengehen verordnete ich ihr folgendes Pulver:

℞. nitr. depurat. cremor. ☿r. āā Ɉß. borac. venet. gr. vj, croc. orient. gr. ij, m. f. pulv. in viij æpl. S. Alle Abende 1 Pulver zu nehmen, und von dem folgenden Theetrank täglich etliche Tassen zu trinken.

℞. herb. marrub. alb. rut. hort. salv. flor. chamomill. rom. āā mj. flor. char. pj, cort. cinamom. ʒj S. species, wie Thee zu gebrauchen, und die Arzeney damit zu nehmen.

Diese Arzeneyen verminderten die Krämpfe, verschafften der Patientin Ruhe, und weil sie sehr zu Verstopfungen geneigt war, so wurde auch der Leib täglich dadurch gelinde geöffnet.

Aeusserlich wurden öfters pediluvia und semicupia aus Flußwasser mit Venetianischer Seife, besonders versus tempus catameniorum, adhibirt, ingleichen hirudines ad pudenda gesetzt, und V. S. in pede instituirt.

Ich machte es mir gleich bey Anfange der Cur zur Bedingung, daß Patientin das strenge Nähen und Sitzen, während derselben, vermeiden,

und

und sich öfters mäßige Bewegung machen müssen, welche Vorschrift sie auch genau befolgete.

Nach dieser Behandlung stelleten sich auch die Menses wieder zu der vormals gewöhnlichen Zeit ein, alle vorerwehnte Symptomata cessirten, und ich ließ der Patientin, zum Schluß der Cur, vinum chalybeatum lond. gebrauchen, zu dem noch etwas Rhabarber gesetzt wurde.

Die Augen, die durch den Krampf sehr geschwächt waren, mußte Patientin sich des Tages öfters mit kaltem Wasser waschen, auch, wenn es ihre Zeit erlaubete, Kompressen, mit Wasser angefeuchtet auf die Augen legen, und des Tages etlichemal den spiritum ophthalmicum des Herrn Generalgirurgi Schmucker gebrauchen; welches ebenfalls den besten Nutzen hatte.

Die sieben u. zwanzigste Bemerkung,

über die Milchgeschwülste. Von Herrn Otto Justus Evers, Chur-Hannöverischem Regimentschirurgus.

Die Anhäufung der Milch in den Brüsten, und die übeln Folgen, welche daher entstehen, als Geschwulst, Entzündung, Vereiterung und Verhärtungen der Brüste, gehören ohnstreitig unter diejenigen Zufälle, welche besonders die Aufmerksamkeit der Wundärzte verdienen.

Die sieben und zwanzigste Bemerkung.

Die materia medica besitzt zwar wider diesen Zufall, so wie vor alle Gebrechen des Körpers, einen Reichthum an Mitteln, und man mag ein Buch von dieser Art, welches man will, nachschlagen, so wird man allemal mehr über die Wahl, als über den Mangel der Hülfsmittel, sich in Verlegenheit befinden. Vermuthlich war dieses die Ursache einer Anfrage im Hannöverischen Magazin, welches die sichersten Mittel sind, die Milch der Kindbetterinn zu vertreiben.

Diese Frage ist zwar schon in den Berliner Mannigfaltigkeiten, von dem Herrn Theden, auf eine gründliche Art beantwortet worden, (und ich würde es für gänzlich überflüssig halten, etwas darauf zu antworten,) wenn ich nicht gefunden hätte, daß auch bey Zufällen dieser Art, die belladonna ganz besondere Heilkräfte äußerte. Ich theile meine Bemerkungen mit, um die Wundärzte auf diese wirksame Pflanze aufmerksam zu machen, und bey dieser Gelegenheit will ich noch einige Bemerkungen anführen, wie man diesen Zufällen auf eine vernünftige Art begegnen solle.

Findet man für nöthig, die Milch zu vertreiben, so hat man nicht allein auf die allgemeine Vollblütigkeit des Körpers, sondern auch noch besonders auf die Vollblütigkeit der Brüste, und auf die Verminderung des Nahrungssaftes zu sehen.

In der ersten Absicht sucht man also die Lochia, so lange als möglich, fließend zu erhalten, wie auch

auch die Ausdünstung des Körpers zu befördern, und verordnet eine magere säuerliche Diät. Der Fluß der Lochien kann durch eine vermehrte Ausdünstung der untern Extremitäten, welche durch das Reiben mit warmen flanellnen Tüchern, und laulichte Fußbäder bewirkt wird, durch Klystiere und Aderlässe an den Füßen unterhalten werden, und die allgemeine Ausdünstung befördert man durch eine mäßige Stubenwärme und gelinde schweißtreibende Mittel.

Wann die Milch einige Zeit nach der Geburt durch den Gebrauch dieser Mittel noch nicht unterdrückt ist, so können die Aderlässe und die Fußbäder wiederholt werden, und diese letztern werden vorzüglich wirksam seyn, wenn man, so lange die Füße im Wasser sind, oberhalb der Waade Strumpfbänder fest anlegt. Auch kann man sich mit Nutzen gelinder abzuführender Mittel bedienen, und in den mehresten Fällen wird die Milch durch diese einfache Behandlung aus den Brüsten verschwinden.

Sollte dieses nicht erfolgen, so muß man seine Zuflucht zu äußern Mitteln nehmen, und die Milch entweder durch dienliche Werkzeuge auszuführen, oder durch topische Mittel zurück zu treiben, und wieder in den Kreißlauf zu bringen suchen. Sind die Brüste vor der verhaltenen Milch schon geschwollen und verhärtet, so findet das Aussaugen weder mit dem Munde, noch durch
Werk-

Die sieben und zwanzigste Bemerkung.

Werkzeuge statt, sondern man muß vielmehr zertheilende Bähungen zu Hülfe nehmen.

Man läßt an dem Kamisol der Patientin eine Serviette befestigen, und unter dieser den Dampf von warmgemachtem Halbbier, in welches glühende Kiesel geworfen werden, an den leidenden Theil gehen, und bestreichet hernach die Brüste, wenn sie auf diese Art einige Zeit gebähet worden, mit ungesalzener Butter, da denn die stockende Milch von selbst ausfließen wird.

Auch kann man sich zu dieser Absicht kalter Fomentationen aus Weinessig und Wasser, oder aus gemeinen rothen Rosen und rothem Wein, oder aus Weitzenkleye mit rothem Wein, oder Weinessig bedienen, und niemals wird man Schaden anrichten, wohl aber durch Umschläge mit Brandwein, oder Bleymitteln, welche in diesen Fällen jederzeit schädlich sind.

Nebst diesen topischen Mitteln muß jedoch das Hauptaugenmerk auf die Unterhaltung, oder Wiederherstellung, des Flusses der Lochien gerichtet werden. Das arcanum duplicatum, und die Zubereitungen aus Stahl, sind zu dieser Absicht vorzüglich zu empfehlen. Schrecken, Zorn, Erkältungen, und andere oft unvermeidliche Zufälle, sind mehrentheils die Ursache, daß die Lochien unterdrückt werden, und die Milch in denen Brüsten stockt. Ich halte es für unnöthig, alle daher entstehende Zufälle zu erzählen, da sie der berühmte Wundarzt, Herr David, in einer lesenswerthen

Preißschrift so gut auseinander gesetzt hat; vielmehr will ich einige Erfahrungen über diesen Gegenstand und meine Heilmethode erzählen.

Einer muntern Frau von 22 Jahren, welche seit 6 Tagen zum zweyten mal glücklich entbunden worden, und bey welcher die Lochien gehörig abgiengen, blieben dieselben nach einer Erkältung stehen. Es fand sich hierauf eine harte, rothe, schmerzhafte Geschwulst der rechten Brust, mit abwechselnder Hitze und Frost, Durst, und hartem Pulse, ein.

Den 2ten Tag darauf wurde ich gerufen; ich ließ am Arm eine starke Portion Blut weg, legte über die geschwollene Brust einen Umschlag aus Weitzenkleye und rothem Wein, und ließ täglich 20 Gr. arcanum duplicatum mit eben so viel Rhabarber nehmen. Es fand sich ein gelinder Durchfall ein, die Lochien wurden wieder fließend, und nach 3 Tagen war die geschwollene Brust, bey Beobachtung einer mageren Diät, wieder geheilet. Eine solche Zertheilung würde gewiß weit öfterer erfolgen, und die Vereiterung geschwollener Brüste würde nicht so gewöhnlich seyn, wenn sich die gemeinen Wundärzte nicht das Vorurtheil in den Kopf gesetzt hätten, daß sich nach dem 5ten Tage an keine Zertheilung mehr denken ließe.

Eine andere gesunde Frau war seit 14 Tagen glücklich entbunden worden. In den ersten Tagen war der Fluß der Lochien gehörig, allein nach einer heftigen Aergerniß blieben sie plötzlich stehen.

Es

Es erfolgte Frost und Hitze, und seit 6 Tagen waren die Brüste geschwollen, roth, und schmerzhaft, und die Milch blieb stehen.

Ich legte erweichende Umschläge auf, und erwartete, nach Levrets Rathe, bis sie von selbst aufbrachen, weil, wie die Erfahrung lehret, sie alsdann mehrentheils am untersten Theil aufbrechen, und das Eiter leichter abfließet, als wenn man an dem obersten Theil eine künstliche Oeffnung macht. Durch das arcanum duplicatum und die Rhabarber stellte ich zu gleicher Zeit die Lochien wieder her, und nach einigen Wochen heilten die aufgebrochenen Brüste.

Eine Frau von 40 Jahren, welche seit 10 Wochen zum 8ten male glücklich entbunden worden, zog mich wegen einer geschwollenen steinharten und fast unschmerzhaften Brust zu Rathe. Sie hatte einen sehr großen Umfang, und war hin und wieder mit blaßrothen Streifen gefärbt. Die ersten Tage flossen die Lochien gehörig, allein durch eine beständige Traurigkeit, wegen unglücklicher häuslichen Umstände, blieben sie den 6ten Tag zurücke.

Da sie außerdem zur Verstopfung geneigt war, so hatte sie wenig Oeffnung, und der Unterleib war hart und gespannt. Da nun die Milch ohnedem zur Gerinnung geneigt ist, besonders, wenn sie lange stockt, und dadurch ihre flüßige Theile verliert, so suchte ich ein solches Auflösungsmittel, wodurch sie entweder wieder in den Kreißlauf, oder doch wenigstens zu einer Vereiterung gebracht werden könnte.

Ich glaubte ein solches Mittel in der bella donna zu finden, und gab ihr daher des Abends 5 Gran derselben mit eben soviel Rhabarber ein.

Nach 12 Tagen wurde die Brust weißer, ihr Umfang kleiner, und der Fluß der Lochien stellte sich sehr stark wieder ein. Aeußerlich legte ich das Cicutenpflaster auf Leder gestrichen über, und nachdem sie 36 Portionen von dem schon gedachten Pulver genommen hatte, war sie von diesem hartnäckigen Uebel gänzlich befreyt.

Die ganze Zeit der Cur stillte sie ihr Kind mit der gesunden Brust, ohne daß dieses nur im geringsten Kennzeichen einer Krankheit, oder Uebelkeit, hätte merken lassen.

Auf diese Art habe ich noch 14 verhärtete Brüste geheilt, von welchen sich einige vereiterten, bey allen aber stellten sich die unterdrückten Lochien wieder ein, und ich glaube durch diese glückliche Versuche einigermaßen berechtiget zu seyn, auch in Fällen dieser Art die bella donna unter die wirksamsten Mittel zu setzen, und ich habe die größte Hoffnung, daß sich diese gute Wirkung durch die Erfahrung anderer Wundärzte noch mehr bestätigen wird.

Die acht u. zwanzigste Bemerkung,

von einer Wöchnerin, bey der man nach dem Tode eine Menge Eiter im Unterleibe fand, welches von einer zurückgetretenen Milch erzeuget war. Von dem Regimentschirurgus, Herrn Papendick, des v. Pomeiskischen Dragonerregiments.

Eine Frau von 30 Jahren, die stark gewachsen, aber blassen Angesichts, und von schwachen Musculfiebern war, die in ihrer Schwangerschaft weiter keine Zufälle gehabt hatte, als daß sie ohngefähr 3 Wochen vor ihrer Entbindung, von einer Ohnmacht überfallen wurde, nebst einem kleinen Fieber, welches alles aber nach einer Aderöffnung, und dem Gebrauch gelinder ausleerender Mittel, nachließ, wurde den 13 Februar 1780. durch eine natürlich leichte Kopfgeburt von einem zwar gesunden doch schwachen Kinde glücklich entbunden.

Die Nachwehen, und alle bey einer Wöchnerin gewöhnliche Zufälle, waren besonders gut. Den Tag nach ihrer Entbindung war der Puls ganz ruhig, sie befand sich auch bis den 15ten, Abends, vollkommen wohl, um 5 Uhr aber, nachdem ich sie nur noch eine Stunde vorher besucht hatte, wurde ich zu ihr gerufen. Sie klagte über eine starke Beklemmung auf der Brust, das Athemholen war sehr schwer, der Puls klein und zurückgezogen.

Voll Erstaunen sahe ich diese so schleunig erfolgte Zufälle an, und erkundigte mich nach der Ursache, da ich denn erfuhr, daß sie aus dem Bette aufgestanden, und, sehr leicht angezogen, zu Stuhle gegangen wäre, und daß noch dazu in dem geheimen Gemache das darinn befindliche Zugfenster offen gestanden hätte. Dieses war zur Erklärung der ihr zugestoßenen Zufälle völlig hinreichend: denn da sie auf einmal von einer kalten Luft überfallen worden, und sie diese auch eingehaucht hatte, so muste nothwendig von ersterer ein äußerlicher, und von letzterer ein innerlicher Krampf entstehen. Denkt man sich nun noch bey Wöchnerinnen das Absonderungsgeschäffte in den Brüsten, und zu diesen die zurückgetretene Ausdünstung, so musten nothwendig gedachte Zufälle entstehen.

Nach häufigem warmen Getränke erfolgte ein Brechen von Cruditäten; und da diese ebenfalls mit Ursache von diesen Zufällen konnten gewesen seyn, so gab man ihr ein Laxans, sie kam zwar etwas in Transpiration, die Beklemmung aber ließ nicht viel nach. Der Puls hob sich etwas, blieb aber stark fieberhaft, und in der Nacht erfolgten 3 Sedes.

Den 16ten, des Morgens, befand sie sich ziemlich wohl, der Puls war noch etwas voll und fieberhaft, sie beklagte sich über weiter nichts, als über etwas Schmerzen im Unterleibe, aber doch nicht so stark, daß man eine Entzündung befürchten konnte. Aus der Vagina floß ein mit Blut gefärbter

färbter Schleim. Es wurde heute eine einfache mixtura diaphoret. gegeben, und auf den Unterleib wurden Cataplasmata gelegt. Gegen Abend zeigte sich eine starke Röthe der Wangen, Hitze, und ein sehr fieberhafter Puls.

In der Nacht zum 17ten hatten die sich gestern Abends eingefundene Zufälle continuirt; sie befand sich wieder etwas erleichteter, doch mehr betäubter, und sie gebrauchte die gestrige Medicin wieder. Zum potu ordinario wurde blos ein infusum theiforme ex floribus chamomill. oder Haferschleim gegeben. Es fand sich heute aber der übele Zufall ein, daß, nach jedesmaligem Eingeben, ein Erbrechen von etwas gallichten Unreinigkeiten folgte, auch dann und wann Singultus sich einfanden; und weil man diese Zufälle wohl mehr von einem Krampfe herleiten konnte, durch welchen sich die Galle in den Magen ergossen hatte, und diesen reizte, so wurden Opiate gegeben. Abends vermehrte sich das Fieber und alle Zufälle hielten an. Diesen Abend starb auch ihr Kind.

Den 18ten früh zeigte sich der Puls zwar etwas ruhiger, das Anhalten aller Zufälle aber und eine starke Entkräftung zeigten von der Bösartigkeit dieser Krankheit. Es wurde ihr der ♁ Mindereri, mit dem Camphor, und Lavements gegeben, um, sowohl der Auflösung der Säfte, als auch den Krämpfen Einhalt zu thun, und durch die Transpiration vielleicht Eranthemata zu bewirken. Das Laudanum wurde noch dann und wann zu 10 Tropfen gegeben. Der Schmerz im Unterleibe zeigte sich zwar nicht stärker, auch der Puls nicht das geringste Entzündungsartige an, sondern er schien mehr zu sinken; man legte ein vesicatorium in regionem epigastricam, um, sowohl der Entzündung vorzubeugen, als auch dem Singultus Einhalt zu thun. Abends stellte sich das Fieber wieder ein.

Den 19ten früh merkte man die Remission des Fiebers wieder; das Vesicatorium hatte gut gezogen, und sie schien überhaupt etwas munterer, als die vorigen Tage zu seyn, auch der Singultus hatte sich verlohren, und es wurde die gestrige Medicin gegeben; und obgleich aus der Vagina noch immer ein Schleim floß, so glaubte man doch, wenn man den fluxum lochiorum wieder herstellen könnte, Linderung der Zufälle zu verschaffen. Denn, erfolgten auch nicht Lochia, so muste doch die Ausleerung dieser Gefäße, wo jetzt die Natur absonderte, immer heilsam seyn. Zu diesem Ende wurden also Blutigel ans perineum vaginae applicirt, wodurch auch ein guter Theil Blut abfloß, doch ohne Verminderung der Zufälle. Die Brüste ließ man aussaugen, ob sie gleich nicht angeschwollen waren. Abends stellte sich das Fieber wieder ein, und dauerte die Nacht fort.

Den 20ten, der Puls war etwas ruhiger, und sie schien noch munterer als gestern zu seyn, das Brechen hielt aber noch an, wenn sie auch nur das mindeste genoß. Da sie in der ganzen Zeit
kein

kein Ausleerungsmittel bekommen hatte, gab man pulv. rad. rhei Ɔii, um, sowohl verhaltene Unreinigkeiten abzuführen, als auch insonderheit (da man bis jetzt den Leib blos durch Lavements offen gehalten hatte,) den ordentlichen motum peristalticum wieder herzustellen. Dieses Pulver wurde aber wieder weggebrochen, und die Kranke war seit gestern sehr unzufrieden. Abends war das Fieber eben so stark.

Den 21ten, ob der Puls es gleich nicht anzeigte, so war sie doch ganz besonders munter, das Brechen hatte sich auch gelegt, sie forderte sich selbst Medicin, kurz alles schien Hoffnung zur Besserung zu geben. Abends stellte sich das Fieber wieder ohne alle Verminderung ein, nur das Brechen blieb ganz aus.

Den 22ten befand sie sich noch weit besser, als gestern, sie hatte aber noch immer einen schleichenden geschwinden Puls, und klagte über etwas Schmerzen im Unterleibe, die sie auch noch in den vorigen Tagen beständig empfunden hatte. Abends war das Fieber sehr stark, der Puls änderte sich in Ansehung der Geschwindigkeit zwar nicht, er wurde aber sehr gespannt.

Den 23ten früh, da ich sie noch weit besser, als gestern, zu finden glaubte, erstaunte ich, da ich sie in dem heftigsten Fieber antraf. Die Augen waren ganz trübe, die Sprache schwerer, die Zunge trocken, die Haut heiß, kurz sie fieng schon zu agonisiren an. Etwas seltsames aber war es, daß

der

der Puls nicht mit diesen Zufällen übereinstimmte, denn er war irregulair und zitternd, jedoch so voll und zur Entzündung geneigt, wie ich ihn in der ganzen Krankheit noch nicht gefunden hatte, und sie klagte über nichts, als daß ihr ganz wohl wäre. Der Leib war etwas aufgetrieben. Es wurden sogleich 2 Vesicat. an den Waden und 1 im Nacken gelegt. Innerlich wurden krampfstindernde Pulver aus Camphor und ⊖ vol. CC. gegeben. Die Zufälle continuirten immer fort. Der Puls schien zwar etwas zu sinken, blieb aber doch, in Vergleichung gegen die Zufälle, noch immer zu voll.

Den 24ten, die Zufälle hielten noch an, der Puls blieb immer voll, und einige (nur practischen Aerzten bekannte) besondere Züge des Gesichts und sedes involuntariae ließen einen baldigen Tod vermuthen. Abends zeigte sich etwas mehr Engbrüstigkeit, und in einer halben Stunde, ohne daß man vorher das mindeste bemerkt hatte, schwoll die parotis sinistra dermaßen an, daß sie sich über der maxilla inferiori erhob. Die äußere Haut war nur ein wenig entzündet, und da man dieses als eine metastasin ansehen konnte, wurden Cataplasmata appliciret, und den

25ten nahmen alle Zufälle zu. Sie hatte jetzt soviel Bewußtseyn nicht mehr, daß sie sagen konnte, ob sie starke Schmerzen der Drüse hätte, die doch immer mehr anschwoll. Der Puls fieng jetzt wirklich an zu sinken, und sie starb

den

den 26ten Nachmittags um 3 Uhr an diesen Zufällen.

Bey der Untersuchung nach dem Tode fand man den Unterleib, welcher ganz weich anzufühlen war, mäßig aufgetrieben. Sobald man den Schnitt durchs peritoneum gemacht hatte, stürzte eine Menge stinkendes Eiter heraus, und die ganze Höhle des Unterleibes war dermaßen mit Eiter angefüllt, daß es wohl 5 Maaß betrug. Das omentum majus war dick und hart; ich verstehe hierunter aber keine Obstructiones, sondern eine gleichförmige Härte, die blos von der Schärfe des Eiters entstanden war, durch dessen Reiz eine Entzündung, und nachher eine Verwachsung entstanden war. Es war an vielen Stellen vom Eiter angefressen, selbst am lobo maiori hepatis, und zwar an der superficie inferiori marginis interioris war eine Anfressung geschehen. Das omentum minus, die übrige Substanz der Leber, überhaupt alle viscera in cavitate superiori abdominis waren gesund. Als man das omentum zurückschlug, zeigten sich die intestina nicht aufgetrieben, man sahe aber an verschiedenen Stellen (weil das flüßige Eiter abgelaufen war,) kleine Fettklümpgen liegen, welches aber dickes Eiter war. Die ganze äußere Fläche der Gedärme war angefressen, bis auf die strata muscularia, besonders das ileum: im coeco fand man eine von außen nach innen gehende durchgefressene Oeffnung; in den Gedärmen, deren Häute unverletzt waren, waren die

Gefäße

Gefäße stark aufgetrieben, aber doch merkte man keine sphacelirte Stellen.

Der Uterus war ordentlich zusammengezogen. An der äußern hintern Fläche desselben war ebenfalls etwas Anfressung geschehen, weil das Eiter hier mehr im Becken eingeschlossen war. Die vordere Fläche war ganz gesund.

Die Ovaria waren ebenfalls angefressen. Bey der Durchschneidung des Uteri fand man nicht den mindesten Grad weder von jetziger, noch von vorhergegangener Entzündung, sondern die innere Flächen waren mit einem weißen Schleim überzogen.

Bey Oeffnung des tractus intestinorum fand man nicht die mindeste Entzündung an den innern Flächen der Eingeweide. Die Villosa war mit einem natürlichen Schleim überzogen; die Galle war flüßig, und grünlicher Farbe.

Man öffnete hierauf die Brusthöhle. Die Brüste selbst waren schlaff und weich. Man machte einen Einschnitt gleich über der Brustwarze, wo alsdenn aus den Drüsen etwas Milch hervorquoll, die aber gelblich, zähe, und schleimigt war. An dem Eingeweide in der Brust war nichts widernatürliches zu bemerken.

Die aufgetriebene Parotis fühlte sich ganz hart an. Als man sie in der Quere durchschnitt, so quoll ebenfalls aus den kleinen acinis glandulosis ein weißgelblichter klebrichter Saft, der nichts weniger als Eiter, sondern in allem Betracht, der bey

der

der Durchschneidung der Brustdrüsen sich zeigenden Milch gleich sahe.

Bey der Untersuchung des Kopfs fand man alles im natürlichen Zustande.

Die neun u. zwanzigste Bemerkung,

von einer glücklich geheilten Schußwunde des Oberarms, wo der gröste Theil der cavitatis glenoidalis scapulae, und 2 Theile des capitis et colli ossis brachii zerschmettert waren.

Von dem vorigen Verfasser.

Jacob Ehrhardt, 34 Jahr alt, Grenadier vom hochlöblichen Bataillon von Eberstein, wurde am 26 November 1778. von einer Kartätschenkugel an der linken Schulter verwundet, und den 30ten November in das Hauptlazareth zu Neiße gebracht.

Bey der Untersuchung fand ich, daß die Kugel durch den vordern und obern Theil des musculi deltoidei hineingegangen, und schief aufwärts, am hintern Theil desselben, wieder herausgekommen war, so, daß dadurch ein Theil des musculi deltoidei, die beyden obere ⅔ des capitis ossis brachii, und die obere und hintere Hälfte des acromii zerstört war.

Ich dilatirte sogleich die hintere Oeffnung des Schußkanals, so viel, als es zur Herausnehmung der zerschmetterten Knochenstücken nöthig war, verband übrigens die Wunde trocken, und ließ eine Fomentation aus dem cortice peruviano et ℈ ɀc. c. nitr. darüber legen, innerlich aber wurden temperantia gegeben, und eine V. S. instituirt.

Am 1sten December kam bey dem Verbinden viel Gliedwasser zum Vorschein: es war noch ein beträchtliches Stück vom Acromio abgebrochen, da es aber noch etwas fest saß, so suchte ich es auch noch mehr zu erhalten. Ich reinigte die Wunde mit der injectione balsamica, verband mit dem balsamo commendatorio und linimento nigro, die Fomentation wurde continuirt, und der Arm mit einer Metella unterstützt. An diesem Tage bekam Patient ein antiphlogistisches laxans. Als ich auf diese Weise

bis den 5ten December fortgefahren war, hatte sich die Wunde gereiniget, und die Suppuration war sehr stark. Ich ließ nun das linimentum nigrum weg, und wählte an dessen Stelle den bals. arcaei. Mit der kalten Fomentation wurde continuiret, und innerlich ließ ich den cort. c. nitro versetzt täglich zu einer ʒß nehmen.

Den 26ten December verringerte sich die Suppuration täglich, und es wurden einige unbeträchtliche Fragmente aus der Wunde genommen. Das abgebrochene Stück des Acromii befestigte sich, nur hieng es etwas mehr nach unterwärts. Die vordere

dere Oeffnung des Schußkanals aber war beyna=
he heil.

Am 27ten December nahm ich noch ein Frag=
ment vom capite ossis brachii unter der cavitate
glenoidea scapulae heraus. Von dieser Zeit an
verminderte sich die Suppuration sehr, und die
Wunde fieng an sich mit Fleisch auszufüllen. Ich
veränderte im Verbande und dem innerlichen Ge=
brauche der Arzeneyen nichts.

Den 16 Januar 1779. da sich die Wunde
fast ganz mit Fleisch geschlossen hatte, entstand
eine harte Entzündung 2 Finger breit unter der
insertion des musculi deltoidei; ich ließ sie mit
dem ungv. basilic. und cataplasmat. emollient. be=
legen. Der innerliche Gebrauch des cort. peruv.
wurde ausgesetzt. Am

26ten Februar war der hintere Schußkanal
noch nicht geheilt; ich konnte noch einen Zoll tief
mit dem Sucher gegen das Gelenke kommen, von
Knochenstücken wurde ich aber weiter nichts gewahr.
Bis daher hatte ich mit lockeren Bourdonets ver=
bunden, jetzt aber ließ ich sie weg, und belegte
die Wunde blos mit Plumaçeaur, die sehr dick
mit dem balsamo arcaei bestrichen waren, und bey
dieser Behandlung war den 18ten May die Wunde
geheilt, und Patient vollkommen gesund.

Die

Die dreyſigſte Bemerkung,

von einer zerſchmetterten Hand, die durch Zerſprengung eines Gewehrs verurſacht und wieder geheilt worden. Von dem Königl. Penſionchirurgus, Herrn
Harbicht.

Andreas Ordelin, Unteroffizier von des Herrn Hauptmann v. Arendt 1ſten Brigade, gieng den 17ten September, nach einer vorher gehabten Krankheit, um ſich eine Motion zu machen, auf die Jagd. Er nahm eine Vogelflinte, in der aus Verſehen 2 Schuße Schroot geladen waren, um damit kleine Vögel zu ſchießen. So bald er nun einen anſichtig wurde, ſchlug er auf ihn an, und drückte los. Zu ſeinem Unglücke ſprang der Lauf und zerſchmetterte ihm die linke Hand, und zwar ſo, daß die beyden Phalanges des Daums und das os metacarpi deſſelben, wie auch die oſſa metacarpi des Zeige- und Mittelfingers gröſtentheils weg, das übrige aber in ganz kleine Splitter zerſchmettert war, und ſo wurde er mir den 18ten ins Feldlazareth zu Glatz gebracht.

So wie ich den Verband, der, um die Hämorrhagie zu ſtillen, etwas feſt angelegt war, wegnahm, ſchlug mir der Dampf entgegen. Ich fand die Hand und den Vorderarm ſehr geſchwollen; die Wunde war entſetzlich übelriechend und ſphacelirt. Ich nahm, ſoviel als es möglich war,

ſelbiges

selbiges weg, und scarificirte die ganze Fläche der Wunde. Die noch festsitzenden und zerschmetterten Knochenstücke bedeckte ich mit trockener Charpie, worüber ich das linimentum nigrum auf Plumaçeaux dick gestrichen applicirte. Die Hand und der ganze Vorderarm wurde alsdenn mit dem decocto herb. scordii, in welchem balf. vitae extern. et ☉ Æc. crud. solvirt war, so warm als es zu leiden war, fomentirt, welches ich alle 2 Stunden wiederhohlen ließ.

Da der Puls voll und fieberhaft war, ließ ich 12 Unzen Blut weg, und innerlich alle 2 Stunden ein pulv. temp. nehmen. Zur bequemen Lage des verwundeten Gliedes ließ ich selbiges in Pappe und diese in der Metella tragen, damit die Materie abfließen könnte.

Die folgende Nacht hatte der Kranke wenig geschlafen, sondern heftiges Fieber und große Schmerzen gehabt. Bey Eröffnung der Wunde fand ich selbige nicht sonderlich verändert, doch hatte sich über der ganzen Fläche derselben, eine schwarze Jauche ergossen, welche ich leicht mit Charpie wegnehmen konnte.

Da mich dieses einen guten Erfolg erwarten ließ, änderte ich im Verbande und Fomentation nichts. Um den nicht erfolgten offenen Leib zu bewirken, ordinirte ich ein erweichendes Lavement, welches auch von guter Wirkung war. Da der Puls voll war, und das Fieber noch immer heftig anhielt,

anhielt, ließ ich nochmalen Ʒxij. Blut weg, und auch das war von gutem Erfolg.

Den 20ten früh, da den Tag zuvor innerlich noch immer die temperirende Pulver gereicht worden waren, fand ich das Fieber mäßiger, der Schmerz und die Geschwulst hatten abgenommen, der Kranke hatte 2 Stunden ruhig geschlafen, und gegen Morgen von selbst offenen Leib gehabt. Die Wunde fieng an gutes Eyter zu zeigen, und von den zerrissenen und abgestorbenen musculösen Theilen hatte sich etwas abgesondert, ich continuirte daher mit dem Verband und der Fomentation. Die temperirende Pulver aber setzte ich aus, und ließ, statt dessen, den cremor. Tr. täglich 4 mal zu einer Ʒß nehmen.

Den 21ten bis 24ten continuirte die Besserung ohne alle Zwischenzufälle. In dieser Zeit hatte sich die Wunde beynahe gänzlich von allen abgestorbenen Theilen gereinigt, nur hin und wieder saßen noch Splitter, und waren noch schwarze Puncte, die ich mit dem liniment. nigr. belegte, die Wunde aber locker mit trockener Charpie ausfüllte, und hierüber den bals. arcaei zur Bedeckung applicirte. Auch ließ ich die Fomentation, weil sie so gute Wirkung gethan hatte, noch, nur nicht so oft wiederholt fortsetzen. Der Infiltration der Materie aber vorzubeugen, wickelte ich jetzt, nach der Thedenschen Methode, den Arm ein. Innerlich reichte ich, da der Kranke theils durch das Fieber, welches er erst kurz vor der Ver-

Die dreyßigste Bemerkung.

wundung verlohren hatte, theils durch die Verwundung selbst, und die damit verbundene Zufälle äußerst geschwächt war, die China in Substanz, täglich 4 mal, zu einer Drachma. Hiernach continuirte die Besserung täglich bis zum 6ten October, da die Wunde beynahe mit frischem Fleisch angefüllt war, und alles das beste Ansehen hatte. An diesem Tage klagte er etwas mehr Schmerzen in der Hand, beym Verbinden konnte ich aber weiter nichts wahrnehmen, was diesen Schmerz bewirkte.

Den 7ten frühe war die Hand geschwollen, und er hatte diese Nacht viele Schmerzen in derselben gehabt. Nachdem ich die Hand genau untersuchte, fand ich über dem Gelenke des Mittelfingers, mit dessen osse metacarpi, (denn dieses os war nicht ganz, sondern nur der mitlere Theil desselben verlohren gegangen,) eine Härte; und ob ihm diese gleich nicht mehr, als andere Theile der Hand, schmerzten, so ließ ich dennoch diesen Ort kataplassiren, und fand den andern Morgen, als den

8ten, daselbst eine Fluctuation, die ich öffnete, wo aber nur wenig gelbliches Wasser zum Vorschein kam. Diese kleine Wunde verband ich, ohne sie auszustopfen, trocken; zur Bedeckung aber nahm ich ungv. basilicon. Die Schußwunde wurde mit trockener Charpie, und über diese mit dem ungv. consolidante verbunden. Nun gieng alles, bis zum 14ten October, recht gut, an diesem Tage aber klagte er wieder über starken

Schmerz

Schmerz in der Hand, doch konnte er mir diesesmal den Ort genau bestimmen; er war zwischen beyden ossibus metacarpi digiti minimi et angularis auf dem Rücken der Hand, hier war wieder eine kleine Härte, die ich, wie die vorige, behandelte, und da den 15ten sich eine Fluctuation bemerken ließ, öffnete ich sie, und es floß, wie das vorige mal, viel gelbliches Wasser aus derselben. Ich vermuthete nun, daß vielleicht noch viele dergleichen kleine Abscesse erfolgen würden, und daß diese von den noch in der Schußwunde sitzenden Splittern verursacht würden. Allein, alle drey Wunden heilten ohne weitere Zufälle, bis endlich den 3ten November die gänzliche Heilung erfolgte.

Der Kranke kam als Reconvalescirter bey einem Schlächter ins Quartier, und hatte also Gelegenheit, dort, bey frisch geschlachteten Thieren, seine Hand fast täglich in den Eingeweiden derselben zu bähen. Durch dieses Mittel hat er sich jetzt in den Fingern soviel Fertigkeit erworben, daß er sich allein frisiren, völlig anziehen, und auch die Stiefeletten selbst zuknöpfen kann.

Obgleich 3 ossa metacarpi fehlen, so ersetzt doch die Narbe, die nun fehlende Stütze der Finger. Noch heute, da ich dieses Kranken Geschichte niederschreibe, kam mir der Geheilte zu Gesicht, weil er jetzt in hiesiger Garnison steht, und auch seine Dienste thut, obgleich nicht wie ein völlig gesunder Mensch.

Ich führe diese Observation deswegen an, weil ich 1768. zu Strasburg in dem l'Hospital militaire einen ähnlichen Fall gesehen, wo bey einem Artilleristen der Daum, das os metacarpi desselben, und des Zeigefingers, beym Manövriren zerschmettert worden, welchem aber den darauf folgenden Tag, ohne Untersuchung und Bedenken, der Vorderarm abgenommen, und der Kranke ohne Noth verstümmelt wurde.

Die ein und dreyßigste Bemerkung,

von einer meist abgehauenen Hand nebst noch einer starken Verwundung am Armgelenke, und wo Patient glücklich geheilt worden.

Vom vorigen Verfasser.

Johann Wielert, des hochlöblichen v. Lossowschen Husarenregiments, 44 Jahr alt, wurde den 18ten Jan. 1779. beym Eindringen des Feindes in der Grafschaft Glatz blessirt. Zwey Stunden nach empfangener Blessur, wurde er mir in das Glatzer Feldlazareth gebracht, wo ich eben mit andern an demselben Tage Blessirten beschäftigt war.

Sein über und über mit Blut bespritztes Ansehen veranlaßte mich, sogleich alle meine Aufmerksamkeit auf ihn zu richten, indem er mir gleich seine bis auf die Haut der hohlen Hand abgehauene, durch die Stubenwärme wieder bluthend gewordene rechte Hand entgegen hielt. Ich ließ sofort den Pelz und Dolmann in der Nacht trennen, und solchergestalt den ganzen Arm entblößen. Der Hieb hatte die Ausstreckeflechsen der Finger, und die Knochen der Mittelhand, einen halben Zoll von deren untern Ende, wie auch die Beugeflechsen des kleinen Gold- und Mittelfingers, gerade abgetrennt.

Die Beugeflechse des Zeigefingers war nicht verletzt, und der Daumen hatte, weil er den Säbel in der Hand gehabt, nichts gelitten. Ich versuchte sogleich die Vereinigung, und brachte, so genau als möglich, die getrennten Theile gegen einander, befestigte sie mit langen aus der hohlen Hand zwischen den Fingern durch, und über den Rücken der Hand geführten stark klebenden Heftpflaster, bedeckte die Wunde mit trockener Charpie, füllte die hohle Hand so weit damit aus, daß die Finger wenig gebogen waren, legte die Hand und den Vorderarm auf ein dazu verfertigtes Bret, und über dieses eine Zirkelbinde vom Ellenbogen bis über die Wunde herunter, damit dadurch die Beuge- und Ausstreckmuskuln außer Wirkung gesetzt wurden, und so legte ich die Hand in eine Tragebinde.

Nun wollte ich ihn verlassen, um anderen Leidenden zu helfen, allein er bat mich, so gefällig zu seyn, und auch seine 2te Blessur am linken Arm zu verbin-

verbinden, weil sie, seiner Empfindung nach, eben so wichtig, als die vorige wäre. Er bat, auch hier den Pelz aufzuschneiden, es geschah, und der Arm wurde entblößt. Es war eine Wunde an demselben, die von dem äußern, oder Ausstreckehöcker des Oberarms, ihren Anfang nahm, und zwar so, daß er mit allen daran festsitzenden Muskuln abgehobelt, und die Gelenke der Ellbogenkapsel geöffnet war. Der Spindelknochen war nach außen gewichen, und bis an seinen Körper von aller fleischigten Bedeckung entblößt, und der hierdurch entstandene Fleischlappen hieng am Arm herunter.

Zuerst brachte ich den Spindelknochen wieder in seine Lage, alsdann nahm ich den Fleischlappen, dehnte ihn langsam aus, (denn das Zusammenziehen des Fleisches hatte ihn um ein Drittel verkürzt,) legte ihn so wieder an, daß der abgehobelte Höcker, welcher am Fleischlappen sitzen geblieben, gerade wieder auf die Fläche, wo er gesessen hatte, hinkam. Ich ließ ihn samint dem Fleisch von einem Gehülfen unbeweglich halten, und befestigte ihn mit langen von der Mitte des vordern, bis zur Mitte des Oberarms, reichenden Heftpflaster. Ueber die Wunde legte ich trockene Charpie, worauf ich alsdenn eine Vereinigungsbinde applicirte, die aus 2 Stücken, jedes eine Elle lang, bestand, wovon eins in der Mitte gespalten, legte das Stück über die Mitte des Oberarms, so, daß es über die Mitte der Wunde herunter hieng, an, umwickelte es mit 3 Zirkelgängen,

gen, und ließ diese Binde dort von einem Gehülfen halten. Hierauf legte ich das andere Stück der Vereinigungsbinde unter der Mitte des Vorderarms an, umwickelte sie ebenfalls mit 3 Cirkelgängen, übergab die dazu gebrauchte 5 ellige Binde einem Gehülfen, führte das untere Ende der Vereinigungsbinde durch die Spalte des obern Endes, zog hierdurch die Wundlefzen genau an einander, nahm alsdenn die unten von einem Gehülfen gehaltene Cirkelbinde, und wickelte, mit aufsteigenden Zirkelgängen, bis an die Wunde hinauf. Hier ließ ich sie wieder halten, nahm die obere Zirkelbinde dem Gehülfen ab, und gieng mit absteigenden Zirkelgängen bis zur Wunde herunter, da ich den von unten heraufsteigenden Kopf, mit aufsteigenden Gängen am Oberarm, den von oben herabsteigenden Kopf, mit absteigenden Zirkelgängen am Vorderarm endigte; und hierdurch war die Wunde sehr genau vereinigt worden.

Noch eine Wunde an der rechten Seite des Halses, wobey der zitzenförmige Fortsatz des Schlafbeins dieser Seite eingehauen war, wurde nun auch gehörig verbunden, und der Kranke mit ausgestrecktem Arm auf sein Lager gebracht.

Der Arm sowohl, als die rechte Hand, wurde mit der Schmuckerischen Fomentation, mehr kalt als warm, belegt, um nicht etwa durch warme Umschläge eine Verblutung zu erregen. Denn da der Kranke 2 Stunden ohne allen Verband gelegen hatte, so war viel Blut verlohren gegangen,

und

und es hätte daher der Patient, bey einem neuen Blutverlust, leicht sein Leben verlieren können. Es wurden ihm, wegen seiner großen Entkräftung, Suppen, mit etwas Wein versetzt, gereicht, und ein aus analeptischem Zucker, Zimmtwasser und Hoffmanns liquore bestehendes cardiacum alle Stunden löffelweise gegeben.

Den 19ten früh fand ich den Kranken sitzend auf seinem Lager, er ließ sich sein Frühstück, so aus Thee und Semmel bestand, reichen, welches er mit vielem Appetit zu sich nahm. Er hatte gut geschlafen, keinen Schmerz, kein Fieber, der Blutfluß hatte sich gelegt, die Finger an beyden Händen waren nicht geschwollen, und die Bandage saß noch unverrückt gut, er wuste über nichts, als, daß er sich nicht selbst bedienen könne, zu klagen, und ich muste alle Beredsamkeit anwenden ihn ruhig auf seinem Lager zu erhalten. Da er den Gebrauch aller Arzeney verbat, so bewilligte ich ihm dieses desto lieber, je weniger ich jetzt Ursache hatte, ihn dazu zu nöthigen.

Den 20ten bis 23ten dauerten die guten Umstände des Patienten noch immer fort, und da der Verband noch meiner Absicht entsprach, der Kranke auch nicht die geringste Beschwerde empfand, so ließ ich selbigen unberührt.

Den 24ten, nachdem der Verwundete gut geschlafen hatte, und über nichts klagte, nahm ich den Verband so weit ab, als er ohne Mühe gelöset werden konnte, um die blutige Binden zu entfernen, und frische an ihre Stelle zu legen. Die Heftpflaster und Charpie klebten noch zu fest. Ein Gehülfe muste das verwundete Glied so lange halten, daß seine Hände so lange den Druck der Binde ersetzten, bis diese wieder gehörig angelegt war. Die vorerwehnte Fomentation ließ ich nunmehr lauwarm überlegen. Den 25ten änderte ich bey dem Kranken nichts.

Den 26ten, da sich aus der Wunde nun so viel Feuchtigkeit ergossen hatte, daß ich den Verband leicht abnehmen konnte, that ich dies mit der grösten Behutsamkeit. Die Heftpflaster, welche locker geworden waren, nahm ich stückweise ab, legte aber, sobald eins weggenommen war, sogleich wieder eins an dessen Stelle. Durch diese Vorsichtigkeit erhielt ich die getrennten Theile unverrückt in ihrer Lage. Beyde Wunden, sowohl an der Hand, als am Elbogen, waren sehr mäßig entzündet, daher ich weder eine zu starke Geschwulst, noch Schmerz, ꝛc. zu befürchten hatte. Ich legte den Verband, so wie den ersten Tag, mit aller Vorsicht wieder an.

Den 27ten ließ ich den Verband liegen, weil kein Umstand mich nöthigte, denselben abzunehmen.

Den 28ten, der Kranke war vollkommen munter, und befand sich wohl. Ich nahm den Verband ab, fand etwas weißes, dickes, gutes Eiter auf der Oberfläche beyder Wunden, das ich nicht zu ängstlich weit entfernte, legte mit der vorerwähnten Vorsicht Heftpflaster, und den ganzen

Ver-

Die ein und dreyſigſte Bemerkung.

Verband wieder an, doch nur trocken, und von nun an muſte ich täglich einmal verbinden, bis zum 15ten Februar, da ſich die getrennte Knochen der Mittelhand vereinigt hatten. Während dieſer Zeit hatte ich 6 bis 8 kleine Knochenſchiefer auf der Oberfläche der Wunde an der Hand weggenommen, und es erfolgte den 1ſten März eine völlige Vernarbung dieſer Hand.

Die Wunde des Elbogens dauerte etwas länger. Den 20ten Februar, da alles das beſte Anſehen hatte, und der Kranke über nichts klagte, nahm die Wunde auf einmal, ohne allem von außen gegebenen Anlaß, ein misfärbiges Anſehen an. Den 21ten blieb das Anſehen unverändert, und den 22ten hatte ſich in der Gegend, wo der Ausſtreckehöcker abgehauen war, ein kleiner Hügel aufgeworfen, welcher beym Berühren ſchmerzte. Die Wunde war hier noch nicht mit Haut bedeckt, im Verbande änderte ich ſonſt nichts, als daß ich in dieſer Gegend die Binde etwas lockerer anlegte.

Den 23ten zeigte ſich an gedachtem Hügel eine kleine Oeffnung, durch welche ich, vermittelſt einer kleinen Sonde, einen harten Körper blos liegend fand. Da ich dieſe Oeffnung erweiterte, war es der abgehauene Höcker, welcher bey der Bleſſur in der Mitte geſpalten, dahero nicht ſo genau auf der getrennten Fläche zu erhalten, als wenn es nur ein Stück geweſen, und daher nicht angeheilt war. Beyde Stücke nahm ich weg, und die Wunde heilte, nun ohne alle Zufälle, ſo, daß den 10ten

März die völlige Vernarbung erfolgte. Die Halswunde war schon im Monat Februar geheilt.

Ob ich gleich während der Heilung kleine Bewegungen mit dem linken Arm und den Fingern der rechten Hand hatte machen lassen, so konnte das Elbogengelenk doch nicht gut gebogen werden. Ich ließ daher dies Gelenk über erweichenden Dämpfen bähen, fettige und erweichende Salben einreiben, durch deren täglichen Gebrauch er, mit Ausgang des Märzmonats, die Beweglichkeit des linken Arms, nach allen Seiten, vollkommen wieder erhielt.

Die Finger der rechten Hand wurden unter ähnlicher Behandlung, nur daß ich diese noch, so oft als möglich, in das Eingeweide frisch geschlachteter Thiere stecken und darinn bewegen ließ, auch etwas wieder beweglich; daß es aber nicht viel seyn konnte, läßt sich leicht begreifen, da die beyden Enden der getrennten Ausstreckeflechsen mit der Narbe so verwachsen waren, daß ihre Wirkung auf die Finger beynahe gänzlich aufgehoben war; es sey denn das wenige, was erfolgen muß, wenn das Ende der Flechsen, so mit den Muskuln zusammen hängt, durch diese angespannt, etwas auf die Narbe, und diese wieder auf das Ende der Flechse, so nach dem Finger geht, wirkt.

Wie es mit der Vernarbung der Biegeflechsen beschaffen gewesen, kann ich nicht mit Gewisheit bestimmen, weil ich diese bey der Heilung nicht sehen konnte.

Wenn

Die ein und dreyßigste Bemerkung.

Wenn sie indessen auch mit sich selbst unmittelbar mit einander verwachsen gewesen, so konnte ihre Wirkung auf die Finger doch nicht beträchtlich seyn, weil das Verwachsen der Ausstreckeflechsen mit der Narbe es hindert, besonders da diese Verwachsung fast auf dem Knochen, und so nah am Gelenke der Finger mit der Mittelhand geschehen war; doch konnte er einen Stock, oder seinen Säbel, recht gut mit dieser Hand fest halten, dünnere Sachen aber, als Federmesser und dergleichen, konnte er nicht anders, als mit dem Daumen und Zeigefinger halten, weil er die Hand nicht schließen konnte. Unter diesen Umständen verließ er das Lazareth

den 1sten May, und gieng zum Regiment, welches damals zu seinem Rückmarsche sich rüstete. Merkwürdig ist bey diesem Verwundeten, daß, ob er gleich an so empfindlichen Theilen, und sogar am Gelenke eine Verwundung hatte, ich den ganzen Verlauf der Krankheit hindurch, doch nichts von denen sonst hierbey sehr gewöhnlich beschwerlichen Zufällen und Fieber wahrgenommen habe.

Da er beynahe 4 Monat im Lazareth gelegen hatte, so fürchtete ich, er möchte von dem damals grassirenden faulen Lazarethfieber angesteckt werden, daher ich ihm Vitriolsäure unter Wasser zu trinken verordnete, und alle 8 oder 10 Tage eine säuerliche Abführung reichen ließ. Allein bey seinem Ausgang aus dem Lazareth versicherte er mir, daß er nichts als Bier, oder reines Wasser, getrunken hätte, und wenn ihm der Lazarethfeldscheer nicht immer selbst die Abführung gereicht hätte, würde er auch diese nicht genommen haben, denn dieser schrieb er es zu, daß er von seinen Kräften etwas im Lazareth verlohren hätte.

Die zwey u. dreyſigſte Bemerkung,

von Heilung einer falschen Pulsadergeschwulst. Von Herrn Schröder, Regimentschirurgus des v. Rohrschen Regiments.

Ein hiesiger Geistlicher, von 58 Jahren, gesunder Leibesconstitution, hatte das Unglück, beym Aderlassen am Arm, und zwar an der vena basilica, nebst der Arterie verletzt zu werden. Das Bluten wurde durch starkes Anziehen der Aderlaßbinde gestillt, und die äußere Oeffnung der Ader zugeheilt. Da aber aus der verletzten Arterie beständig etwas Blut floß, so häufte sich das geronnene Blut in der Cellulosa an, verursachte also eine Geschwulst des ganzen Arms, und da der Aderlässer das Uebel vor einen Absceß hielt, und es mit erweichenden warmen Umschlägen behandelte, so wurde nach und nach die Anhäufung des geronnenen Bluts stärker, und die Haut durch die äußere warme Umschläge erschlappter; da denn durch das Coagulum ein großer Tumor am

Pro-

Die zwey und dreyſigſte Bemerkung. 319

proceſſu olecrani entſtund, welcher, in der Meynung Eiter anzutreffen, geöffnet wurde.

Ob man gleich die gemachte Oeffnung, 3 Monate lang, mit eiterbefördernden Mitteln verbunden hatte, um dadurch das Coagulum in Eiter zu verändern, ſo nahm doch unter dieſer Behandlung der Arm täglich, durch den mehreren Zufluß des geronnenen Geblüts, an Geſchwulſt zu, und da man ſich nun den fürchterlichſten Ausgang des Uebels verſprach, wurde ich endlich zu Hülfe gerufen.

Ich ließ ſogleich alle bisher gebrauchte Mittel bey Seite ſetzen, und nahm mir vor, das Anevrisma durch die Kompreſſion zu heilen, wozu ich lange Binden verfertigen ließ, und unter dieſer Zeit meine übrige Geſchäffte zu verrichten glaubte. Kaum aber hatte ich mich von dem Patienten entfernt, ließ man mich eiligſt zurück rufen, indem an der Aderöffnung ein neues Bluten erfolgt wäre. Bey meiner ungeſäumten Zurückkehr fand ich aber ſchon den gänzlichen Nachlaß des Gebluͤts.

Ich wickelte den ganzen Arm, nebſt den Fingern, nach der Thedenſchen Methode ein, legte zuvor auf den Tractum der Arterie eine graduirte Longuette, auf die gemachte Oeffnung aber eine graduirte Kompreſſe, um dadurch äußerlich die alte Narbe der Ader und die Oeffnung der Pulsader zu comprimiren.

Da bey dem Patienten Zeichen der Vollblütigkeit gegenwärtig waren, ließ ich ihm am Fuß eine Ader öffnen, um dadurch auch den Umtrieb

des

des Bluts nach der Arterienöffnung zu vermindern; auch wurden täglich einigemal starke doses von pulv. temper. gegeben. Die Wunde wurde wegen des schwammigten Ansehens trocken verbunden; der ganze Arm mit der Arquebusade kalt angefeuchtet, und beym Trocken werden wiederholt.

Es vergiengen 8 Tage unter dem herrlichsten Anschein der Besserung. Der Arm wurde etwas dünner, und das Coagulum schien sich mehr resolvirt zu haben.

Den 9ten Tag wurde ich wieder gerufen, weil der Arm aus der Oeffnung blutete, welches aber sogleich angehalten wurde, nachdem man äußerlich den Finger eine kurze Zeit darauf gehalten hatte. Ich verdoppelte demnach die graduirte Longuette auf der Arterie, wie auch die graduirte Kompresse auf der Pulsaderöffnung: es schien, als wenn die Oeffnung in der Pulsader nur klein seyn müste, weil es nur wenig geblutet hatte, und vielleicht daher entstanden war, weil das Coagulum sich mehr resolvirt, und die Oeffnung dadurch mehr Freyheit zum Bluten erhalten hatte.

Ob ich gleich täglich, um die Wunde zu verbinden, die Binde erneuren muste, so hofte ich doch immer, durch die Kompression die Arterie zu heilen. Diese Hoffnung aber verschwand, da die Oeffnung der Pulsader des andern Tages mit der grösten Heftigkeit zu bluten anfieng. Ohngeachtet ein Tourniquet angelegt wurde, wobey ein Compagniefeldscheer mit gegenwärtig war, blieb, bey so bewandwandten Umständen also zur Heilung nichts, als die Operation des Anevrismatis, übrig.

Nachdem sich Patient einige Tage von dem erlittenen Blutverlust erhohlt hatte, verrichtete ich die Operation folgendermaßen.

Ich schnitt auf einer hohlen Sonde von der unterwärts gemachten Oeffnung schräge von unten nach oben, nach der äußerlichen Narbe der Ader die Haut durch, wo ich viel geronnen Geblüt fand, welches ich mit dem Finger und einem Schwamm wegzuschaffen suchte. Da aber die Oeffnung noch zu klein war, um zu der Oeffnung der Pulsader zu kommen, und das Blut beym Nachlassen des Tourniquets mit der grösten Heftigkeit hervorspritzte, so erweiterte ich den angefangenen Schnitt auf eben die Art nach oben, und schaffte nunmehr noch viel Coagulum weg, welches zusammen an 3 ℔ betrug.

Das Tourniquet ließ ich, um die Arterie zu finden, etwas nach, um alsdann die Arterie zu unterbinden, es war aber nichts von derselben zu entdecken, und ob gleich das Tourniquet gänzlich nachgelassen wurde, so erfolgte dennoch nicht das geringste Blut. Nachdem ich alles Coagulum weggeschafft hatte, verband ich mit trockener Charpie, reichte dem Patienten ein gelindes Opiat, und legte das Tourniquet locker an, wobey ein Compagniefeldscheer 8 Tage gegenwärtig bleiben muste.

Der Puls war an der Hand, wo die Operation geschehen war, nicht zu fühlen, und auch der Vorderarm ganz kalt. Ich ließ den ganzen Arm niedrig legen, und ihn beständig mit einem Decoct aus weißem Wein und resolvirenden Kräutern, worinn Frießlappen geweicht waren, umschlagen. Die Wunde wurde wie eine ordinaire Wunde behandelt. Den Patienten ließ ich innerlich den cort. chin. gebrauchen, und die Wunde war in Zeit von 5 Wochen heil, und der Arm ist vollkommen glücklich wieder hergestellt.

Aus obiger erzählten Krankheitsgeschichte folgere ich, daß durch die Länge der Zeit die Oeffnung der Pulsader so groß geworden, daß sie nur noch an einer Fläche schwach zusammen gehängt hat, und daher, indem das Coagulum weggeschafft wurde, sie gänzlich zerrissen, und die Enden sich alsdenn zurückgezogen haben, weil sie ihren Gegenhalt verlohren hatten.

Die drey und dreyßigste Bemerkung,
von einem großen tumore cystico an der Zunge, der durch die Exstirpation geheilet wurde.

Von dem vorigen Verfasser.

Von einer hiesigen alten Frau gieng die Rede, daß sie zwey Zungen hätte. Als ich sie zu mir kom-

kommen ließ, zeigte sie mir ein großes Gewächs, welches völlig die Gestalt einer halben Zunge angenommen hatte, in der Mitte der Zunge durch eine zollbreite Verwachsung befestiget war, und einen ordentlichen Stiel hatte.

Ehe die Patientin mir das Gewächs zeigen konnte, muste sie sich die beyden Zeigefinger einer jeden Hand naß machen, und durch Hülfe dessen konnte sie mit sehr vieler Mühe den tumorem hervorbringen, denn vermöge seiner Größe füllte er den ganzen Mund aus, so, daß Patientin nicht anders, als mit offenem Munde, Athem hohlen konnte.

Der Schlaf fand nur sitzend statt, es floß ununterbrochen der Speichel aus dem Munde, vermuthlich durch den Druck, welcher auf die glandulas sublinguales geschah.

Nachdem ich mir die Ursache erzählen ließ, die zu diesem Gewächs veranlasset hätte, sagte mir Patientin, daß sie seit 24 Jahren von einer ihr unbekannten Ursache das Gewächs auf der Zunge bekommen hätte, nun wäre es seit kurzem um ein merkliches größer geworden, und da sie weder schlafen noch essen könnte, empfinde sie eine außerordentliche Schwäche in ihrem Körper.

Ich schlug ihr die Operation, als das einzige Rettungsmittel, vor, da sie aber den Schmerz zu sehr scheute, so verließ sie meine Wohnung.

Da aber das Gewächs immer größer wurde, die Patientin fast keine flüßige Nahrungsmittel mehr genießen konnte, und der Schlaf sich gänzlich verlohren hatte; so kam Patientin unter diesen schlechten Umständen zu mir, und bat mich inständigst, ihr doch zu helfen, da sie fast gar keine Luft mehr bekommen könnte.

Nachdem ich Patientin mit Aderläßen und gelinden Laxiermitteln einige Tage behandelt, und zur Operation geschickt gemacht; schnitt ich den tumorem dicht an der Zunge weg, und scarificirte die Stelle, wo er gesessen hatte. Das Bluten stillte ich mit dem Zeige- und Mittelfinger meiner rechten Hand, welche ich mit Lappen, die in Weinesig befeuchtet, umwickelte, und auf die Stelle der Zunge, wo das Gewächs den Sitz gehabt, sie einige Stunden fest andrückte.

Die Wunde pinselte ich des Tages öfters mit dem melle rosarum, sie bekam das beste Ansehen, gab weniges Eiter, und in Zeit von 8 Tagen erfolgte eine vollkommene Vernarbung.

Der tumor cysticus wog 6 loth, und war von derjenigen Art, die man, wegen der enthaltenen Materie, Steatoma nennt.

Die vier und dreyſigſte Bemerkung,

von einer beſondern exulceratione faucium, die von ſcrophulöſer Schärfe entſtanden, wo faſt die ganze baſis des veli palatini durchlöchert war, und glücklich geheilt worden.

Von Herrn Mayer, Wundarzt in Curland.

Eine adeliche Dame hatte ſeit einigen Jahren ein beſtändiges Anlaufen der Ohrendrüſen, der Drüſen des Mundes, und auch unterm Kinn, und dabey öfters ein Zuſammenziehen an dem Kinngelenke.

Verſchiedene Aerzte, die bey dieſem Uebel zu Rathe gezogen worden, waren bey der langen Behandlung der Kranken nicht ſo glücklich geweſen, weder die Zertheilung derſelben zu bewirken, noch die dazu veranlaſſende Krankheitsmaterie aus dem Körper wegzuräumen, vielmehr erfolgte endlich eine völlige Exulceration, und die Patientin gerieth in die ſchreckliche Gefahr, Sprache und Geſundheit auf immer zu verlieren, wie aus den Folgen zu ſehen ſeyn wird.

Da ich nun auf das flehentlichſte Erſuchen und Bitten der Patientin ihre Krankheit unterſuchte, fand ich ſie in dem elendeſten Zuſtande. Der ganze Hals war voller Löcher, ihr Körper entkräftet und abgezehrt, und in der Mitte des Gaums eine Oeffnung.

Die Materie hatte das palatum bis in die cavitates narium durchfressen, und sich in die tubam eustachianam geöffnet, so, daß die Speisen und Getränke durch die nares drungen. In den musculis pharingeis traf ich Löcher an, die über einen Zoll lang penetrirten. Die glandulae tonsillares waren auf beyden Seiten sehr angeschwollen, das Gehör schwer, und fast vergangen, wobey Patientin heftige Kopfschmerzen hatte.

Aus dem rotzigen Eiter, das täglich aus den Geschwüren floß, erkannte ich die scrophulöse Materie, und richtete die Curmethode auch darnach ein, von welcher ich, in ähnlichen Fällen, schon öfters die erwünschteste Wirkung wahrgenommen habe.

Die Kranke muste vorerst an lauter weichen Speisen sich begnügen; und zu Reinigung der schwürenden Scrophlen ließ ich folgende Auflösung zum Einspritzen und Pinseln gebrauchen.

℞. Terebinth. venet. ℨiß pulv. gumm. arabic. ℨvj solv. in aqu calc. viv. ℔j, adde liquam. myrrhae ℨij.

Nachdem diese Einspritzung einige Tage gebraucht worden war, zeigte sich schon eine merkliche Besserung. Die bisher angehaltene Schmerzen waren nicht mehr so heftig. Innerlich ließ ich von folgenden Pillen, die zum Einnehmen am bequemsten waren, täglich dreymal, 6 bis 8 Stück nehmen.

℞. gumm. guajac. ʒij. ♁r. ayr. ☼n. ʒt. praecip. camph. aa ʒß. extr. enul. ʒij. f. l. a. pill. pond. gr. j.

Hiermit muste Patientin ununterbrochen fortfahren, außer alle 8 — 14 Tage ließ ich sie darzwischen ein Laxiertränkgen aus Manna und Glaubersalz nehmen.

In der 10ten Woche erfolgte schon eine gänzliche Vernarbung in beyden Oeffnungen, so, daß kaum eine Spur von der gehabten Zerfreſſung zurück blieb, und die Patientin auch an Kräften wieder zugenommen hatte, das gesunde Gehör fand sich wieder ein, und die geschwollene Drüsen verlohren sich.

Zum Schluß der Cur ließ ich der Patientin noch die China mit extr. millefolii in Form von Pillen gebrauchen.

Es sind nun bereits 2 Jahr, daß die Patientin genesen, und bis jetzt befindet sie sich in dem besten Gesundheitszustande.

Die fünf und dreysigste Bemerkung,

von einer sehr großen Pulsadergeschwulst in der Leistengegend, die von der arteria crurali entstanden war.

Von eben dem Verfasser.

Ein Bauer von 50 Jahren, der wegen einer Geschwulst in der Leistengegend, die er seit 3 Jahren

ren durch Hebung und Quetschung einer schweren Last bekommen hatte, befragte sich bey mir um Rath.

Er erzählte mir, daß anfänglich die Geschwulst in Größe eines Eys sich gezeigt hätte, aber nicht schmerzhaft gewesen wäre, nach und nach aber schmerzhafter geworden sey, so, daß nun die Geschwulst die Größe eines kleinen Kinderkopfs erhalten habe. Den ganzen Schenkel und Unterfuß fand ich so angeschwollen, als er im Leibe dick war.

Als ich die Geschwulst untersuchte, zeigte sich diese an dem Ort, wo gemeiniglich die Schenkelbrüche zu entstehen pflegen. Ich hielt diese Geschwulst auch wirklich für einen Schenkelbruch, und war auf die Zurückbringung bedacht. Allein da alle meine Bemühung fruchtlos war, schlug ich Patienten die Operation vor, worein er, um seine Gesundheit wieder zu erhalten, auch gerne willigte.

Man weiß, wie oft die Operationen der Schenkelbrüche auch unter der Hand des geschicktesten Wundarztes mißlich ablaufen, und wie behutsam jeder Operateur, um sich in dergleichen Fällen nicht um seinen guten Ruf zu bringen, verfahren müsse.

Dieserwegen consultirte ich den geschickten und gelehrten Arzt, Herrn Blumenthal, den wir in unserer Gegend haben, um bey der Operation gegenwärtig zu seyn.

Ich

Ich ließ den Kranken, wie es bey der Bruch-operation gewöhnlich ist, auf den Rand des Bettes legen, und da wir die außerordentliche Größe, welche die Geschwulst hatte, näher betrachteten, fürchtete ich einen guten Ausgang der Operation.

Bey Durchschneidung der äußerlichen Bedeckungen, befand sich die fascia lata sehr ausgedehnt; mit aller Vorsicht machte ich also erst einen kleinen Einschnitt vermöge des Bistouris, worauf sogleich das Blut, wie aus einer Quelle, hervorsprang, wobey ich ein ordentliches Pulsiren wahrnahm.

Jetzt konnte ich mich erst von der Gegenwart einer Pulsadergeschwulst überzeugen. Ich unterließ alles weitere Operiren, und vereinigte sogleich die gemachte Wunde mit einer guten Kompresse und der Spica.

Der Patient muste 48 Stunden ruhig in seinem Lager liegen. Es zeigte sich nicht das geringste Fieber. Nach 48 Stunden nahm ich den Verband ab, und fand zu meinem größten Vergnügen, daß die Geschwulst sich um vieles vermindert hätte.

Hierauf fieng ich an, den ganzen Unterfuß und die Schenkel einzuwickeln, weil dieses bey Pulsadergeschwülsten allemal von gutem Nutzen ist. Auf die Geschwulst legte ich einige Longuetten, und befestigte solche mit einer Binde.

Ich befeuchtete mit der Thedenschen Arquebusade den ganzen Verband, und ließ ihn stets feucht damit erhalten.

Da der Verband nach 2 Tagen locker ward, muste ich ihn erneuern, und fand die gemachte Wunde bereits gänzlich geschlossen. Die Geschwulst hatte sich auch merklich vermindert.

Ich fuhr mit der Einwickelung des ganzen Fußes ununterbrochen fort, und nach 3 Wochen war der Kranke soweit wieder hergestellt: Der Schenkel und der ganze Fuß bekam seine natürliche Gestalt wieder, außer daß die Pulsadergeschwulst noch die Größe eines Apfels behalten hatte.

Ich verfertigte dem Patienten eine Pelotte mit Bley versehen, und weichem Leder überzogen, die er noch bis jetzt, ohne daß sie ihm Schmerzen verursacht, mit aller Bequemlichkeit trägt.

Uebrigens befindet er sich wohl, und kann alle Arbeit verrichten, außer daß er sich vor dem Heben hüten muß.

Die sechs und dreysigste Bemerkung,

enthaltend einen besondern Sectionsbericht, mit einiger Bemerkung der Krankengeschichte, so dem Herausgeber von einem Freunde zugesandt ist.

Die Tochter des Erbkrätschmers, Johann Friedrich Schitthelms, von Kunzdorf, im Nimptsischen

sischen Kreise, in Schlesien, ein Mädgen von 12¼ Jahr, bekam vor 2½ Jahr, nach einigen wenigen Leibschmerzen, einen tumorem in regione umbilicali, auf welchem nach wenig Tagen eine große Wasserblase entstand, welche, nach einem gebrauchten Hausmittel, bald aufbrach, und woraus sich eine ziemliche Menge schlechtes Eiter ergoß.

Nach diesem Vorgang verlohr sich die Beule, und die Wasserblase heilete bis auf die Mitte des Nabels, in welchem eine Oeffnung eines Gröschels groß war, und bis an ihr Ende von gleicher Grösse blieb. Aus dieser Oeffnung floß täglich eine ziemliche Quantität fast gutes Eiter, und nach und nach kamen auch durch dieselbe 12 bis 15 ziemlich große Spulwürmer heraus, und zu gleicher Zeit kamen auch etliche Würmer durch den Uringang, mit vielen Schmerzen, zum Vorschein.

Nachdem dieses gegen ein Jahr gewähret, so fanden sich auch in der Oeffnung des Nabels, bey jedem Verbande, ordentliche lange Menschenhaupthaare, welche zum Theil leicht, andere aber unter vielen Schmerzen, herausgezogen wurden. Obgleich diese Haare schon sehr einzeln zum Vorschein kamen, so versicherten doch die Eltern, daß es zusammen eine starke Hand voll ausmachen würde, die seit 1½ Jahre herausgekommen wären, davon sie auch noch einen großen Wisch bey Händen hatten, und dabey sagten, daß sich verschiedene Aerzte, und besonders die Herren Regimentschirurgi, welche während dem Kriege dasige Gegend passiret,

und

und die Patientin auch in Augenschein genommen, von den Haaren etwas mit genommen hätten.

Ueberhaupt aber wurde sie von keinem Arzt ordentlich bedient, sondern die Patientin besorgte ihren Schaden, bis fast an ihr Ende, selbst, und bedeckte ihn nur mit einem ordinairen Pflaster.

Das Cadaver betreffend, so sahe dasselbe sehr abgezehrt aus, der Unterleib war gleichfalls sehr klein, und die Schenkel ödematös. In den Nabel hinein gieng schon bemeldte Oeffnung, durch welche man nach unten zu 3 bis 4 Zoll tief sondiren konnte. Nachdem die integumenta communia und Muskuln des Unterleibes, nebst dem peritoneo durchschnitten, und eröffnet waren, so fand man zwar die viscera abdominalia sämmtlich in ihrer natürlichen Lage, von dem omento aber sahe man nichts, als eine dünne Haut, welche durchaus mit den Gedärmen feste verwachsen war. Die ganze regio hypogastrica sahe einem großen faulen Geschwüre ähnlich. Das intestinum jejunum hatte eine kleine, das ileum aber eine sehr große Oeffnung, nach dem Geschwüre zu, welche im Diameter bis $1\frac{1}{2}$ Zoll betrug, demohngeachtet fand man keine ausgetretene excrementa in abdomine, und es sollen dergleichen auch niemals, als nur etliche Stunden vor der Patientin Tode, durch die Nabelöffnung zum Vorschein gekommen seyn. Fast mitten im fundo vesicae urinariae war gleichfalls eine Oeffnung, durch welche man die stärkste Sonde introduciren konnte, jedennoch war übrigens die

Urinblase gesund beschaffen, und ließ sich auch, der Oeffnung ohngeachtet, aufblasen. Man fand auch noch eine kleine Portion Urin darinn enthalten. Neben dieser Oeffnung war in fundo vesicae urinariae ein, durch ein callöses Wesen angewachsener runder, harter, und mit Haaren bewachsener Körper, einer starken welschen Nuß groß, in abdomine zu sehen. Als man dieses genau untersuchte, so befand es sich, daß dieses das corpus uteri selbsten war, oder vorstellete, denn zwischen diesem Körperchen und der vagina uteri war durch die Suppuration alles destruirt, und die vagina, da, wo sie vom utero abgefault, gänzlich geschlossen, so, daß man auch nicht einmal Luft durchblasen, vielweniger irgendwo mit der feinsten Sonde durchkommen konnte. Es war also außer jenem Körperchen, welches am Grunde der Blase, nach hinten zu, angewachsen war, gar kein uterus zugegen, und dieser mit Haaren bewachsene Körper hatte auch kein involucrum, welches den uterum vorgestellt hätte, sondern es war ganz blos, und stellte ein misgestalltes Kinderköpfgen vor.

Auf der einen Seite, die etwas rund und erhaben war, war dasselbe mit einer derben Haut fest überwachsen, auf welcher die Haare stunden; auf der andern Seite hingegen, die durch knöcherne Vertiefungen und Erhabenheiten sehr irregulair gebildet war, hiengen zwey vollkommene Zähne, die an einem häutigen Wesen befestiget waren.

Der

334 Die sechs und dreyßigste Bemerkung.

Der ganze Körper aber bestehet nur aus einem Knochen, welcher auch eine vollkommene Knochenhärte hat, auch mit einigen Oeffnungen versehen ist, welche gleichsam die fontanellam und das foramen magnum ossis occipitis vorstellen. Diese Oeffnungen führen nach einer Cavität, in welcher etwas Gehirnähnliches enthalten war.

Uebrigens waren alle viscera abdominalia gesund, außer daß hin und wieder obstruirte glandulae mesaraicae, und die Gedärme unter sich fester, als es in situ naturali zu seyn pflegt, mit einander verwachsen waren.

Ende des dritten Bandes.

Druckfehler

zu Schmuckers vermischten Chirurg. Schriften 3ter Theil.

S. 26 Zeile 11 lies diese statt dieser
— 76 — 17 l. Beckens st. Backens
— 163 — 22 l. der st. die
— 173 — 9 l. Zietzel st. Zeitzel
— 176 — 27 l. Erzeugung st. Entzündung
— 180 — 19 l. anderer st. gleicher
— 198 — 13 l. et Spiritu nitri dulci st. et nitri dulci
— 202 — 27 l. Wunde st. Winde
— 203 — 15 l. Styrace st. Scyrace
— 216 — 2 l. Sarco st. Sacco
— 224 — 1 l. Mixtura st. Mistura
— 268 — 3 l. Mixtura st. Mistura
— 269 — 19 l. Cinamomi st. Cicamomi
— 310 — 4 l. Nath st. Nacht

Die accurate Composition einer Wurmpille.

℞. Pulv. Sem. Sabadill. gr. v.
    Mell. despumat. gr. vjj.
    M. f. Pill. una c. pulv. Lycopod. inspergat.

www.ingramcontent.com/pod-product-compliance
Lightning Source LLC
Chambersburg PA
CBHW032359230426
43672CB00007B/748